U0385204

全国二级造价工程师职业资格考试培训教材

建设工程计量与计价实务
（安装工程）

中国建设教育协会继续教育委员会
江苏省住房和城乡建设厅执业资格考试与注册中心 　组织编写

中国建筑工业出版社
中国城市出版社

图书在版编目（CIP）数据

建设工程计量与计价实务. 安装工程/中国建设教育协会继续教育委员会，江苏省住房和城乡建设厅执业资格考试与注册中心组织编写. —北京：中国城市出版社，2021.6

全国二级造价工程师职业资格考试培训教材

ISBN 978-7-5074-3373-9

Ⅰ. ①建… Ⅱ. ①中… ②江… Ⅲ. ①建筑安装-建筑造价管理-资格考试-教材 Ⅳ.①TU723.3

中国版本图书馆 CIP 数据核字（2021）第 101713 号

本书根据 2019 年版《全国二级造价工程师职业资格考试大纲》编写，并在 2019 年版《建设工程计量与计价实务（安装工程）》基础上修订，内容上力求反映最新政策法规和规范性文件、安装工程计量计价实际情况，力求前沿性、规范性和实用性。本书适用于参加二级造价工程师职业资格考试的相关人员，亦可作为相关从业人员参考书及高校工程造价专业教材。

责任编辑：李 明 李 杰
助理编辑：葛又畅
责任校对：芦欣甜

全国二级造价工程师职业资格考试培训教材

建设工程计量与计价实务（安装工程）

中国建设教育协会继续教育委员会
江苏省住房和城乡建设厅执业资格考试与注册中心　组织编写

*

中国建筑工业出版社、中国城市出版社出版、发行（北京海淀三里河路 9 号）

各地新华书店、建筑书店经销

霸州市顺浩图文科技发展有限公司制版

天津翔远印刷有限公司印刷

*

开本：787 毫米×1092 毫米　1/16　印张：19½　字数：484 千字
2021 年 6 月第一版　　2021 年 6 月第一次印刷
定价：**75.00** 元（含增值服务）
ISBN 978-7-5074-3373-9
（904366）

全国二级造价工程师职业资格考试培训教材编审委员会

主　任：高延伟　中国建筑工业出版社

　　　　高　峰　江苏省住房和城乡建设厅执业资格考试与注册中心

委　员：王雪青　天津大学

　　　　陆惠民　东南大学

　　　　董士波　中国电力企业联合会电力建设技术经济咨询中心

　　　　吴佐民　中国建设工程造价管理协会

　　　　沈　杰　东南大学

　　　　杨晓春　国家林业局工程质量监督和造价管理总站

　　　　王宇旻　江苏省住房和城乡建设厅执业资格考试与注册中心

　　　　金　强　江苏省住房和城乡建设厅执业资格考试与注册中心

　　　　李　明　中国建筑工业出版社

本书编审委员会

主　　编：董士波

主　　审：杨晓春

参编人员：李　俊　赵　丽　周　慧　刘金朋　史鸿翔　刘师雨

前言
Preface

根据人力资源社会保障部《关于公布国家职业资格目录的通知》（人社部发〔2017〕68 号），住房和城乡建设部、交通运输部、水利部、人力资源和社会保障部联合印发的《造价工程师职业资格制度规定》和《造价工程师职业资格考试实施办法》（建人〔2018〕67 号），住房和城乡建设部、交通运输部、水利部组织有关专家制定了 2019 年版《全国二级造价工程师职业资格考试大纲》，并经人力资源社会保障部审定后印发。该考试大纲是 2019 年及以后一段时期全国二级造价工程师考试命题和应考人员备考的依据。

全国二级造价工程师职业资格考试分为两个科目：《建设工程造价管理基础知识》和《建设工程计量与计价实务》。以上两个科目分别单独考试、单独计分。参加全部 2 个科目考试的人员，必须在连续的 2 个考试年度内通过全部科目，方可取得二级造价工程师职业资格证书。《建设工程计量与计价实务》分为土木建筑工程、交通运输工程、水利工程和安装工程 4 个专业类别，考生在报名时可根据实际工作需要选择其中一个专业。

本教材根据 2019 年版《全国二级造价工程师职业资格考试大纲》编写，并在 2019 年版《建设工程计量与计价实务（安装工程）》基础上修订，修订过程中，参照了住房和城乡建设部发布实施的《建筑安装工程费用项目组成》（建标〔2013〕44 号）、《建设工程工程量清单计价规范》GB 50500—2013、《通用安装工程工程量计算规范》GB 50856—2013、《通用安装工程消耗量定额》TY02—31—2015 等文件和规范，并结合《江苏省安装工程计价定额》（2014 版）和安装工程案例，内容上力求反映最新政策法规和规范性文件、安装工程计量计价实际情况，力求前沿性、规范性和实用性。

本教材由中电联电力发展研究院董士波研究员统稿并担任主编，全书共 3 章 17 节。第 1 章第 1 节、第 2 节，第 3 章第 7 节由华北电力大学刘金朋、史鸿翔编写；第 1 章第 3 节至第 6 节，第 2 章第 1 节、第 2 节由江苏苏中兴工程造价咨询有限公司李俊编写；第 2 章第 3 节、第 3 章第 3 节至第 6 节由河北建筑工程学院赵丽编写；第 2 章第 4 节由广联达科技股份有限公司刘师雨编写；第 3 章第 1 节、第 2 节由中电联电力发展研究院周慧编写。

本教材在编写过程中，参阅和引用了不少专家学者的著作，在此一并表示衷心的感谢。

由于编写时间有限，书中难免存在不妥之处，敬请广大读者批评指正。

目 录
Contents

第1章　安装工程专业基础知识

第1节　安装工程的分类、特点及基本工作内容

1.1.1　安装工程分类概述

按照专业类别划分，安装工程一般分为通用设备工程、管道和设备工程、电气和自动化控制工程三大类。

1.1.1

1. 通用设备工程

通用设备工程主要涵盖机械设备工程、热力设备工程、静置设备与工艺金属结构工程、消防工程、电气照明及动力设备工程。

机械设备工程主要包括固体输送设备和电梯、泵风机和压缩机、工业炉和煤气发生设备等。

热力设备工程主要包括锅炉、锅炉辅助设备等。

静置设备与工艺金属结构工程主要包括容器、塔、换热器、油罐、球罐、气柜、火炬、排气筒等。

消防工程主要包括水灭火系统、气体灭火系统、泡沫灭火系统等。其中，水灭火系统又分为消火栓灭火系统、喷水灭火系统等。

电气照明及动力设备工程主要包括常用电光源、开关和插座以及动力设备的安装。常见动力设备工程主要为电动机工程、低压电气设备工程、配管管线工程等。

2. 管道和设备工程

管道和设备工程主要涵盖给水排水、采暖、燃气工程，通风空调工程，工业管道工程。

给水排水、采暖、燃气工程主要包括给水排水工程、采暖工程、燃气工程、医疗气体设备等。

通风空调工程主要包括通风工程、空调工程等。

工业管道工程主要包括热力管道系统、压缩气体管道系统、夹套管道系统、合金钢及有色金属管道、高压管道等。

3. 电气和自动化控制工程

电气和自动化控制工程主要涵盖电气工程、自动控制系统、通信设备及线路工程、建筑智能化工程。

电气工程主要包括配变电工程、电气线路工程、防雷接地系统、电气调整实验等。

自动控制系统主要包括传感器、调节设备、终端设备等，其安装主要包括温度传感器、湿度传感器、压力传感器、流量测量仪、电量变送器、电动调节阀、仪表回路模拟实验等。

通信设备及线路工程主要包括网络工程和网络设备、有线电视和卫星接收系统、音频和视频通信系统、通信线路工程等。

建筑智能化工程主要包括建筑自动化系统、安全防范自动化系统、火灾报警系统、办公自动化系统和综合布线系统等。

在安装工程中，电气照明及动力设备工程、通风空调工程、消防工程和给水排水、采暖、燃气工程为常用安装工程，本教材将针对这几种常用安装工程进行阐述和介绍。

1.1.2　常用安装工程的特点及基本工作内容

1.1.2

1. 电气照明及动力设备工程

（1）常用电气照明设备工程

电气照明是现代人工照明极其重要的手段，是现代建筑的重要组成部分。其中，常用电光源的特点和灯具的选择及安装是电气安装工程的重要部分。

1）常用电光源及特性

凡可以将其他形式的能量转换成光能，从而提供光通量的设备、器具统称为光源。而其中可以将电能转换为光能，从而提供光通量的设备、器具则称为电光源。常用的电光源有热致发光电光源（如白炽灯、卤钨灯等）；气体放电发光电光源（如荧光灯、汞灯、钠灯、金属卤化物灯、氙灯等）；固体发光电光源（如LED和场致发光器件等）。

气体放电光源一般比热辐射光源光效高、寿命长，能制成各种不同光色，在电气照明中应用日益广泛。热辐射光源结构简单，使用方便，显色性好，故在一般场所仍被普遍采用。常用照明电光源的主要特性比较见表1-1。

常用照明电光源的主要特性　　　　　　　　　　表1-1

光源种类	普通照明白炽灯	卤钨灯		荧光灯		高压汞灯	高压钠灯	金卤灯
		管形、单端	低压	荧光灯	紧凑型			
额定功率范围（W）	10～1500	60～5000	20～75	4～200	5～55	50～1000	35～1000	35～3500
光效（lm/W）	7.5～25	14～30		60～100	44～87	32～55	64～140	52～130
平均寿命（h）	1000～2000	1500～2000		8000～15000	5000～10000	10000～20000	12000～24000	3000～10000
亮度（cd/m²）	10^7～10^8			～10^4	(5～10)×10^4	～10^5	(6～8)×10^6	(5～7)×10^6
显色指数（Ra）	95～99	95～99	95～99	70～95	＞80	30～60	23～85	60～90
相关色温（K）	2400～2900	2800～3300	2800～3300	2500～6500	2500～6500	5500	1900～2800	3000～6500
启动稳定时间（min）	瞬时			1～4s	10s　快速	4～8		4～10
再启动时间（min）	瞬时			1～4s	10s　快速	5～10	10～15	10～15
闪烁	不明显			普通管明显、高频管不明显		明显		
电压变化对光通量的影响	大			较大		较大	大	较大
环境温度变化对光通输出的影响	小			大		较小		
耐震性能	较差			较好		好	较好	好

2）常用电气照明类附件

如插座、照明开关、吊扇、壁扇、换气扇等。

（2）常用电动机设备工程

电动机的分类方式有多种：

1）**按工作电源分类**：根据电动机工作电源的不同，可分为直流电动机和交流电动机，其中交流电动机又分为单相电动机和三相电动机。

2）**按结构及工作原理分类**：可分为异步电动机和同步电动机。同步电动机还可分为永磁同步电动机、磁阻同步电动机和磁滞同步电动机。异步电动机可分为感应电动机和交流换向器电动机。感应电动机又分为三相异步电动机、单相异步电动机和罩极异步电动机。交流换向器电动机又分为单相串励电动机、交直流两用电动机和推斥电动机。

3）**按启动与运行方式分类**：可分为电容启动式电动机、电容运转式电动机、电容启动运转式电动机和分相式电动机。

4）**按用途分类**：可分为驱动用电动机和控制用电动机。驱动用电动机又分为电动工具用电动机、家电用电动机及其他通用小型机械设备用电动机。控制用电动机又分为步进电动机和伺服电动机等。

5）**按转子的结构分类**：可分为笼型感应电动机和绕线转子感应电动机。

6）**按运转速度分类**：可分为高速电动机、低速电动机、恒速电动机、调速电动机。

（3）常用低压电气设备工程

低压电器指电压在1000V以下的各种控制设备、继电器及保护设备等。低压配电电器有熔断器、转换开关和自动开关等。低压控制电器有接触器、控制继电器、启动器、控制器、主令电器、电阻器、变阻器和电磁铁等，主要用于电力拖动和自动控制系统中。

1）开关

① 转换开关。双电源（自动）转换开关在电气中也叫做备自投。是一种能在两路电源之间进行可靠切换双电源的装置，作用就是在其中一路电源失电时自动转换到另一路电源供电，使设备能够不停电继续运转。

② 自动开关。自动开关又称自动空气开关。当电路发生严重过载、短路以及失压等故障时，能自动切断故障电路，有效地保护串接在它们后面的电气设备。

③ 行程开关。行程开关，是位置开关（又称限位开关）的一种，是一种常用的小电流主令电器。

④ 接近开关。接近开关是一种无须与运动部件直接进行机械接触而可以操作的位置开关，当物体接近开关的感应面到动作距离时，不需要机械接触及施加任何压力即可使开关动作，从而驱动直流电器或给计算机（PLC）装置提供控制指令。

2）熔断器

它由金属熔件（熔体、熔丝）、支持熔件的接触结构组成，主要有以下类型：

① 瓷插式熔断器。构造简单，国产熔体有0.5~100A以上多种规格。

② 螺旋式熔断器。当熔丝熔断时，色片被弹落，需要更换熔丝管，常用于配电柜中。

③ 封闭式熔断器。采用耐高温的密封保护管，内装熔丝或熔片。当熔丝熔化时，管内气压很高，能起到灭弧的作用，还能避免相间短路。这种熔断器常用在容量较大的负载上作短路保护，大容量的能达到1kA。

④ 填充料式熔断器。它的主要特点是具有限流作用及较高的极限分断能力。所以这种熔断器常用于具有较大短路电流的电力系统和成套配电的装置中。

⑤ 自复熔断器。随着低压电气容量逐渐增大，低压配电线路的短路电流也越来越大，要求用于系统保护开关元件的分断能力也不断提高，为此出现了一些新型限流元件，如自复熔断器等。应用时和外电路的低压断路器配合工作，效果很好。

3）接触器

接触器是一种自动化的控制电器。接触器主要用于频繁接通、分断交、直流电路，控制容量大，可远距离操作，配合继电器可以实现定时操作，联锁控制、各种定量控制和失压及欠压保护，广泛应用于自动控制电路。其主要控制对象是电动机，也可用于控制其他电力负载，如电热器、照明、电焊机、电容器组等。

交流接触器广泛用于电力的开断和控制电路。它利用主接点来开闭电路，用辅助接点来执行控制指令。主接点一般只有常开接点，而辅助接点常有两对具有常开和常闭功能的接点，小型的接触器也经常作为中间继电器配合主电路使用。

交流接触器的选择内容包括：额定电压、额定电流、线圈的额定电压、操作频率、辅助触头的工作电流等。

4）磁力启动器

磁力启动器由接触器、按钮和热继电器组成。热继电器是一种具有延时动作的过载保护器件，热敏元件通常为电阻丝或双金属片。另外，为避免由于环境温度升高造成误动作，热继电器还装有温度补偿双金属片。

磁力启动器具有接触器的特点，两只接触器的主触头串联起来接入主电路，吸引线圈并联起来接入控制电路。用于某些按下停止按钮后电动机不及时停转易造成事故的生产场合。

5）继电器

继电器可用于自动控制和保护系统。常用的控制继电器和保护继电器如下：

① 热继电器。热继电器主要用于电动机和电气设备的过负荷保护。

② 时间继电器。时间继电器是用在电路中控制动作时间的继电器，它利用电磁原理或机械动作原理来延时触点的闭合或断开。

③ 中间继电器。中间继电器是将一个输入信号变成一个或多个输出信号的继电器，它的输入信号是通电和断电，它的输出信号是接点的接通或断开，用以控制各个电路。

④ 电流继电器。电流继电器是反映电路中电流状况的继电器。当电路中电流达到或超过整定的动作电流时，电流继电器便动作。

⑤ 速度继电器。速度继电器是用来反映转速和转向变化的继电器。它常用于电动机反接制动的控制电路中，当反接制动的电动机转速下降到接近零时，它能自动地及时切断电源。

⑥ 电磁继电器。电磁继电器是在输入电路内电流的作用下，由机械部件的相对运动产生预定响应的一种继电器。

⑦ 固态继电器。输入、输出功能由电子元件完成而无机械运动部件的一种继电器。

⑧ 温度继电器。当外界温度达到规定值时动作的继电器。

⑨ 加速度继电器。当运动物体的加速度达到规定值时，被控电路将接通或断开。

⑩ 电压继电器。其结构与电流继电器基本相同，只是电磁铁线圈的匝数很多，而且使用时要与电源并联。它广泛应用于失压（电压为零）和欠压（电压小）保护中。

此外，还有其他类型的继电器。如光继电器、声继电器、热继电器等。

6）漏电保护器

漏电保护器又叫漏电保护开关，是为防止人身误触带电体漏电而造成人身触电事故的一种保护装置，它还可以防止由漏电而引起的电气火灾和电器设备损坏等事故。

按工作类型划分有开关型、继电器型、单一型漏电保护器、组合型漏电保护器。组合型漏电保护器是漏电开关与低压断路器组合而成。

按结构原理划分有电压动作型、电流型、鉴相型和脉冲型。

（4）配管配线工程

把绝缘导线穿入管内敷设，称为配管配线。这种配线方式比较安全可靠，可避免腐蚀气体的侵蚀或遭受机械损伤，更换电线方便。在工业与民用建筑中使用最为广泛。

1）配管配线常用导管

配管配线常用的导管有：

① 电线管：管壁较薄，管径以外径计算，适用于干燥场所的明、暗配。

② 焊接钢管：分为镀锌和不镀锌两种，管壁较厚，管径以公称直径计算，适用于潮湿、有机械外力、有轻微腐蚀气体场所的明、暗配。

③ 硬质聚氯乙烯管：由聚氯乙烯树脂加入稳定剂、润滑剂等助剂经捏合、滚压、塑化、切粒、挤出成型加工而成，耐酸碱，加热煨弯、冷却定型才可用。主要用于电线、电缆的保护套管等。管材长度一般 4m/根，颜色一般为灰色。管材连接一般为加热承插式连接和塑料热风焊，弯曲必须加热进行。该管耐腐蚀性较好，易变形老化，机械强度比钢管差，适用腐蚀性较大的场所的明、暗配。

④ 半硬质阻燃管：也叫 PVC 阻燃塑料管，由聚氯乙烯树脂加入增塑剂、稳定剂及阻燃剂等经挤出成型而得，用于电线保护，一般颜色为黄、红、白色等。管子连接采用专用接头抹塑料胶后粘接，管道弯曲自如无需加热，成捆供应，每捆 100m。该管刚柔结合、易于施工，劳动强度较低，质轻，运输较为方便，已被广泛应用于民用建筑暗配管。

⑤ 刚性阻燃管：刚性 PVC 管，也叫 PVC 冷弯电线管，分轻型、中型、重型。管材长度 4m/根，颜色有白、纯白，弯曲时需要专用弯曲弹簧。管子的连接方式采用专用接头插入法连接，连接处结合面涂专用胶合剂，接口密封。

2）导线的连接

导线连接有铰接、焊接、压接和螺栓连接等。各种连接方法适用于不同的导线及不同的工作地点。导线与设备或器具的连接应符合下列规定：

① 截面积在 10mm^2 及以下的单股铜导线和单股铝/铝合金芯线可直接与设备或器具的端子连接；

② 截面积在 2.5mm^2 及以下的多芯铜芯线应接续端子或拧紧搪锡后再与设备或器具的端子连接；

③ 截面积大于 2.5mm^2 的多芯铜芯线，除设备自带插接式端子外，应接续端子后与设备或器具的端子连接；多芯铜芯线与插接式端子连接前，端部应拧紧搪锡；

④ 多芯铝芯线应接续端子后与设备、器具的端子连接，多芯铝芯线接续端子前应去

除氧化层并涂抗氧化剂,连接完成后应清洁干净;

⑤ 每个设备或器具的端子接线不多于2根导线或2个导线端子;

⑥ 截面积 $6mm^2$ 及以下铜芯导线间的连接应采用导线连接器或缠绕搪锡连接。

2. 通风工程

建筑通风的任务是改善室内温度、湿度、洁净度和流速,保证人们的健康以及生活和工作的环境条件。工业通风的任务就是控制生产过程中产生的粉尘、有害气体、高温、高湿,创造良好的生产环境和大气环境。

(1) 通风系统的组成

通风系统分为送风系统和排风系统。送风系统是将清洁空气送入室内,排风系统是排除室内的污染气体。

(2) 通风(空调)主要设备和附件

1) 通风机

通风工程中通风机的分类方法很多,按风机的作用原理可分为离心式通风机、轴流式通风机、贯流式通风机。

2) 风阀

风阀是空气输配管网的控制、调节机构,基本功能是截断或开通空气流通的管路,调节或分配管路流量。

3) 风口

风口的基本功能是将气体吸入或排出管网,通风(空调)工程中使用最广泛的是铝合金风口,表面经氧化处理,具有良好的防腐、防水性能。

4) 局部排风罩

排风罩的主要作用是排除工艺过程或设备中的含尘气体、余热、余湿、毒气、油烟等。按照工作原理的不同,局部排风罩可分为密闭罩、柜式排风罩(通风柜)、外部吸气罩、接受式排风罩、吹吸式排风罩。

5) 除尘器

根据除尘机理的不同除尘器可分为重力、惯性、离心、过滤、洗涤、静电六大类;根据气体净化程度的不同可分为粗净化、中净化、细净化与超净化等四类;根据除尘器的除尘效率和阻力可分为高效、中效、粗效和高阻、中阻、低阻等类。

6) 消声器

消声器是一种能阻止噪声传播,同时允许气流顺利通过的装置。在通风空调系统中,消声器一般安装在风机出口水平总风管上,用以降低风机产生的空气动力噪声,也有将消声器安装在各个送风口前的弯头内,用来阻止或降低噪声由风管内向空调房间传播。

7) 空气幕设备

近年来,已有一些工厂生产整体装配式空气幕和贯流式空气幕。前者设有加热器,适用于寒冷地区的民用与工业建筑,后者未设加热(冷却)装置,体型较小,适用于各类民用建筑和冷库等。

8) 空气净化设备

有害气体的处理方法有多种,其中,吸收法和吸附法较为常用。

① 吸收设备

它用于需要同时进行有害气体净化和除尘的排风系统中。常用的吸收剂有水、碱性吸收剂、酸性吸收剂、有机吸收剂和氧化剂吸收剂。常用的吸收设备有喷淋塔、填料塔、湍流塔。

② 吸附设备

常用的吸附介质是活性炭，吸附设备有固定床活性炭吸附设备、移动床吸附设备。

3. 空调工程

空气调节是通风的高级形式，任务是采用人为的方法，创造和保持一定的温度、湿度、气流速度及一定的室内空气洁净度，满足生产工艺和人体的舒适要求。

（1）空调系统的组成

空调系统包括送风系统和回风系统。在风机的动力作用下，室外空气进入新风口，与回风管中回风混合，经空气处理设备处理达到要求后，由风管输送并分配到各送风口，由送风口送入室内。回风口将室内空气吸入并进入回风管（回风管上也可设置风机），一部分回风经排风管和排风口排到室外；另一部分回风经回风管与新风混合。空调系统基本由空气处理、空气输配、冷热源三部分组成，此外还有自控系统等。

1）空气处理部分

包括能对空气进行热湿处理和净化处理的各种设备。如过滤器、表面式冷却器、喷水室、加热器、加湿器等。

2）空气输配部分

包括通风机（送、回、排风机）、风道系统、各种阀门、各种附属装置（如消声器等），以及为使空调区域内气流分布合理、均匀而设置的各种送风口、回风口和空气进出空调系统的新风口、排风口。

3）冷热源部分

包括制冷系统和供热系统。

（2）空调系统主要设备及部件

1）喷水室

在空调系统中应用喷水室的主要优点在于能够实现对空气加湿、减湿、加热、冷却多种处理过程，并具有一定的空气净化能力，喷水室消耗金属少，容易加工，但它有水质要求高、占地面积大、水泵耗能多的缺点，故在民用建筑中不再采用，但在以调节湿度为主要目的的空调中仍大量使用。

喷水室有卧式和立式、单级和双级、低速和高速之分。喷水室主要由喷嘴与排管、前后挡水板、外壳、底池（或水箱）以及管路系统等组成。其供水方式有使用深井水和使用冷冻水等不同形式。

2）表面式换热器

表面式换热器包括空气加热器和表面式冷却器，前者用热水或蒸气做热媒，或用电加热，后者用冷水（或冷盐水和乙二醇）或者蒸发的制冷剂做冷媒，因此表面式冷却器又分为水冷式和直接蒸发式两类，可以实现对空气减湿、加热、冷却多种处理过程。与喷水室相比，表面式换热器具有构造简单、占地少、对水的清洁度要求不高、水侧阻力小等优点。

3）空气加湿设备

对于舒适性空调，空气机组一般不需要设加湿段，只有在冬季室外空气特别干燥的情况下才设置加湿段。对于医疗房间和生产过程的工艺性空调（如制药、半导体生产和纺织车间，计算机机房等），空气处理机组中必须设置加湿设备。

空气的加湿方法常有：喷水室加湿、喷蒸气加湿、电热式加湿器、离心式加湿器、超声波加湿器。干蒸气加湿器和电热加湿器是商用工业空调系统中，除喷水室外应用最广泛的加湿设备，这两种设备又被称为等温加湿。

4）空气减湿设备

前述的喷水室和表冷器都能对空气进行减湿处理。此外，减湿方法还有：升温通风、冷冻减湿机减湿法、固体吸湿剂法和液体吸湿剂法。加热通风除湿是将湿度较低的室外空气加热送入室内，从室内排出同等数量的潮湿空气；冷冻除湿就是利用制冷设备，除掉空气中析出的凝结水，再将空气温度升高达到除湿目的；液体吸湿剂除湿是将盐水溶液与空气直接接触，空气中的水分被盐水吸收，达到吸湿的目的。固体吸湿剂除湿原理是空气经过吸湿材料的表面或孔隙，空气中的水分被吸附，常用的固体吸湿剂是硅胶和氯化钙。

常见的减湿设备还有冷冻减湿机、转轮除湿机和蒸发冷凝再生式减湿系统。

5）空气过滤器

按过滤器性能划分可分为粗效过滤器、中效过滤器、高中效过滤器、亚高效过滤器和高效过滤器。

6）空调系统的消声与隔振装置

① 消声装置

a. 消声器

根据消声原理不同，消声器可以分为阻性、抗性、共振型和复合型等多种。

b. 消声静压箱

在风机出口处或在空气分布器前设置静压箱并贴以吸声材料，既可以稳定气流，又可利用箱断面的突变和箱体内表面的吸声作用使风机噪声有效衰减。其消声量与材料的吸声能力、箱内面积和出口侧风道的面积等因素有关。

② 隔振装置

隔振装置有软木、橡胶及橡胶隔振器、金属弹簧及金属弹簧隔振器、金属弹簧与橡胶组合隔振器、空气弹簧隔振器等。

7）空调水系统设备

① 冷却塔

冷却塔是在塔内使空气和水进行热质交换而降低冷却水温度的设备。空调用冷却塔常见的有逆流式（塔内空气和冷却水逆向流动）和横流式（塔内空气和冷却水垂直流动）两种。

② 膨胀节

系统设置膨胀节是为了吸收位移，保护系统安全可靠地运行。吸收的位移包括管道因温度变化而伸长或缩短，与之相连的设备、容器等装置的位移，以及在安装过程中可能出现的偏差。

空调水系统膨胀节的常用形式有：a. 通用型膨胀节由一个波纹管和其两端的连接管组成，能吸收轴向位移、角位移及少量的横向位移。b. 单式轴向型膨胀节能吸收轴向位移。c. 复式轴向型膨胀节可以吸收比单式轴向型膨胀节大一倍的轴向位移。d. 外压轴向型膨胀节的波纹管承受外压，便于疏水，能吸收较大的轴向位移。e. 减振形膨胀节用于吸收机械强迫振动、吸收位移。f. 抗振型膨胀节能吸收三向位移。g. 大拉杆横向型膨胀节能吸收横向位移。h. 旁通轴向压力平衡型膨胀节能吸收轴向位移。除后两种为约束膨胀节，固定支架不承受内压推力外，前几种膨胀节为无约束膨胀节，必须设置主固定支架以承受内压推力。

8）组合式空调机组

对空气进行各种热、湿、净化等处理的设备称为空气处理机组。空气处理机组主要有两大类：组合式空调机组和整体式空调机组。组合式空调机组是由各种功能的模块组合而成，用户可以根据自己的需要选择不同的功能段进行组合。整体式空调机组在工厂中组装成一体，具有固定的功能。这种机组结构紧凑、体型较小，适用于需要对空气处理的功能不多、机房面积较小的场合。

根据机组结构特点，空调机组还可以分为卧式空调机组和立式空调机组。

4. 消防工程

火灾是各种灾害中发生最频繁且极具毁灭性的灾害之一。火的形成必须具备可燃物、氧气及热源三大要素，要使燃烧过程持续进行，三者缺一不可。因此，灭火或控制火势就必须至少消除这三者其中的任何一个要素。

通常将火灾划分为以下四大类：

A 类火灾：木材、布类、纸类、橡胶和塑胶等普通可燃物的火灾；

B 类火灾：可燃性液体或气体的火灾；

C 类火灾：电气设备的火灾；

D 类火灾：钾、钠、镁等可燃性金属或其他活性金属的火灾。

对于各类火灾，根据构筑物的性质、功能及燃烧物特性，可以使用水、泡沫、干粉、气体（二氧化碳等）等作为灭火剂来扑灭火灾。

（1）水灭火系统

1）消火栓灭火系统

该系统由消防给水管网，消火栓、水带、水枪组成的消火栓箱柜，消防水池，消防水箱，增压设备等组成。根据目前我国广泛使用的建筑消防登高器材的性能及消防车供水能力，对高、低层建筑的室内消防给水系统有不同的要求。9 层及 9 层以下的住宅建筑（包括底层设置商业服务网点的住宅）和建筑高度不超过 24m 的其他民用建筑厂房、库房和单层公共建筑为低层建筑。低层建筑利用室外消防车从室外水源取水，直接扑灭室内火灾。

10 层及 10 层以上的建筑、建筑高度为 24m 以上的其他民用和工业建筑为高层建筑。高层建筑的高度超过了室外消防车的有效灭火高度，无法利用消防车直接扑救高层建筑上部的火灾，所以高层建筑发生火灾时，必须以"自救"为主。高层建筑室内消火栓给水系统是扑救高层建筑室内火灾的主要灭火设备之一。室内消火栓给水系统主要设备有：

① 室内消火栓

室内消火栓箱安装在建筑物内的消防给水管路上，由箱体、室内消火栓、水带、水枪及电气设备等消防器材组成。室内消火栓是一种具有内扣式接口的球形阀式龙头，有单出口和双出口两种类型。消火栓的一端与消防竖管相连，另一端与水带相连。当发生火灾时，消防水量通过室内消火栓给水管网供给水带，经水枪喷射出有压水流进行灭火。

② 消防水泵结合器

当室内消防用水量不能满足消防要求时，消防车可通过水泵接合器向室内管网供水灭火。消防给水为竖向分区供水时，在消防车供水压力范围内的分区，应分别设置水泵接合器；水泵接合器应设在室外便于消防车使用的地点，且距室外消火栓或消防水池的距离不宜小于15m，并不宜大于40m。

2）喷水灭火系统

① 自动喷水灭火系统

自动喷水灭火系统是一种能自动启动喷水灭火，并能同时发出火警信号的灭火系统，可以用于公共建筑、工厂、仓库等一切可以用水灭火的场所。它具有工作性能稳定、适应范围广、灭火效率高、维修简便等优点。根据使用要求和环境的不同，喷水灭火系统可分为：湿式系统、干式系统、预作用系统、重复启闭预作用灭火系统等。

② 水喷雾灭火系统

水喷雾灭火系统是在自动喷水灭火系统的基础上发展起来的，仍属于固定式灭火系统的一种类型。它是利用水雾喷头在一定水压下将水流分解成细小水雾灭火或防护冷却的灭火系统。与自动喷水灭火系统相比，水喷雾灭火系统有以下几方面的特点。

a. 水喷雾灭火系统要求的水压较自动喷水系统高，水量也较大，因此在使用中受到一定的限制。

b. 这种系统一般适用于工业领域中的石化、交通和电力部门。在国外工业发达国家已得到普遍应用。近年来，我国许多行业逐步扩大了水喷雾系统的使用范围，如高层建筑内的柴油机发电机房、燃油锅炉房等。

（2）气体灭火系统

气体灭火系统是以气体作为灭火介质的灭火系统。我国目前常用的气体灭火系统主要有二氧化碳灭火系统、七氟丙烷灭火系统、IG541混合气体灭火系统和热气溶胶预制灭火系统。

气体灭火系统比传统的水喷淋灭火系统、消火栓灭火系统有一个显著的优点，即灭火后不留任何痕迹，无二次污染，但由于气体灭火系统大都采用高压贮存、高压输送，相比水喷淋系统危险系数要大。

1）二氧化碳灭火系统

该系统通过向保护空间喷放二氧化碳灭火剂，稀释氧浓度、窒息燃烧和冷却等物理作用扑灭火灾。二氧化碳本身具有不燃烧、不助燃、不导电、不含水分、灭火后能很快散逸、对保护物不会造成污损等优点，因此是一种采用较早、应用较广的气体灭火剂。但二氧化碳含量达到15%以上时能使人窒息死亡。

二氧化碳灭火系统主要用于扑救甲、乙、丙类（甲类闪点小于28℃，乙类闪点不小于28℃且小于60℃，丙类不小于60℃）液体火灾，某些气体火灾、固体表面和电器设备火灾，应用的场所有：

① 油浸变压器室、装有可燃油的高压电容器室、多油开关及发电机房等；

② 电信、广播电视大楼的精密仪器室及贵重设备室、大中型电子计算机房等；

③ 加油站、档案库、文物资料室、图书馆的珍藏室等；

④ 大、中型船舶货舱及油轮油舱等。

2）七氟丙烷灭火系统

七氟丙烷是一种以化学方式灭火为主的洁净气体灭火剂，该灭火剂无色、无味、不导电、无二次污染，具有清洁、低毒、电绝缘性好、灭火效率高的特点；特别是它不含溴和氯，对臭氧层无破坏，在大气中的残留时间比较短，其环保性能明显优于卤代烷，是一种洁净气体灭火剂，被认为是替代卤代烷1301、1211的最理想的产品之一。

七氟丙烷灭火系统具有效能高、速度快、环境效应好、不污染被保护对象、安全性强等特点，适用于有人工作的场所，对人体基本无害；但不可用于下列物质的火灾：

① 氧化剂的化学制品及混合物，如硝化纤维、硝酸钠等；

② 活泼金属，如钾、钠、镁、铝、铀等；

③ 金属氧化物，如氧化钾、氧化钠等；

④ 能自行分解的化学物质，如过氧化氢、联胺等。

（3）泡沫灭火系统

泡沫灭火系统采用泡沫液作为灭火剂，主要用于扑救非水溶性可燃液体和一般固体火灾，如商品油库、煤矿、大型飞机库等，具有安全可靠、灭火效率高的特点。对于水溶性可燃液体火灾，应采用抗溶性泡沫灭火剂灭火。

泡沫灭火系统有多种类型。按泡沫发泡倍数分类有低、中、高倍数泡沫灭火系统；按泡沫灭火剂的使用特点可分为A类泡沫灭火剂、B类泡沫灭火剂、非水溶性泡沫灭火剂、抗溶性泡沫灭火剂等；按设备安装使用方式分类有固定式、半固定式和移动式泡沫灭火系统；按泡沫喷射位置分类有液上喷射和液下喷射泡沫灭火系统。

5. 给水排水工程

（1）给水系统

1）室外给水系统

① 室外给水系统的组成

a. 取水构筑物。用以从选定的水源（包括地下水源和地表水源）取水。

b. 水处理构筑物。用以将取来的原水进行处理，使其符合用户对水质的要求。

c. 泵站。用以将所需水量提升到要求的高度，可分为抽取原水的一级泵站、输送清水的二级泵站和设于管网中的加压泵站。

d. 输水管渠和管网。输水管是将原水输送到水厂的管渠，当输水距离在10km以上时为长距离输送管道；配水管网则是将处理后的水配送到各个给水区的用户。

e. 调节构筑物。它包括高地水池、水塔、清水池等。用以贮存和调节水量。高地水池和水塔兼有保证水压的作用。

② 配水管网的布置形式和敷设方式

配水管网有树状网和环状网两种形式。树状管网是从水厂泵站或水塔到用户的管线布置成树枝状，只是一个方向供水。供水可靠性较差，投资小。环状网中的干管前后贯通，连接成环状，供水可靠性好，适用于供水不允许中断的地区。

配水管网一般采用埋地铺设，覆土厚度不小于0.7m，并且在冰冻线以下。通常沿道路或平行于建筑物铺设。配水管网上设置阀门和阀门井。

2）室内给水系统

室内给水系统按用途可分成生活给水系统、生产给水系统及消防给水系统。各给水系统可以单独设置，也可以采用合理的共用系统。

① 室内给水系统组成

室内给水系统由引入管（进户管）、水表节点、管道系统（干管、立管、支管）、给水附件（阀门、水表、配水龙头）等组成。当室外管网水压不足时，还需要设置加压贮水设备（水泵、水箱、贮水池、气压给水装置等）。

② 给水方式及特点

室内给水方式主要有直接给水方式，单设水箱供水方式，设贮水池、水泵的给水方式，设水泵、水箱的给水方式等。

a. 直接给水方式

直接给水方式是室外管网供水由引入管进入经水表后，直接供给用户。适用于外网水压、水量能满足用水要求，室内给水无特殊要求的单层和多层建筑。

这种给水方式的特点是供水较可靠，系统简单，投资小，安装、维护简单，可以充分利用外网水压，节省能量。但是内部无贮水设备，外网停水时内部立即断水。

当室外给水管网水质、水量、水压均能满足建筑物内部用水要求时，应首先考虑采用这种给水方式。当外管网的水压不能满足整个建筑物的用水要求时，室内管网可采用分区供水方式，低区管网采用直接供水方式，高区管网采用其他供水方式。

b. 单设水箱供水方式

单设水箱的供水方式是在直接给水方式中增加高位水箱，水箱设置在建筑物最高处。此方式中室内管网与外网直接连接，利用外网压力供水，同时设置高位水箱调节流量和压力。适用于外网水压周期性不足，室内要求水压稳定，允许设置高位水箱的建筑。

单设水箱供水方式供水较可靠，系统较简单，投资较小，安装、维护较简单，可充分利用外网水压，节省能量。设置高位水箱，增加结构荷载，若水箱容积不足，可能造成停水。

c. 设贮水池、水泵的给水方式

室外管网供水至贮水池，由水泵将贮水池中水抽升至室内管网各用水点。适用于外网的水量满足室内的要求，而水压大部分时间不足的建筑。当室内一天用水量均匀时，可以选择恒速水泵；当用水量不均匀时，宜采用变频调速泵。

这种供水方式安全可靠，不设高位水箱，不增加建筑结构荷载。但是外网的水压没有被充分利用。为了安全供水，我国当前许多城市的建筑小区设贮水池和集中泵房，定时或全日供水，也采用这种供水方式。

d. 设水泵、水箱的给水方式

水泵自贮水池抽水加压，利用高位水箱调节流量，在外网水压高时也可以直接供水。适用于外网水压经常或间断不足，允许设置高位水箱的建筑。

这种给水方式的优点是可以延时供水，供水可靠，充分利用外网水压，节省能量。缺点是安装、维护较麻烦，投资较大；有水泵振动和噪声干扰；需设高位水箱，增加结构荷载。

（2）排水系统

1）排水系统分类

根据所接纳的污废水类型不同，可分为生活污水管道系统、工业废水管道系统和屋面雨水管道系统三类。生活污水管道系统是收集排除居住建筑、公共建筑及工厂生活间生活污水的管道，可分为粪便污水管道系统和生活废水管道系统。工业废水管道系统是收集排除生产过程中所排出的污废水，污废水按污染程度分为生产污水排水系统和生产废水排水系统。屋面雨水管道系统是收集排除建筑屋面上雨、雪水的管道。

2）排水系统体制

建筑排水体制分为合流制和分流制两种。采用何种方式，应根据污废水性质、污染情况、结合室外排水系统的设置、综合利用及水处理要求等确定。

3）室外排水系统组成

室外排水系统由排水管道、检查井、跌水井、雨水口和污水处理厂等组成。室外污水排除系统与雨水排除系统可以采用合流制或分流制。

4）室内排水系统组成

室内排水系统的基本要求是迅速通畅地排除建筑内部的污废水，保证排水系统在气压波动下不致使水封破坏。其组成包括以下几部分：

① 卫生器具或生产设备受水器，是排水系统的起点。

② 存水弯，是连接在卫生器具与排水支管之间的管件，防止排水管内腐臭、有害气体、虫类等通过排水管进入室内。如果卫生器具本身有存水弯，则不再安装。

③ 排水管道系统，由排水横支管、排水立管、埋地干管和排出管组成。排水横支管是将卫生器具或其他设备流来的污水排到立管中去。排水立管是连接各排水支管的垂直总管。埋地干管连接各排水立管。排出管将室内污水排到室外第一个检查井。

④ 通气管系，是使室内排水管与大气相通，减少排水管内空气的压力波动，保护存水弯的水封不被破坏。常用的形式有器具通气管、环形通气管、安全通气管、专用通气管、结合通气管等。

⑤ 清通设备，是疏通排水管道的设备，包括检查口、清扫口和室内检查井。

（3）热水供应系统

1）热水供应系统的组成

① 热源供应设备。主要是锅炉。当有条件时，也可以利用工业余热、废热、地热和太阳能为热源。

② 换热设备和热水贮存设备。换热设备常指加热水箱和换热器，它们用蒸气或高温水把冷水加热成热水。热水贮存设备用于贮存热水，有热水箱和热水罐。

③ 管道系统。有冷水供应和热水供应管道系统。管道系统除管道外，还在管道上安装有阀门、补偿器、排气阀、泄水装置等附件。

④ 其他设备。在全循环、半循环热水供应系统中，循环管道上安装有循环水泵。为控制水温，在换热设备的进热媒管道上安装有温度自控装置，在蒸气管道末端安装疏水阀。

2）热水供应系统分类

按供水范围分类，热水供应系统分为：

① 局部热水供应系统。采用各种小型加热器在用水场所或附近就近加热，供局部范围内的用水点使用的系统。如电加热器、小型家用燃气热水器、太阳能热水器等。

② 集中热水供应系统。在锅炉房、热交换站等处将水集中加热，通过热水供应管网

输送至整幢或更多建筑的热水供应系统。适用于热水用量较大、用水点比较集中的建筑，如旅馆、公共浴室、医院、体育馆、游泳池及部分居住建筑。

③ 区域热水供应系统。水在热电厂或区域性锅炉房或区域热交换站加热，通过室外热水管网将热水输送至城市街坊、住宅小区各建筑中。适用于热水供应的建筑多且较集中的城镇住宅区和大型工业企业。

（4）卫生器具

卫生器具主要包括：大便器、小便器、洗面器、浴盆、妇用卫生盆、各类化验盆、洗涤盆以及淋浴器、淋浴房、便槽喷淋管等。卫生器具一般常用的有陶瓷、搪瓷、塑料、玻璃钢、水磨石、人造大理石等制品。

6. 采暖工程

所有的采暖系统都由热源（热媒制备）、热网（热媒输送）和散热设备（热媒利用）三个主要部分组成。目前应用最广泛的热源是锅炉房和热电厂，此外也可以利用核能、地热、太阳能、电能、工业余热作为采暖系统的热源；热网是由热源向热用户输送和分配供热介质的管道系统；散热设备是将热量传至所需空间的设备。

（1）热源

1）热媒的选择

采暖系统常用热媒是水、蒸气和空气。热媒的选择应根据安全、卫生、经济、建筑物性质和地区供暖条件等因素综合考虑。热媒的选择见表1-2。

采暖系统热媒的选择 表 1-2

建筑种类		适宜采用	允许采用
民用及公共建筑	住宅、医院、幼儿园	不超过 95℃的热水	
	办公楼、学校、展览馆等	1. 不超过 95℃的热水 2. 低压蒸气	
	车站、食堂、商业建筑等	不超过 110℃的热水	低压蒸气
	一般俱乐部、影剧院等	1. 不超过 110℃的热水 2. 低压蒸气	不超过 130℃的热水
工业建筑	不散发粉尘或散发非燃烧性和非爆炸粉尘的生产车间	1. 低压蒸气或高压蒸气 2. 不超过 110℃的热水 3. 热风	不超过 130℃的热水
	散发非燃烧和非爆炸性有机无毒升华粉尘的生产车间	1. 低压蒸气 2. 不超过 110℃的热水 3. 热风	不超过 130℃的热水
	散发非燃烧性和非爆炸性的易升华有毒粉尘、气体及蒸气的生产车间	按相关管理部门规定执行	
	散发燃烧性或爆炸性有毒气体、蒸气及粉尘的生产车间	按相关管理部门规定执行	
	任何容积的辅助建筑	服从主体建筑的热源	
	厂区内设在单独建筑中的门诊所、药房、托儿所及保健站等	不超过 95℃的热水	

2）供热设备

① 供热锅炉

供热锅炉是最常见的为采暖及生活提供蒸气或热水的设备。

② 地源热泵

地源热泵是以水为热源的可进行制冷/制热循环的一种热泵型整体式水-空气式或水-水式空调装置,制热时以水为热源,而在制冷时以水为排热源。用于热泵机组的热(冷)源有水源、地源、风源等多种。

(2)热网的组成和分类

热网包括管道系统和安装在其上的附件。主要附件有管件、阀门、补偿器、支座和部件(放气、放水、疏水、除污等)等。

1)按布置形式划分:枝状管网、环状管网、辐射状管网。

① 枝状管网:呈树枝状布置的管网,是热水管网最普遍采用的形式。布置简单,基建投资少,运行管理方便。

② 环状管网:干线一般构成环形的管网。当输配干线某处出现事故时,可以在断开故障段后,通过环状管网由另一方向保证供热。环状管网投资大,运行管理复杂,管网需要有较高的自动控制措施。

③ 辐射状管网:是从热源源头的集配器上引出多根管道将介质送往各管网。管网控制方便,可实现分片供热,但投资和材料耗量大,比较适用于面积较小、厂房密集的小型工厂。

2)按介质的流动顺序划分:一级管网、二级管网。

① 一级管网:由热源至换热站的管道系统。

② 二级管网:由换热站至热用户的管道系统。

3)按热网与采暖用户的连接方式划分:直接连接、间接连接。

① 直接连接:用户系统直接连接于热网上,热网供水(蒸气)直接进入热用户的散热器,放热后返回热网回水管。当热网为高温水供热且网路供水温度超过用户要求的供水温度时,可采用装设喷射器或装设混合水泵连接。

② 间接连接:在换热站或热用户处设置换热器,用户系统与热水(蒸气)网路被换热器隔离,形成两个独立的系统,用户与网路之间的水力工况互不影响。

(3)采暖系统的组成和分类

1)采暖系统的组成

室内采暖系统(以热水采暖系统为例),一般由主立管、水平干管、支立管、散热器横支管、散热器、排气装置、阀门等组成。热水由入口经主立管、供水干管、各支立管、散热器供水支管进入散热器,放出热量后经散热器回水支管、立管、回水干管流出系统。排气装置用于排除系统内的空气,阀门起调节和启闭作用。

2)采暖系统的分类

① 按热媒种类分类:热水采暖系统、蒸气采暖系统、热风采暖系统。

② 按循环动力分类:重力循环系统、机械循环系统。

重力循环系统:靠热媒本身温差所产生的密度差而进行循环。

机械循环系统:靠水泵(热风系统依靠风机)所产生的压力作用来进行循环。

按供暖范围分类:局部采暖系统、集中采暖系统、区域采暖系统。

a. 局部采暖系统:热源、热网及散热设备三个主要组成部分在一起的供暖系统,称为局部供暖系统。以煤火炉、户用燃气炉、电加热器等作为热源,作用于分散平房或独立别墅（独立小楼）的采暖系统。

b. 集中采暖系统：热源和散热设备分开设置，由管网将它们连接。以锅炉房为热源，作用于一栋或几栋建筑物的采暖系统。

c. 区域供暖系统：以热电厂、热力站或大型锅炉房为热源，作用于群楼、住宅小区等大面积供暖的采暖系统。

d. 辐射采暖系统：辐射采暖是利用建筑物内的屋顶面、地面、墙面或其他表面的辐射散热器设备散出的热量来达到房间或局部工作点采暖要求的采暖方法。按供热范围分为：局部辐射采暖（如燃气器具或电炉）、集中辐射采暖。按辐射面温度分为：高、中、低温辐射采暖。按热媒分为：热水、蒸气、空气和电辐射采暖。

7. 燃气工程

（1）燃气的分类

燃气主要由低级烃（甲烷、乙烷、丙烷、丁烷、乙烯、丙烯、丁烯）、氢气和一氧化碳等可燃组分，以及氨、硫化物、水蒸气、焦油、萘和灰尘等杂质组成。燃气主要有天然气、人工煤气和液化石油气三大类，另有沼气。

（2）燃气供应系统

1）燃气输配系统

燃气输配系统主要由燃气输配管网、储配站、调压计量装置、运行监控、数据采集系统等组成。

2）燃气输配管网

① 输配管网形式：城市燃气管网通常包括街道燃气管网和庭院燃气管网两部分。

② 管道系统的组成：城镇燃气管道系统由输气干管、中压输配干管、低压输配干管、配气支管和用气管道组成。

③ 系统的形式：城镇燃气管道系统由各种压力的燃气管道组成，其组合形式有一级系统、二级系统、三级系统和多级系统。

3）燃气储配站

燃气储配站的主要功能是储存燃气、加压和向城市燃气管网分配燃气。燃气储配站主要由压送设备、储存装量、燃气管道和控制仪表以及消防设施等辅助设施组成。

压送设备用来提高燃气压力或输送燃气，目前在中、低压两级系统中使用的压送设备有罗茨式鼓风机和往复式压送机。

储存装置的作用是保证不间断地供应燃气，平衡、调度燃气供气量。其设备主要有低压湿式储气柜、低压干式储气柜、高压储气罐（圆筒形、球形）。

燃气压送储存系统的工艺有低压储存、中压输送；低压储存、中低压分路输送和高压储配工艺等。

4）燃气调压装置

燃气调压装置的主要功能是按要求将上一级输气压力降至下一级输气压力；当系统负荷发生变化时，保持调压气后的输气压力稳定在要求的范围内。燃气调压装置类型包括：燃气调压站（室）、组合式燃气调压柜、燃气调压箱等。

5）燃气系统附属设备

① 凝水器：按构造分为封闭式和开启式两种。封闭式凝水器无盖，安装方便，密封

良好，但不易清除内部垃圾、杂质；开启式凝水器有可以拆卸的盖，内部垃圾、杂质清除比较方便。常用的凝水器有铸铁凝水器、钢板凝水器等。

② 补偿器：常用在架空管、桥管上，用以调节因环境温度变化而引起的管道膨胀与收缩。补偿器形式有套筒式补偿器和波形管补偿器，埋地铺设的聚乙烯管道长管段上通常设置套筒式补偿器。

③ 过滤器：通常设置在压送机、调压器、阀门等设备进口处，用以清除燃气中的灰尘、焦油等杂质。过滤器的过滤层用不锈钢丝网或尼龙网组成。

（3）用户燃气系统

1）室外燃气管道

燃气高压、中压管道通常采用钢管，中压和低压管道采用钢管或铸铁管，塑料管多用于工作压力不超过 0.4MPa 的室外地下管道。

2）室内燃气管道

按压力选材：低压管道当管径 DN 未超过 50mm 时，一般选用镀锌钢管，连接方式为螺纹连接；当管径 DN 超过 50mm 时，选用无缝钢管，材质为 20 号钢，连接方式为焊接或法兰连接。中压管道选用无缝钢管，连接方式为焊接或法兰连接。

按安装位置选材：明装采用镀锌钢管，丝扣连接；埋地敷设采用无缝钢管，焊接，要求防腐。无缝钢管壁厚不得小于 3mm；引入管壁厚不得小于 3.5mm，公称直径不得小于 40mm。

管件选用：管道丝扣连接时，管件选用铸铁管件，材质为 KT；管道焊接或法兰连接时，管件选用钢制对焊无缝管件，材质为 20 号钢。

燃气管道采用螺纹连接时，煤气管可选用厚白漆或聚四氟乙烯薄膜作为接口的密封填料；由于天然气中无水，为防止铅油与油麻在使用中干裂导致漏气，多采用聚四氟乙烯密封带作为接口的密封填料；液化石油气管选用石油密封酯或聚四氟乙烯薄膜作为接口的密封填料。

第2节 安装工程常用材料的分类、基本性能及应用

1.2.1 型材、板材和管材

1. 型材

型材是铁或钢及具有一定强度和韧性的材料（如塑料、铝、玻璃纤维等）通过轧制、挤出、铸造等工艺制成的具有一定几何形状的物体。常见有型钢、塑钢型材等。

普通型钢主要用于建筑结构，如桥梁、厂房结构，但个别也用于粗大的机械构件。

普通型钢可分为冷轧和热轧两种，其中热轧最为常用。型材按其断面形状分为圆钢、方钢、六角钢、角钢、槽钢、工字钢、H 型钢和扁钢等，具体见表1-3。

型材的规格以反映其断面形状的主要轮廓尺寸来表示；圆钢的规格以其直径（mm）来表示；六角钢的规格以其对边距离（mm）来表示；工字钢和槽钢的规格以其高×腿宽×腰厚（mm）来表示；扁钢的规格以厚度×宽度（mm）来表示。热轧型钢的标记方式通常为：

$$型钢名称 \quad \frac{型钢规格—型钢标准号}{原材牌号—原材标准号}$$

普通型钢截面示意表　　　　　　　　　　表 1-3

型钢名称	断面形状	规格表示方法	型钢名称	断面形状	规格表示方法
圆钢		直径 d	工字钢		高×腿宽×腰厚 $h×b×d$
方钢		边长 a	槽钢		高×腿宽×腰厚 $h×b×d$
扁钢		厚度×宽度	等边角钢		边宽×边宽×边厚 $b×b×d$
六角钢 八角钢		内切圆直径 a（即对边距离）	不等边角钢		长边×短边×边厚 $B×b×d$

2. 板材

（1）钢板

在安装工程中金属薄板是应用得较多的材料，如制作风管、气柜、水箱及维护结构。普通钢板（黑铁皮）、镀锌钢板（白铁皮）、塑料复合钢板和不锈耐酸钢板等为常用钢板。普通钢板具有良好的加工性能，结构强度较高，且价格便宜，应用广泛。常用厚度为 0.5～1.5mm 的薄板制作风管及机器外壳防护罩等，厚度为 2.0～4.0mm 的薄板可制作空调机箱、水箱和气柜等。空调、超净等防尘要求较高的通风系统，一般采用镀锌钢板和塑料复合钢板。镀锌钢板表面有保护层起防锈作用，一般不再刷防锈漆。

按照《热轧钢板和钢带的尺寸、外形、重量及允许偏差》GB/T 709—2019 和《冷轧钢板和钢带的尺寸、外形重量及允许偏差》GB/T 708—2019 规定，钢板按轧制方式分为热轧钢板和冷轧钢板。钢板规格表示方法为宽度×厚度×长度（mm）。钢板分厚板（厚度超过 4mm）和薄板（厚度未超过 4mm）两种。

（2）铝合金板

延展性能好，适宜咬口连接、耐腐蚀，且具有传热性能良好，在摩擦时不易产生火花的特性，所以铝合金板常用于防爆的通风系统。

（3）塑料复合钢板

塑料复合钢板是在普通薄钢板表面喷涂一层 0.2～0.4mm 厚且具有较好耐腐蚀性能的涂料，在保证强度同时增加耐腐蚀性，在建筑工程中应用广泛。

3. 管材

（1）金属管材

1) 无缝钢管。无缝钢管可以用普通碳素钢、普通低合金钢、优质碳素结构钢、优质合金钢和不锈钢制成。无缝钢管是用一定尺寸的钢坯经过穿孔机、热轧或冷拔等工序制成的中空而横截面封闭的无焊接缝的钢管。所以无缝钢管比焊缝钢管有较高的强度，一般能承受 3.2~7.0MPa 的压力。

2) 焊接钢管。焊接钢管分为焊接钢管（黑铁管）和将焊接钢管镀锌后的镀锌钢管（白铁管）。按焊缝的形状可分为直缝钢管、螺纹缝钢管和双层卷焊钢管；按其用途不同又可分为水、煤气输送钢管；按壁厚分薄壁管和加厚管等。

3) 合金钢管。合金钢管用于各种锅炉耐热管道和过热器管道等。合金钢强度高，在同等条件下采用合金钢管可达到节省钢材的目的。耐热合金钢管具有强度高、耐热的优点。其规格范围为公称直径 15.0~500.0mm，适应温度范围为 −40~570℃。几种常用的高温耐热合金钢管的钢号有 12CrMo、15CrMo、Cr2Mo、Cr5Mn 等。但合金钢管的焊接都有特殊的工艺要求，焊后要对焊口部位采取热处理。

4) 铸铁管。铸铁管分给水铸铁管和排水铸铁管两种。其特点是经久耐用，抗腐蚀性强、质较脆，多用于耐腐蚀介质及给水排水工程。铸铁管的管口连接有承插式和法兰式两种。

给水承插铸铁管分为高压管（压力 P 小于 1.0MPa）、普压管（压力 P 小于 0.75MPa）和低压管（压力 P 小于 0.45MPa）。

排水承插铸铁管，适用于污水的排放，一般都是自流式，不承受压力。

双盘法兰铸铁管的特点是装拆方便，工业上常用于输送硫酸和碱类等介质。

此外，还有有色金属管，如铅及铅合金管、铜及铜合金管、铝及铝合金管、钛及钛合金管等。

（2）非金属管材

1) 混凝土管。混凝土管有预应力钢筋混凝土管和自应力钢筋混凝土管两种。主要用于输水管道，管道连接采取承插接口，用圆形截面橡胶圈密封。预应力钢筋混凝土管规格范围为内径 400~1400mm，适用压力范围为 0.4~1.2MPa。自应力钢筋混凝土管，其规格范围为内径 100~600mm，适用压力范围为 0.4~1.0MPa。钢筋混凝土管可以代替铸铁管和钢管，输送低压给水和气等。另外还有混凝土排水管，包括素混凝土管和轻、重型钢筋混凝土管，主要用于输送水。

2) 陶瓷管。陶瓷管分为普通陶瓷管和耐酸陶瓷管两种。一般都是承插接口。普通陶瓷管的规格范围为内径 100~300mm；耐酸陶瓷管的规格范围为内径 25~800mm。普通陶瓷管多用于建筑工程室外排水管道。耐酸陶瓷管用于化工和石油工业输送酸性介质的工艺管道，以及工业中蓄电池间酸性溶液的排水管道等。耐酸陶瓷管耐腐蚀，用于输送除氢氟酸、热磷酸和强碱以外的各种浓度的无机酸和有机溶剂等介质。

3) 玻璃管。玻璃管具有表面光滑，不易挂料，输送流体时阻力小，耐磨且价格低廉，并具有保持产品高纯度和便于观察生产过程等特点，用于输送除氢氟酸、氟硅酸、热磷酸和热浓碱以外的一切腐蚀性介质和有机溶剂。

4) 玻璃钢管。玻璃钢管质量轻、隔热，耐腐蚀性好，可输送氢氟酸和热浓碱以外的腐蚀性介质和有机溶剂。

5) 石墨管。石墨管热稳定性好，能导热、线膨胀系数小，不污染介质，能保证产品纯度，抗腐蚀，具有良好的耐酸性和耐碱性，主要用于高温耐腐蚀生产环境中。

6）铸石管。铸石管的特点是耐磨、耐腐蚀，具有很高的抗压强度。多用于承受各种强烈磨损、强酸和碱腐蚀的地方。

7）橡胶管。橡胶具有较好的物理机械性能和耐腐蚀性能。根据用途不同可分为输水胶管、耐热胶管、耐酸碱胶管、耐油胶管和专用胶管（氧乙炔焊接专用管等）。

8）塑料管。塑料管具有质量轻、耐腐蚀、易成型和施工方便等特点。常用的塑料管有聚氯乙烯（PVC）管、硬聚氯乙烯（UPVC）管、氯化聚氯乙烯（CPVC）管、聚乙烯（PE）管、交联聚乙烯（PE-X）管、无规共聚聚丙烯（PP-R）管、聚丁烯（PB）管、工程塑料（ABS）管和耐酸酚醛塑料管等。

（3）复合材料管材

1）铝塑复合管。铝塑复合管是中间为一层焊接铝合金，内外各一层聚乙烯，经胶合层粘结而成的三层管子，具有聚乙烯塑料管耐腐蚀和金属管耐压高的优点，采用卡套式铜配件连结。

2）钢塑复合管。钢塑复合管是由镀锌管内壁置放一定厚度的 UPVC 塑料而成，因而同时具有钢管和塑料管材的优越性。管径为 15～150mm，以铜配件丝扣连接，使用水温为 50℃以下，多用作建筑给水冷水管。

3）钢骨架聚乙烯（PE）管。钢骨架聚乙烯（PE）管是以优质低碳钢丝为增强相，高密度聚乙烯为基体，通过对钢丝点焊成网与塑料挤出填注同步进行，在生产线上连续拉膜成型的新型双面防腐压力管道。管径为 50～500mm，常采用法兰或电熔连接方式，主要用于市政和化工管网。

4）涂塑钢管。涂塑钢管是在钢管内壁融熔一层厚度为 0.5～1.0mm 的聚乙烯（PE）树脂、乙烯-丙烯酸共聚物（EAA）、环氧（EP）粉末、无毒聚丙烯（PP）或无毒聚氯乙烯（PVC）等有机物而构成的钢塑复合型管材，它不但具有钢管的高强度、易连接、耐水流冲击等优点，还克服了钢管遇水易腐蚀、污染、结垢及塑料管强度不高、消防性能差等缺点，设计寿命可达 50 年。主要缺点是安装时不得进行弯曲、热加工和电焊切割等作业。主要规格有 $\phi 15 \sim \phi 100$。

5）玻璃钢管（FRP 管）。采用合成树脂与玻璃纤维材料，使用模具复合制造而成，耐酸碱气体腐蚀，表面光滑，质量轻，强度大，坚固耐用，制品表面经加强硬度及防紫外线老化处理，适用于输送潮湿和酸碱等腐蚀性气体的通风系统，可输送氢氟酸和热浓碱以外的腐蚀性介质和有机溶剂。

6）UPVC/FRP 复合管。UPVC/FRP 复合管是由 UVPC（硬聚氯乙烯）、薄壁管作内衬层，外用高强度 FRP 纤维缠绕多层呈网状结构作增强层，通过界面黏合剂，经过特定机械缠绕制造而成。性能集 UPVC 耐腐蚀和 FRP 强度高、耐温性好的优点，能在温度低于 80℃时耐一定压力。产品用于油田、化工、机械、冶金、轻工、电力等行业。

1.2.2　管件、阀门及焊接材料

1. 管件

当管道需要连接、分支、转弯、变径时，就需要用管件来进行连接。常用的管件有弯头、三通、异径管和管接头等。

1.2.2

（1）螺纹连接管件

螺纹连接管件分镀锌和非镀锌两种，一般均采用可锻铸铁制造。常用的螺纹连接管件有：

1）管接头。用于两根管子的连接或与其他管件的连接。

2）异径管（大小头）。用于连接两根直径不同的管子。

3）等径与异径三通、等径与异径四通。用于两根管子平面垂直交叉时的连接。

4）活接头。用于需经常拆卸的管道上。

螺纹连接管件主要用于煤气管道、供暖和给水排水管道。在工艺管道中，除需要经常拆卸的低压管道外，其他物料管道上很少使用。

（2）冲压和焊接弯头

1）冲压无缝弯头。该弯头是用优质碳素钢、不锈耐酸钢和低合金钢无缝钢管在特制的模具内压制成型，有 90°和 45°两种。

2）冲压焊接弯头。该弯头采用与管道材质相同的板材用模具冲压成半块环形弯头，然后组对焊接而成。通常按组对的半成品出厂，施工时根据管道焊缝等级进行焊接。

3）焊接弯头。该弯头制作方法有两种，一种是用钢板下料，切割后卷制焊接成型，多数用于钢板卷管的配套；另一种是用管材下料，经组对焊接成型。

（3）高压弯头

高压弯头是采用优质碳素钢或低合金钢锻造而成。根据管道连接形式，弯头两端加工成螺纹或坡口，加工精度很高。

2. 阀门

阀门一般由阀体、阀瓣、阀盖、阀杆及手轮等部件组成。

（1）常用阀门类别

在设备及工业管道系统中，常用阀门有闸阀、截止阀、节流阀、球阀、蝶阀、隔膜阀、旋塞阀、止回阀、安全阀、柱塞阀、减压阀和疏水阀等。

（2）各种阀门的结构及选用特点

阀门的种类很多，但按其动作特点分为两大类，即驱动阀门和自动阀门。

驱动阀门是用手操纵或其他动力操纵的阀门。如截止阀、节流阀（针型阀）、闸阀、旋塞阀等均属这类阀门。

自动阀门是借助于介质本身的流量、压力或温度参数发生变化而自行动作的阀门。如止回阀（逆止阀、单流阀）、安全阀、浮球阀、减压阀、跑风阀和疏水器等，均属自动阀门。

工程中管道与阀门的公称压力划分为低压 $0 < P \leqslant 1.60$MPa；中压 $1.60 < P \leqslant 10.00$MPa；高压 $10.00 < P \leqslant 42.00$MPa。蒸气管道 P 不小于 9.00MPa，工作温度不低于 500℃时升为高压。一般水、暖工程均为低压系统，大型电站锅炉及各种工业管道采用中压、高压或超高压系统。

这里仅介绍冷热水、蒸气等一般管路的常用阀门，对于其他工业管道因输送介质不同，有各种不同要求，应按其要求选用阀门。常用阀门分为：

1）截止阀

截止阀主要用于热水供应及高压蒸气管路中，它结构简单，严密性较高，制造和维修方便，阻力比较大。流体经过截止阀时要改变流向，因此水流阻力较大，所以安装时要注意流体"低进高出"，方向不能装反。

选用特点：结构比闸阀简单，制造、维修方便，也可以调节流量，应用广泛。但流动阻力大，为防止堵塞和磨损，不适用于带颗粒和黏性较大的介质。

2）闸阀

闸阀又称闸门或闸板阀，它是利用闸板升降控制开闭的阀门，流体通过阀门时流向不变，因此阻力小。它广泛用于冷、热水管道系统中。

闸阀和截止阀相比，在开启和关闭闸阀时省力，水流阻力较小，阀体比较短，当闸阀完全开启时，其阀板不受流动介质的冲刷磨损。但由于闸板与阀座之间密封面易受磨损，闸阀的缺点是严密性较差，尤其在启闭频繁时；另外，在不完全开启时，水流阻力仍然较大。因此闸阀一般只作为截断装置，即用于完全开启或完全关闭的管路中，而不宜用于需要调节大小和启闭频繁的管路上。闸阀无安装方向，但不宜单侧受压，否则不易开启。

选用特点：密封性能好，流体阻力小，开启、关闭力较小，也有调节流量的作用，并且能从阀杆的升降高低看出阀的开度大小，主要用在一些大口径管道上。

3）止回阀

止回阀又名单流阀或逆止阀，它是一种根据阀瓣前后的压力差而自动启闭的阀门。它有严格的方向性，只允许介质向一个方向流通，而阻止其逆向流动。用于不让介质倒流的管路上，如用于水泵出口的管路上作为水泵停泵时的保护装置。

根据结构不同止回阀可分为升降式和旋启式，升降式的阀体与截止阀的阀体相同。升降式止回阀只能用在水平管道上，垂直管道上用旋启式止回阀，安装时应注意介质的流向，它在水平或垂直管路上均可应用。

选用特点：一般适用于清洁介质，对于带固体颗粒和黏性较大的介质不适用。

4）蝶阀

蝶阀适合安装在大口径管道上。蝶阀不仅在石油、煤气、化工、水处理等一般工业上得到广泛应用，而且还应用于热电站的冷却水系统。

蝶阀结构简单、体积小、质量轻，只由少数几个零件组成，只需旋转90°即可快速启闭，操作简单，同时具有良好的流体控制特性。蝶阀处于完全开启位置时，蝶板厚度是介质流经阀体时唯一的阻力，通过该阀门所产生的压力降很小，具有较好的流量控制特性。

常用的蝶阀有对夹式蝶阀和法兰式蝶阀两种。对夹式蝶阀是用双头螺栓将阀门连接在两管道法兰之间；法兰式蝶阀是阀门上带有法兰，用螺栓将阀门上两端法兰连接在管道法兰上。

5）旋塞阀

旋塞阀又称考克或转心门。它主要由阀体和塞子（圆锥形或圆柱形）构成。扣紧式旋塞阀在旋塞的下端有一螺帽，把塞子紧压在阀体内，以保证严密。旋塞塞子中部有一孔道，当旋转时，即开启或关闭。旋塞阀构造简单，开启和关闭迅速，旋转90°就全开或全关，阻力较小，但保持其严密性比较困难。旋塞阀通常用于温度和压力不高的管路上。热水龙头也属于旋塞阀的一种。

选用特点：结构简单，外形尺寸小，启闭迅速，操作方便，流体阻力小，便于制造三通或四通阀门，可作分配换向用。但密封面易磨损，开关力较大。此种阀门不适用于输送高压介质（如蒸气），只适用于一般低压流体作开闭用，不宜作调节流量用。

6）球阀

球阀分为气动球阀、电动球阀和手动球阀三种。球阀阀体可以是整体的，也可以是组合式的。它是近十几年来发展最快的阀门品种之一。

球阀是由旋塞阀演变而来的，它的启闭件作为一个球体，利用球体绕阀杆的轴线旋转90°实现开启和关闭的目的。球阀在管道上主要用于切断、分配和改变介质流动方向，设计成 V 形开口的球阀还具有良好的流量调节功能。

球阀具有结构紧凑、密封性能好、结构简单、体积较小、质量轻、材料耗用少、安装尺寸小、驱动力矩小、操作简便、易实现快速启闭和维修方便等特点。

选用特点：适用于水、溶剂、酸和天然气等一般工作介质，而且还适用于工作条件恶劣的介质，如氧气、过氧化氢、甲烷和乙烯等，且适用于含纤维、微小固体颗料等介质。

7）节流阀

节流阀的构造特点是没有单独的阀盘，而是利用阀杆的端头磨光代替阀盘。节流阀多用于小口径管路上，如安装压力表所用的阀门常用节流阀。

选用特点：阀的外形尺寸小巧，质量轻，该阀主要用于节流。制作精度要求高，密封较好。不适用于黏度大和含有固体悬浮物颗粒的介质。该阀可用于取样，其公称直径小，一般在 25mm 以下。

8）安全阀

安全阀是一种安全装置，当管路系统或设备（如锅炉、冷凝器）中介质的压力超过规定数值时，便自动开启阀门排气降压，以免发生爆炸危险。当介质的压力恢复正常后，安全阀又自动关闭。

安全阀一般分为弹簧式和杠杆式两种。弹簧式安全阀是利用弹簧的压力来平衡介质的压力，阀瓣被弹簧紧压在阀座上，平常阀瓣处于关闭状态。转动弹簧上面的螺母，即改变弹簧的压紧程度，便能调整安全阀的工作压力，一般要先用压力表参照定压。

杠杆式安全阀，或称重锤式安全阀，它是利用杠杆将重锤所产生的力矩紧压在阀瓣上。保持阀门关闭，当压力超过额定数值，杠杆重锤失去平衡，阀瓣就打开。所以改变重锤在杠杆上的位置，就改变了安全阀的工作压力。

选用安全阀的主要参数是排泄量，排泄量决定安全阀的阀座口径和阀瓣开启高度。由操作压力决定安全阀的公称压力，由操作温度决定安全阀的使用温度范围，由计算出的安全阀定压值决定弹簧或杠杆的调压范围，再根据操作介质决定安全阀的材质和结构形式。

9）减压阀

减压阀又称调压阀，用于管路中降低介质压力。常用的减压阀有活塞式、波纹管式及薄膜式等几种。各种减压阀的原理是介质通过阀瓣通道小孔时阻力增大，经节流造成压力损耗从而达到减压目的。减压阀的进、出口一般要伴装截止阀。

选用特点：减压阀只适用于蒸气、空气和清洁水等清洁介质。在选用减压阀时要注意，不能超过减压阀的减压范围，保证在合理情况下使用。

10）疏水阀

疏水阀又称疏水器，它的作用在于阻气排水，属于自动作用阀门。它的种类有浮桶式、恒温式、热动力式以及脉冲式等。

3. 焊接材料

（1）手工电弧焊焊接材料

1）焊条的组成

焊条即涂有药皮的供电弧焊使用的熔化电极。它是由药皮和焊芯两部分组成。

① 焊芯。焊条中被药皮包覆的金属芯称为焊芯。焊接时，焊芯有两个作用：一是传导焊接电流，产生电弧把电能转换成热能；二是焊芯本身熔化为填充金属与母材金属熔合形成焊缝。

焊条焊接，焊芯金属占整个焊缝金属的一部分，所以焊芯的化学成分直接影响焊缝的质量。因此，作为焊芯用的钢丝都单独规定了它的牌号与成分。如果用于埋弧自动焊、电渣焊、气体保护焊和气焊等熔焊方法作填充金属时，则称为焊丝。

焊芯的分类是根据国家标准《非合金钢及细晶粒钢焊条》GB/T 5117—2012、《热强钢焊条》GB/T 5118—2012 和《不锈钢焊条》GB/T 983—2012 的规定分类的，用于焊接的焊丝可分为非合金钢及细晶粒钢焊丝、热强钢焊丝和不锈钢焊丝三类。

② 药皮。压涂在焊芯表面的涂层称为药皮。药皮是由各种矿物类、铁合金、有机物和化工产品（水玻璃类）原料组成。焊条药皮的组成成分相当复杂，一种焊条药皮的配方中组成物有七八种之多。药皮在焊接过程中起着极为重要的作用。若采用无药皮的光焊条焊接，则在焊接过程中，空气中的氧和氮会大量侵入熔化金属，将金属铁和有益元素碳、硅、锰等氧化和氮化，并形成各种氧化物和氮化物残留在焊缝中，造成焊缝夹渣或裂纹。而熔入熔池中的气体可能使焊缝产生大量气孔，这些因素都能使焊缝的力学性能（强度、冲击值等）大大降低，同时使焊缝变脆。此外采用光焊条焊接，电弧很不稳定，飞溅严重，焊缝成形较差。在光焊条外面涂一层由各种矿物等组成的药皮，能使电弧燃烧稳定，焊缝质量得到提高。

药皮虽然具有机械保护作用，但液态金属仍不可避免地受到少量空气侵入并氧化，此外药皮中某些物质受电弧高温作用而分解放出氧，使液态金属中的合金元素烧毁，导致焊缝质量降低。因此在药皮中要加入一些还原剂，使氧化物还原，以保证焊缝质量。

由于电弧的高温作用，焊缝金属中所含的某些合金元素被烧损（氧化或氮化），会使焊缝的力学性能降低。在焊条药皮中加入铁合金或其他合金元素，使之随着药皮的熔化而过渡到焊缝金属中去，以弥补合金元素烧损和提高焊缝金属的力学性能。此外，药皮还可改善焊接工艺性能使电弧稳定燃烧、飞溅少、焊缝成形好、易脱渣和熔敷效率高。

总之，药皮的作用是保证被焊接金属获得具有合乎要求的化学成分和力学性能，并使焊条具有良好的焊接工艺性能。

2）焊条的分类

焊条可按用途和熔渣特性进行分类。

① 按焊条的用途分为：

a. 非合金钢及细晶粒钢焊条和热强钢焊条（简称结构钢焊条）。这类焊条的熔敷金属在自然气候环境中具有一定的力学性能。

b. 不锈钢焊条。这类焊条的熔敷金属，在常温、高温或低温中具有不同程度的抗大气或腐蚀性介质腐蚀的能力和一定的力学性能。

c. 堆焊焊条。这类焊条是用于金属表面堆焊的焊条，其熔敷金属在常温或高温中具有一定程度的耐不同类型磨耗或腐蚀等性能。

d. 低温钢焊条。这类焊条的熔敷金属，在不同的低温介质条件下，具有一定的低温工作能力。

e. 铸铁焊条。这类焊条是指专用作焊补或焊接铸铁的焊条。

f. 镍及镍合金焊条。这类焊条用于镍和镍合金的焊接、焊补或堆焊。某些焊条可用于铸铁焊补和异种金属的焊接。

g. 铜及铜合金焊条。这类焊条用于铜及铜合金的焊接、焊补或堆焊。某些焊条可用于铸铁焊补和异种金属的焊接。

h. 铝及铝合金焊条。这类焊条用于铝及铝合金的焊接、焊补或堆焊。

② 按焊条药皮熔化后的熔渣特性分为：

a. 酸性焊条。其熔渣的成分主要是酸性氧化物（SiO_2、TiO_2、Fe_2O_3）及其他在焊接时易放出氧的物质，药皮里的造气剂为有机物，焊接时产生保护气体。酸性焊条药皮中含有多种氧化物，具有较强的氧化性，促使合金元素氧化；同时电弧气中的氧电离后形成负离子与氢离子有很强的亲和力，生成氢氧根离子，从而防止氢离子溶入液态金属里，所以这类焊条对铁锈、水分不敏感，焊缝很少产生由氢引起的气孔。但酸性熔渣脱氧不完全，也不能有效地清除焊缝的硫、磷等杂质，故焊缝的金属的力学性能较低，一般用于焊接低碳钢和不太重要的碳钢结构。

b. 碱性焊条。其熔渣的主要成分是碱性氧化物（如大理石、萤石等），并含有较多的铁合金作为脱氧剂和合金剂，焊接时大理石分解产生的二氧化碳气体作为保护气体。由于焊条的脱氧性能好，合金元素烧损少，焊缝金属合金化效果较好。但由于电弧中含氧量低，如遇焊件或焊条存在铁锈和水分时，容易出现氢气孔。在药皮中加入一定量的萤石，在焊接过程中与氢化合生成氟化氢，具有去氢作用。但是萤石不利于电弧的稳定，必须采用直流反极性进行焊接。若在药皮中加入稳定电弧的组成物碳酸钾（K_2CO_3）等，便可使用交流电源。碱性焊条的熔渣脱氧较完全，又能有效地消除焊缝金属中的硫，合金元素烧损少，所以焊缝金属的力学性能和抗裂性均较好，可用于合金钢和重要碳钢结构的焊接。

3）焊条型号

① 非合金钢及细晶粒钢焊条。碳钢焊条和耐候钢焊条列入非合金钢类焊条，还有部分镍钢、镍钼钢焊条、锰钼钢、碳钼钢等低合金钢焊条。

② 热强钢焊条。热强钢焊条主要为低合金焊条。

③ 不锈钢焊条。

（2）电弧刨割条

电弧刨割条的外形与普通焊条相同，是利用药皮在电弧高温下产生的喷射气流，吹除熔化金属，达到刨割的目的。工作时只需交、直流弧焊机，不用空气压缩机。操作时其电弧必须达到一定的喷射能力，才能除去熔化金属。

（3）埋弧焊焊接材料

埋弧焊也是利用电弧作为热源的焊接方法。埋弧焊时电弧是在一层颗粒状的可熔化焊剂覆盖下燃烧，电弧不外露，埋弧焊由此得名。它由焊丝和焊剂两部分组成，所用的金属电极是不间断送进的光焊丝。

1）焊丝

埋弧焊所用焊丝有实心焊丝与药芯焊丝两种。普遍使用的是实心焊丝，有特殊要求时使用药芯焊丝。焊丝一般由电动机驱动的送丝滚轮送进，随应用的不同，焊丝数目可以有单丝、双丝或多丝。

根据所焊金属材料的不同，埋弧焊用焊丝有碳素结构钢焊丝、合金结构钢焊丝、高合金钢焊丝、各种有色金属焊丝和堆焊焊丝。按焊接工艺的需要，除不锈钢焊丝和非铁金属焊丝外，焊丝表面均镀铜，以利于防锈并改善导电性能。

焊丝直径的选择根据用途而定。半自动埋弧焊用的焊丝较细，一般直径为 1.6mm、2mm、2.4mm。自动埋弧焊一般使用直径 3～6mm 的焊丝，以充分发挥埋弧焊的大电流和高熔敷率的优点。对于一定的电流值可使用不同直径的焊丝。同一电流使用较小直径的焊丝时，可获得加大焊缝熔深、减小熔宽的效果。当工件装配不良时，宜选用较粗的焊丝。

焊丝表面应当干净光滑，焊接时能顺利地送进，以免给焊接过程带来干扰。除不锈钢焊丝和非铁金属焊丝外，各种低碳钢和低合金钢焊丝的表面镀铜层既可起防锈作用，也可改善焊丝与导电嘴的电接触状况。

2）焊剂

① 对焊剂的要求

具有良好的冶金性能。焊剂与选用的焊丝相配合，通过适当的焊接工艺来保证焊缝金属获得所需的化学成分和力学性能以及抗热裂和冷裂的能力。

具有良好的工艺性能。即要求有良好的稳弧、焊缝成形和脱渣等性能，并且在焊接过程中生成的有毒气体少。

② 焊剂的分类

埋弧焊焊剂按其用途分为钢用焊剂和有色金属用焊剂；按制造方法分为熔炼焊剂、烧结焊剂和陶质焊剂；按化学成分分为碱性焊剂、酸性焊剂和中性焊剂。

1.2.3 防腐蚀、绝热材料

1.2.3

1. 防腐材料

在安装工程中常用的防腐材料主要有各种涂料、玻璃钢、橡胶、无机板材等。

（1）涂料

涂料可分两大类：油基漆（成膜物质为干性油类）和树脂基漆（成膜物质为合成树脂）。

涂料按其所起的作用，可分成底漆和面漆两种。防锈漆和底漆都能防锈。它们的区别是：底漆的颜料较多，可以打磨，漆料对物体表面具有较强的附着力；而防锈漆其漆料偏重于满足耐水、耐碱等性能的要求。防锈漆一般分为钢铁表面防锈漆和有色金属表面防锈漆两种；底漆不但能增强涂层与金属表面的附着力，而且对防腐蚀也起到一定的作用。

目前常用的底漆主要有：

1）生漆（也称大漆）。生漆为灰褐色黏稠液体，具有耐酸性、耐溶剂性、抗水性、耐油性、耐磨性和附着力很强等优点。缺点是不耐强碱及强氧化剂。漆膜干燥时间较长，毒性较大，施工时易引起人体中毒。生漆的使用温度约 150℃。生漆耐土壤腐蚀，是地下管道的良好涂料，生漆在纯碱系统中也有较多的应用。

2）漆酚树脂漆。漆酚树脂漆是生漆经脱水缩聚用有机溶剂稀释而成。它改变了生漆的毒性大、干燥慢、施工不便等缺点，但仍保持了生漆的其他优点，适用于大型快速施工的需要，广泛应用在化肥、氯碱生产中，防止工业大气如二氧化硫、氨气、氯气、氯化氢、硫化氢和氧化氮等气体腐蚀，也可作为地下防潮和防腐蚀涂料，但它不耐阳光紫外线照射，应用时应考虑到用于受阳光照射较少的部位。同时涂料不能久置（约6个月）。

3）酚醛树脂漆。酚醛树脂漆是把酚醛树脂溶于有机溶剂中，并加入适量的增韧剂和填料配制而成。酚醛树脂漆具有良好的电绝缘性和耐油性，能耐60%硫酸、盐酸、一定浓度的醋酸、磷酸、大多数盐类和有机溶剂等介质的腐蚀，但不耐强氧化剂和碱。其漆膜较脆，温差变化大时易开裂，与金属附着力较差，在生产中应用受到一定限制。其使用温度一般为120℃。

4）环氧-酚醛漆。环氧-酚醛漆是环氧树脂和酚醛树脂溶于有机溶剂中（如二甲苯和醋酸丁酯等）配制而成。环氧-酚醛漆是热固性涂料，其漆膜兼有环氧和酚醛两者的长处，既有环氧树脂良好的机械性能和耐碱性，又有酚醛树脂的耐酸、耐溶和电绝缘性。

5）环氧树脂涂料。环氧树脂涂料是由环氧树脂、有机溶剂、增韧剂和填料配制而成，在使用时再加入一定量的固化剂。按其成膜要求不同，可分为冷固型环氧树脂涂料和热固型环氧树脂涂料。常用的环氧树脂有6101、601和634型。其中以环氧树脂601为基料的环氧树脂涂料性能较好，以环氧树脂634为基料的涂料其漆膜硬度高，强度大，但性较脆，附着力较差。

环氧树脂涂料具有良好的耐腐蚀性能，特别是耐碱性，并有较好的耐磨性。与金属和非金属（除聚氯乙烯、聚乙烯等外）有极好的附着力，漆膜有良好的弹性与硬度，收缩率也较低，使用温度一般为90～100℃。若在环氧树脂中加入适量的呋喃树脂改性，可以提高其使用温度。热固型环氧涂料其耐温性和耐腐蚀性均比冷固型环氧涂料好。在无条件进行热处理时，采用冷固型涂料。

（2）玻璃钢

玻璃钢一般是指用不饱和聚酯树脂、环氧树脂与酚醛树脂为基体，以玻璃纤维或其制品作增强材料的增强塑料。玻璃钢由于有玻璃纤维的增强作用，具有较高的机械强度和整体性，受到机械碰击等也不容易出现损伤。

根据使用的树脂品种不同，玻璃钢的种类有环氧玻璃钢、聚酯玻璃钢、环氧酚醛玻璃钢、环氧煤焦油玻璃钢、环氧呋喃玻璃钢和酚醛呋喃玻璃钢等。玻璃钢质轻而硬，不导电，机械强度高，回收利用少，耐腐蚀。可以代替钢材制造机器零件和汽车、船舶外壳等。

（3）橡胶

目前主要用于防腐的橡胶主要是天然橡胶。一般硬橡胶的长期使用温度为0～65℃，软橡胶、半硬橡胶的使用温度为-25～75℃。橡胶的使用温度与使用寿命有关，温度过高会加速橡胶的老化，破坏橡胶与金属间的结合力，导致脱落；温度过低橡胶会失去弹性（橡胶的膨胀系数比金属大三倍）。由于两种基材收缩不一，导致应力集中而拉裂橡胶层。由于软橡胶的弹性比硬橡胶好，故它的耐寒性也较好。

用作化工衬里的橡胶是生胶经过硫化处理而成。经过硫化后的橡胶具有一定的耐热性能、机械强度及耐腐蚀性能。它可分为软橡胶、半硬橡胶和硬橡胶三种。橡胶硫化后具有优良的耐腐蚀性能，除强氧化剂（如硝酸、浓硫酸、铬酸）及某些溶剂（如苯、二硫化碳、四氯化碳等）外耐大多数无机酸、有机酸、碱、各种盐类及酸类介质的腐蚀。

目前用于化工防腐蚀的主要有聚异丁烯橡胶，它具有良好的耐腐蚀性、耐老化性、耐氧化性及抗水性，不透气性比所有橡胶都好，但强度和耐热性较差。聚异丁烯橡胶使用最高温度一般为 50～60℃，它在低温下仍有良好的弹性及足够的强度。在 50℃时由于聚异丁烯板开始软化，因而不能经受机械作用。它能耐各种浓度的盐酸、浓度小于 80%的硫酸、稀硝酸、浓度小于 40%的氢氟酸、碱液及各种盐类溶液等介质的腐蚀。不耐氟、氯、溴及部分有机溶剂如苯、四氯化碳、二硫化碳、汽油、矿物油及植物油等介质的腐蚀。

2. 绝热材料

（1）常用绝热材料

绝热材料应选择导热系数小、无腐蚀性、耐热、不易燃、持久、性能稳定、质轻、有足够强度、吸湿性小、易于施工成形的材料。

绝热材料的种类很多，比较常用的有矿（岩）棉、玻璃棉、硅藻土、膨胀珍珠岩、泡沫玻璃、硬质聚氨酯泡沫塑料、聚苯乙烯泡沫塑料等。

（2）常用绝热材料的分类

绝热材料一般是轻质、疏松、多孔的纤维状材料。它既包括保温材料，也包括保冷材料。

1）按其成分不同，可分为有机材料和无机材料两大类。

热力设备及管道保温用的材料多为无机绝热材料，此类材料具有不腐烂、不燃烧、耐高温等特点。如石棉、硅藻土、珍珠岩、玻璃纤维、泡沫混凝土和硅酸钙等。

低温保冷工程多用有机绝热材料，此类材料具有表观密度小、导热系数低、原料来源广、不耐高温、吸湿时易腐烂等特点，如软木、聚苯乙烯泡沫塑料、聚氨基甲酸酯、牛毛毡和羊毛毡等。

2）按照绝热材料使用温度，可分为高温、中温和低温用绝热材料。

高温用绝热材料，使用温度可在 700℃以上。这类纤维质材料有硅酸铝纤维和硅纤维等；多孔质材料有硅藻土、蛭石加石棉和耐热黏合剂等制品。

中温用绝热材料，使用温度在 100～700℃之间。中温用纤维质材料有石棉、矿渣棉和玻璃纤维等；多孔质材料有硅酸钙、膨胀珍珠岩、蛭石和泡沫混凝土等。

低温用绝热材料，使用温度在 100℃以下的保冷工程中。

3）按照施工方法不同可分为湿抹式、填充式、绑扎式、包裹及缠绕式绝热材料。

湿抹式即将石棉、石棉硅藻土等保温材料加水调和成胶泥涂抹在热力设备及管道的外表面上；填充式是在设备或管道外面做成罩子，其内部填充绝热材料，如填充矿渣棉、玻璃棉等；绑扎式是将一些预制保温板或管壳放在设备或管道外面，进行绑扎后外面再涂保护层材料。属于这类的材料有石棉制品、膨胀珍珠岩制品、膨胀蛭石制品和硅酸钙制品等。包裹及缠绕式是把绝热材料做成毡状或绳状，直接包裹或缠绕在被绝缘的物体上。属于这类的材料有矿渣棉毡、玻璃棉毡以及石棉绳和稻草绳等。

1.2.4　电气材料

1. 导线

1.2.4

导线一般采用铜、铝、铝合金和钢等材料制造。按照导线线芯结构一般可以分为单股导线和多股导线两大类，按照有无绝缘和导线结构可以分成裸导线和绝缘导线两大类。

（1）裸导线

裸导线是没有绝缘层的导线，包括铜线、铝线、铝绞线、铜绞线、钢芯铝绞线和各种型线等。裸导线主要用于户外架空电力线路以及室内汇流排和配电柜、箱内连接等用途。

1）单圆线：包括圆铜线、圆铝线、镀锡圆铜线、铝合金圆线、铝包钢圆线、铜包钢圆线和镀银圆线等。

2）裸绞线：包括铝绞线、钢芯铝绞线、轻型钢芯铝绞线、加强型钢芯铝绞线、防腐钢芯铝绞线、扩径钢芯铝绞线、铝合金绞线和硬铜绞线等。

3）软接线：包括铜电刷线、铜天线、铜软绞线、铜特软绞线和铜编织线等。

4）型线：包括扁铜线、铜母线、铜带、扁铝线、铝母线、管型母线（铝锰合金管）、异形铜排和电车线等。

裸导线的表示方法：裸电线的型号、类别、用途等用汉语拼音表示，字母含义见表1-4。

裸导线产品型号各部分代号及其含义　　　　　　表1-4

类别 （以导体区分）	特征				派生
	形状	加工	类型	软硬	
C——电车线 G——钢（铁线） HL——热处理铝 镁硅合金线 L——铝线 M——母线 S——电刷线 T——天线 TY——银铜合金	B——扁形 D——带形 G——沟形 K——空心 P——排状 T——梯形 Y——圆形	F——防腐 J——绞制 X——纤维编织 X——镀锡 YD——镀银 Z——编织	J——加强型 K——扩径型 Q——轻型 Z——支撑式 C——触头用	R——柔软 Y——硬 YB——半硬	A——第一种 B——第二种 1——第一种 2——第二种 3——第三种 4——第四种

在架空配电线路中，铜绞线因其具有优良的导线性能和较高的机械强度，且耐腐蚀性强，一般应用于电流密度较大或化学腐蚀较严重的地区；铝绞线的导电性能和机械强度不及铜导线，一般应用于档距比较小的架空线路；钢芯铝绞线具有较高的机械强度，导电性能良好，适用于大档距架空线路敷设。

（2）绝缘导线

绝缘导线由导电线芯、绝缘层和保护层组成，常用于电气设备、照明装置、电工仪表、输配电线路的连接等。

绝缘导线按绝缘材料可分为聚氯乙烯绝缘线、聚乙烯绝缘线、交联聚乙烯绝缘线、橡皮绝缘线和丁腈聚氯乙烯复合物绝缘线等。电磁线也是一种绝缘线，其绝缘层是涂漆或包缠纤维如丝包、玻璃丝及纸等。

绝缘导线按工作类型可分为普通型、防火阻燃型、屏蔽型及补偿型等。

导线芯按使用要求的软硬又可分为硬线、软线和特软线等结构类型。绝缘符号、名称和用途表示方法见表1-5。

常用绝缘导线的型号、名称和用途　　　　　　表1-5

型号	名称	用途
BX（BLX） BXF（BLXF） BXR	铜（铝）芯橡皮绝缘线 铜（铝）芯氯丁橡皮绝缘线 铜芯橡皮绝缘软线	适用交流 500V 及以下，或直流 1000V 及以下的电气设备及照明装置之用

续表

型号	名称	用途
BV（BLV） BVV（BLVV） BVVB（BLVVB） BVR BV-105	铜（铝）芯聚氯乙烯绝缘线 铜（铝）芯聚氯乙烯绝缘氯乙烯护套圆形电线 铜（铝）芯聚氯乙烯绝缘氯乙烯护套平型电线 铜芯聚氯乙烯绝缘软线 铜芯耐热105℃聚氯乙烯绝缘软线	适用于各种交流、直流电气装置，电工仪表、仪器，电信设备，动力及照明线路固定敷设之用
RV RVB RVS RV-105 RXS RX	铜芯聚氯乙烯绝缘软线 铜芯聚氯乙烯绝缘平行软线 铜芯聚氯乙烯绝缘绞型软线 铜芯耐热105℃聚氯乙烯绝缘连接软电线 铜芯橡皮绝缘棉纱编织绞型软电线 铜芯橡皮绝缘棉纱编织圆形软电线	适用于各种交、直流电器、电工仪器、家用电器、小型电动工具、动力及照明装置的连接
BBX BBLX	铜芯橡皮绝缘玻璃丝编织电线 铝芯橡皮绝缘玻璃丝编织电线	适用电压分别有500V和250V两种，用于室内外明装固定敷设或穿管敷设

注：B（B）——第一个字母表示布线，第二个字母表示玻璃丝编制；V（V）——第一个字母表示聚乙烯（塑料）
绝缘，第二个字母表示聚乙烯护套；L（L）——铝，无L则表示铜；F（F）——复合型；R——软线；S——
双绞；X——绝缘橡胶。

在架空配电线路中，按其结构形式一般可分为高、低压分相式绝缘导线、低压集束型绝缘导线、高压集束型半导体屏蔽绝缘导线、高压集束型金属屏蔽绝缘导线等。

2. 电力电缆

电力电缆是用于传输和分配电能的一种电缆，电力电缆的使用电压范围宽，可从几百伏到几百千伏，并具有防潮、防腐蚀、防损伤、节约空间、易敷设、运行简单方便等特点，广泛用于电力系统、工矿企业、高层建筑及各行各业中。在城市或厂区，使用电缆可使市容和厂区整齐美观并增加出线走廊，不占用空间。按敷设方式和使用性质，电力电缆可分为普通电缆、直埋电缆、海底电缆、架空电缆、矿山井下用电缆和阻燃电缆等种类。按绝缘方式可分为聚氯乙烯绝缘、交联聚乙烯绝缘、油浸纸绝缘、橡皮绝缘和矿物绝缘等。

（1）电缆的型号表示法

电缆型号的内容包含有：用途类别、绝缘材料、导体材料、铠装保护层等，电缆型号含义见表1-6，一般型号表示见图1-1。

电缆型号含义 　　　　　　　　　　　　　　　　表1-6

类别	导体	绝缘	内护套	特征
电力电缆（省略不表示） K:控制电缆 P:信号电缆 YT:电梯电缆 U:矿用电缆 Y:移动式软缆 H:市内电话电缆 UZ:电钻电缆 DC:电气化车辆用电缆	T:铜（可省略） L:铝线	Z:油浸纸 X:天然橡胶 (X)D:丁基橡胶 (X)E:乙丙橡胶 VV:聚氯乙烯 Y:聚乙烯 YJ:交联聚乙烯 E:乙丙胶	Q:铅套 L:铝套 H:橡套 (H)P:非燃性 HF:氯丁胶 V:聚氯乙烯护套 Y:聚乙烯护套 VF:复合物 HD:耐寒橡胶	D:不滴油 F:分相 CY:充油 P:屏蔽 C:滤尘用或重型 G:高压

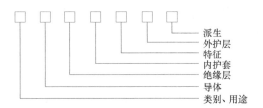

图 1-1　电缆型号表示法

电缆如有外护层时，在表示型号的汉语拼音字母后面用两个阿拉伯数字来表示外护层的结构。其外护层的结构按铠装层和外被层的结构顺序用阿拉伯数字表示，前一个数字表示铠装结构，后一个数字表示外被层结构类型。电缆通用外护层和非金属套电缆外护层中每一个数字所代表的主要材料及含义见表 1-7、表 1-8。

电缆通用外护层型号数字含义　　　　　　　　　　　　　　　　表 1-7

第一个数字		第二个数字	
代号	铠装层类型	代号	外被层类型
0	无	0	无
1	钢带	1	纤维线包
2	双钢带	2	聚氯乙烯护套
3	细圆钢丝	3	聚乙烯护套
4	粗圆钢丝	4	—

非金属套电缆外护层的结构组成标准　　　　　　　　　　　　　表 1-8

表示符号	外护层机构		
	内衬层	铠装层	外被层
12	绕包型:塑料带或无纺布带;挤出型:塑料套	连锁铠装	聚氯乙烯外套
22		双钢带铠装	聚氯乙烯外套
23			聚乙烯外套
32		单细圆钢丝铠装	聚氯乙烯外套
33			聚乙烯外套
42	塑料套	单粗圆钢丝铠装	聚氯乙烯外套
43			聚乙烯外套
41		双粗圆钢丝铠装	胶粘涂料-聚丙烯或电缆沥青浸渍麻-电缆沥青-白垩粉
441			
241		双钢带-单粗圆钢丝铠装	

在实际建筑工程中，一般优先选用交联聚乙烯电缆，其次用不滴油纸绝缘电缆，最后选普通油浸纸绝缘电缆。当电缆水平高差较大时，不宜使用黏性油浸纸绝缘电缆。工程中直埋电缆必须选用铠装电缆。

（2）几种常用电缆及其特性

1）聚氯乙烯绝缘聚氯乙烯护套电力电缆。聚氯乙烯绝缘聚氯乙烯护套电力电缆长期工作温度不超过70℃，电缆导体的最高温度不超过160℃，短路最长持续时间不超过5s，施工敷设最低温度不得低于0℃，最小弯曲半径不小于电缆直径的10倍。技术数据见表1-9。

铜、铝聚氯乙烯铜芯导体电力电缆 表1-9

型号		电缆名称	芯数	截面（mm²）
铜芯	铝芯			
VV V₂₂-T	VLV-T VLV₂₂-T	聚氯乙烯绝缘聚氯乙烯护套电力电缆，有22时为铠装	3+1	4～300
VV-T VV₂₂-T	VLV-T VLV₂₂-T	聚氯乙烯绝缘聚氯乙烯护套电力电缆，有22时为铠装	3+1+1	4～185
VV-T VV₂₂-T	VLV-T VLV₂₂-T	聚氯乙烯绝缘聚氯乙烯护套电力电缆，有22时为铠装	4+1	4～185

2）交联聚乙烯绝缘电力电缆。简称 XLPE 电缆，它是利用化学或物理的方法使电缆的绝缘材料聚乙烯塑料的分子由线型结构转变为立体的网状结构，即把原来是热塑性的聚乙烯转变成热固性的交联聚乙烯塑料，从而大幅度地提高了电缆的耐热性能和使用寿命，仍保持其优良的电气性能。型号及名称见表1-10。

交联聚乙烯绝缘电力电缆 表1-10

电缆型号		名称	适用范围
铜芯	铝芯		
YJV	YJLV	交联聚乙烯绝缘聚氯乙烯护套电力电缆	室内，隧道，穿管，埋入土内（不承受机械力）
YJY	YJLY	交联聚乙烯绝缘聚乙烯护套电力电缆	
YJV₂₂	YJLV₂₂	交联聚乙烯绝缘聚氯乙烯护套双钢带铠装电力电缆	室内，隧道、穿管，埋入土内
YJV₂₃	YJLV₂₃	交联聚乙烯绝缘聚氯乙烯护套双钢带铠装电力电缆	
YJV₃₂	YJLV₃₂	交联聚乙烯绝缘聚氯乙烯护套细钢丝铠装电力电缆	竖井，水中，有落差的地方，能承受外力
YJV₃₃	YJLV₃₃	交联聚乙烯绝缘聚氯乙烯护套细钢丝铠装电力电缆	

交联聚乙烯绝缘电力电缆电场分布均匀，没有切向应力，质量轻，载流量大，常用于500kV及以下的电缆线路中，主要优点：优越的电气性能，良好的耐热性热和机械性能，敷设安全方便。

3. 控制及综合布线电缆

（1）控制电缆

控制电缆适用于交流50Hz，额定电压450/750V，600/1000V及以下的工矿企业、现代化高层建筑等的远距离操作、控制、信号及保护测量回路。作为各类电气仪表及自动化仪表装置之间的连接线，起着传递各种电气信号、保障系统安全、可靠运行的作用。

控制电缆按工作类别可分为普通控制电缆、阻燃（ZR）控制电缆、耐火（NH）、低烟低卤（DLD）、低烟无卤（DW）、高阻燃类（GZR）、耐温类、耐寒类控制电缆等，控制电缆表示方法见表1-11。

控制电缆表示方法　　　　　　　　　　　　　　表1-11

类别用途	导体	绝缘材料	护套、屏蔽特征	外护层	派生、特征
K——控制电缆	T——铜芯 L——铝芯	Y——聚乙烯 V——聚氯乙烯 X——橡皮 YJ——交联聚乙烯	Y——聚乙烯 V——聚氯乙烯 F——氯丁胶 Q——铝套 P——编织屏蔽	02,03 20,22 23,30 32,33	80,105 1——铜丝缠绕屏蔽 2——铜带绕包屏蔽

注：铜芯代码字母"T"在型号中一般省略。

1）聚氯乙烯绝缘聚氯乙烯护套控制电缆

聚氯乙烯绝缘聚氯乙烯护套控制电缆适用于交流额定电压600/1000V及以下控制、监控回路及保护线路等场合，作为电气装备之间的控制接线，具有优良的电气性能、机械性能、耐热老化性能、耐环境应力性能、耐化学腐蚀性能和不延燃性能，以及结构简单、使用方便、不受敷设落差限制等优点。

2）阻燃控制电缆

阻燃控制电缆适用于交流额定电压600/1000V及以下有特殊阻燃要求的控制、监控回路及保护线路等场合，作为电气装备之间的控制接线，主要包括阻燃A类控制电缆、特种阻燃控制电缆、低烟无卤阻燃控制电缆、低烟低卤阻燃控制电缆、交联聚乙烯绝缘控制电缆及阻燃控制电缆等。

（2）综合布线电缆

综合布线电缆用于传输语言、数据、影像和其他信息的标准结构化布线系统，其主要目的是在网络技术不断升级的条件下，仍能实现高速率数据的传输要求。只要各种传输信号的速率符合综合布线电缆规定的范围，则各种通信业务都可以使用综合布线系统。综合布线系统使语言和数据通信设备、交换设备和其他信息管理设备彼此连接。

综合布线系统使用的传输媒体有各种大对数铜缆和各类非屏蔽双绞线及屏蔽双绞线。

大对数铜缆主要型号规格：

1）三类大对数铜缆 UTP CAT3.025～100（25～100对）。

2）五类大对数铜缆 UTP CAT5.025～50（25～50对）。

3）超五类大对数铜缆 UTP CAT51.025～50（25～50对）。

电力电缆和控制电缆的区分为：

1）电力电缆有铠装和无铠装的，控制电缆一般有编织的屏蔽层；

2）电力电缆通常线径较粗，控制电缆截面一般不超过$10mm^2$；

3）电力电缆有铜芯和铝芯，控制电缆一般只有铜芯；

4）电力电缆有高耐压的，所以绝缘层厚，控制电缆一般是低压的，绝缘层相对要薄；

5）电力电缆芯数少，一般少于5，控制电缆一般芯数多。

4. 母线及桥架

（1）母线

母线是各级电压配电装置中的中间环节，它的作用是汇集、分配和传输电能。主要用于电厂发电机出线至主变压器、厂用变压器以及配电箱之间的电气主回路的连接，又称它为汇流排。

母线分为裸母线和封闭母线两大类。裸母线分为两类：一类是软母线（多股铜绞线或钢芯铝线）用于电压较高（350kV以上）的户外配电装置；另一种是硬母线，用于电压较低的户内外配电装置和配电箱之间电气回路的连接，母线的型号见表1-12。

铜、铝母线型号名称及机械性能   表 1-12

型号	状态	名称	全部规格		
			布氏硬度 HB	抗拉强度 (N/mm^2)	伸长率(%)
TMR	O 退火的	软铜母线	≥65	≥206	≥35
TMY	H 硬的	硬铜母线			
LMR	O 退火的	软铝母线		≥68.6	≥20
LMY	H 硬的	硬铝母线		≥118	≥3

封闭母线是用金属外壳将导体连同绝缘等封闭起来的母线。封闭母线包括离相封闭母线、共箱（含共箱隔相）封闭母线和电缆母线，广泛用于发电厂、变电所、工业和民用电源的引线。

（2）桥架

桥架由托盘、梯架的直线段、弯通、附件以及支吊架组合构成，是用以支撑电缆的具有连接的刚性结构系统的总称，广泛应用在发电厂、变电站、工矿企业、各类高层建筑、大型建筑及各种电缆密集场所或电气竖井内，集中敷设电缆，使电缆安全可靠运行，减少外力对电缆的损害并方便维修。电缆桥架具有制作工厂化、系列化、质量容易控制、安装方便等优点。

桥架按制造材料分为：钢制桥架、铝合金桥架、玻璃钢阻燃桥架等；按结构形式分为：梯级式、托盘式、槽式、组合式。

第3节　安装工程主要施工的基本程序、工艺流程及施工方法

1.3.1

1.3.1　电气照明及动力设备工程

1. 电气照明及动力设备工程施工基本程序

（1）变配电工程施工程序

1）成套配电柜（开关柜）安装顺序：开箱检查→二次搬运→安装固定→母线安装接线→二次小线连接→试验调整→送电运行验收。

2）变压器施工顺序：开箱检查→变压器二次搬运→变压器本体安装→附件安装→检查及变压器交接试验→送电前检查→送电运行验收。

（2）供电干线及室内配线施工程序

1）插接式母线槽施工程序：开箱检查→支架安装→单节母线槽绝缘测试→插接式母线槽安装→通电前绝缘测试→送电验收。

2）电缆敷设施工程序：电缆验收→电缆搬运→电缆绝缘测定→电缆盘架设电缆敷设→挂标志→质量验收。

3）明管敷设施工程序：测量定位→支架制作、安装→导管预制→导管连接→接地线跨接→刷漆。

4）暗管敷设施工程序：测量定位→导管预埋→导管连接固定→接地跨接→刷漆。

5）管内穿线施工程序：选择导线→清管→穿引线→放线及断线→导线与引线的绑

扎→放护圈→穿导线→导线并头→压接压接帽→线路检查→绝缘测试。

6）线槽配线施工程序：测量定位→支架制作→支架安装→线槽安装→接地绒连接→槽内配线→线路测试。

7）钢索配线施工程序：测量定位→支架制作→支架安装→钢索制作→钢索安装→钢索接地→导线敷设→导线连接→线路测试→线路送电。

8）瓷瓶配线施工程序：测量定位→支架制作→支架安装→瓷瓶安装→导线敷设→导线绑扎→导线连接→线路测试→线路送电。

（3）电气动力工程施工程序

1）明装动力配电箱施工程序：支架制作安装→配电箱安装固定→导线连接→送电前检查→送电运行。

2）动力设备施工程序：设备开箱检查→安装前的检查→电动机安装、接线→电机干燥→控制、保护和起动设备安装→送电前的检查→送电运行。

（4）电气照明工程施工程序

1）暗装照明配电箱施工程序：配电箱固定→导线连接→送电前检查→送电运行。

2）照明灯具施工程序：灯具开箱检查→灯具组装→灯具安装接线→送电前的检查→送电运行。

（5）防雷、接地装置施工程序

防雷、接地装置施工程序：接地体安装→接地干线安装→引下线敷设→均压环安装→避雷带（避雷针、避雷网）安装。

（6）动力设备工程施工程序

动力设备工程施工程序：电机基础验收→电机设备开箱检查及安装前检查→电机抽芯检查→基础处理（放线、铲麻面）、配制垫铁、地脚螺栓及电机底板→电机整体安装→电机干燥→电机控制和保护设备安装→电动机启动接线→电机试运行→电机验收。

2. 电气照明及动力设备工程主要施工工艺流程及施工方法

（1）母线施工工艺流程及施工方法

1）裸母线材质和规格必须符合施工图纸要求。表面应光洁平整，无裂纹、折皱、夹杂物和严重的变形等缺陷。

2）母线槽的标准单元、特殊长度、标准配件、特殊配件等配置和现场实测相一致，型号、规格应符合设计要求。合格证和技术文件应齐全，防火型母线槽应有防火等级和燃烧报告。

3）根据裸母线走向放线测量，确定支架在不同结构部位的不同安装方式，核对和设计图纸是否相符。

4）裸母线与设备连接或与分支线连接时，应用螺栓搭接，以便检修和拆换。螺栓搭接的接触面应保持清洁，并涂以电力复合脂。当裸母线额定电流大于 2000A 时应用铜质螺栓连接。

5）三相交流裸母线的涂色为：A 相——黄色、B 相——绿色、C 相——红色。

（2）母线槽施工工艺流程及施工方法

1）不同型号、不同厂家母线槽相互之间的净距离需考虑安装和维修方便，并列安装分线箱应高低一致。安装分线箱应注意相位，分线箱外壳应与母线槽外壳连通，接地良好。

2）水平安装时每节母线槽应不少于 2 个支架，转弯处应增设支架加强，垂直过楼板时要选用弹簧支架。

3）每节母线槽的绝缘电阻不得小于 20MΩ。测试不合格者不得安装。必要时作耐压试验。

4）母线槽安装中必须随时做好防水渗漏措施，安装完毕后要认真检查，确保完好正确。穿过楼板、墙板的母线槽要做防火处理。

（3）线槽配线施工工艺流程及施工方法

1）线槽直线段连接应采用连接板，用垫圈、弹簧垫圈、螺母紧固，每节直线线槽不少于 2 个支架；在转角、分支处和端部均应有固定点。

2）金属线槽应可靠接地或接零，但不应作为设备的接地导体。

3）线槽内导线敷设的规格和数量应符合设计规定，当设计无规定时，包括绝缘层在内的导线总截面积不应大于线槽内截面积的 60%。

（4）导管配线施工工艺流程及施工方法

1）埋入建筑物、构筑物的电线保护管，与建筑物、构筑物表面的距离不应小于 15mm。

2）电线保护管不宜穿过设备或建筑物、构筑物的基础。当必须穿过时，应采取保护措施。

3）电线保护管的弯曲半径应符合下列规定：

① 当线路明配时，弯曲半径不宜小于管外径的 6 倍；当两个接线盒间只有一个弯曲时，其弯曲半径不宜小于管外径的 4 倍。

② 当线路暗配时，弯曲半径不应小于管外径的 6 倍；当线路埋设于地下或混凝土内时，其弯曲半径不应小于管外径的 10 倍。

4）管内导线应采用绝缘导线，A、B、C 相线颜色分别为黄、绿、红色，保护接地线为黄、绿双色，零线为淡蓝色。

5）导线敷设后，应用 500V 兆欧表测试绝缘电阻，线路绝缘电阻应大于 0.5MΩ。

6）不同回路、不同电压等级、交流与直流的导线不得穿在同一管内。但电压为 50V 及以下的回路，同一台设备的电动机的回路和无干扰要求的控制回路，照明灯的所有回路，同类照明的几个回路可穿入同一根管内，但管内导线总数不应多于 8 根。

7）同一交流回路的导线应穿入同一根钢管内。导线在管内不应有接头。接头应设在接线盒（箱）内。

8）管内导线包括绝缘层在内的总截面积，不应大于管内空截面积的 40%。

（5）电力电缆施工工艺流程及施工方法

1）桥架水平敷设时距地高度一般不宜低于 2.5m，垂直敷设时距地面 1.8m 以下部分应加金属盖板保护，但敷设在电气专用房间（如配电室、电气竖井等）内时除外。

2）电缆桥架多层敷设时，其层间距离一般为：控制电缆间不应小于 200mm，电力电缆间不应小于 300mm。

3）电力电缆在桥架内敷设时，电力电缆的总截面积不应大于桥架横断面积的 60%，控制电缆不应大于 75%。

4）电缆桥架不宜敷设在腐蚀性气体管道和热力管道的上方及腐蚀性液体管道的下方，否则应采用防腐、隔热措施。

5）电缆桥架在穿过防火墙及防火楼板时，应采取防火隔离措施。

6）电力电缆和控制电缆不应配置在同一层支架上。高低压电力电缆、强电与弱电控制电缆应按顺序分层配置。

7）交流单芯电力电缆，应布置在同侧支架上，当正三角形排列时，应每隔 1m 用绑带扎牢。

（6）照明配电箱施工工艺流程及施工方法

1）照明配电箱应安装牢固，照明配电箱底边距地面高度不宜小于 1.8m。

2）照明配电箱内的交流、直流或不同等级的电源，应有明显的标志，且应有编号。照明配电箱内应标明用电回路名称。

3）照明配电箱内应分别设置零线和保护接地（PE 线）汇流排，零线和保护线应在汇流排上连接，不得铰接。

4）照明配电箱内装设的螺旋熔断器，其电源线应接在中间触点端子上，负荷线应接在螺纹端子上。

5）照明配电箱内每一单相分支回路的电流不宜超过 16A，灯具数量不宜超过 25 个。大型建筑组合灯具每一单相回路电流不宜超过 25A，光源数量不宜超过 60 个。

6）插座为单独回路时，数量不宜超过 10 个。灯具和插座混为一个回路时，其中插座数不宜超过 5 个。

（7）灯具安装施工工艺流程及施工方法

1）灯具安装应牢固，采用预埋吊钩、膨胀螺栓等安装固定，严禁使用木榫。固定件的承载能力应与电气照明灯具的重量相匹配。

2）灯具的接线应牢固，电气接触应良好。螺口灯头的接线，相线应接在中心触点端子上，零线应接在螺纹的端子上。需要接地或接零的灯具，应有明显标志的专用接地螺栓。

3）Ⅰ类灯具的金属外壳需要接地或接零，应采用单独的接地线（黄绿双色）接到保护接地（接零）线上。

4）当吊灯灯具重量超过 3kg 时，应采取预埋吊钩或螺栓固定。

5）安装在重要场所的大型灯具的玻璃罩，应按设计要求采取防止碎裂后向下溅落的措施。

6）在交电所内，高低压配电设备及母线的正上方，不应安装灯具。

（8）开关安装施工工艺流程及施工方法

1）安装在同一建筑物、构筑物内的开关，应采用同一系列的产品，开关的通断位置应一致。

2）开关安装的位置应便于操作，开关边缘距门框的距离宜为 0.15～0.2m，开关距地面高度宜为 1.3m。

3）在易燃、易爆和特别潮湿的场所，开关应分别采用防爆型、密闭型或采取其他保护措施。

（9）插座安装施工工艺流程及施工方法

1）插座宜由单独的回路配电，而一个房间内的插座宜由同一回路配电。在潮湿房间应装设防水插座。

2）插座距地面高度一般为 0.3m，托儿所、幼儿园及小学校的插座距地面高度不宜小于 1.8m，同一场所安装的插座高度应一致。

3）单相两孔插座，面对插座板，右孔或上孔与相线连接，左孔或下孔与零线连接。

4）单相三孔插座，面对插座板，右孔与相线连接，左孔与零线连接，上孔与接地线或零线连接。

5）三相四孔插座的接地线或接零线都应接在上孔，下面三个孔与三相线连接，同一场所的三相插座，其接线的相位必须一致。

6）当交流、直流或不同电压等级的插座安装在同一场所时，应有明显的区别，必须选择不同结构、不同规格和不能互换的插座。

7）在潮湿场所，应采用密封良好的防水、防溅插座，安装高度不应低于 1.5m。

（10）电气动力设备施工工艺流程及施工方法

1）动力配电柜、控制柜（箱、台）应有一定的机械强度，外壳平整无损伤，箱内各种器具应安装牢固，导线排列整齐，压接牢固，并有产品合格证。

2）配电（控制）设备及至电动机线路的绝缘电阻应大于 0.5MΩ，二次回路的绝缘电阻应大于 1MΩ。

3）电动机检查应完好，无损伤、无卡阻、无异常声响。电动机接线盒内引出端子的压接或焊接应良好，编号齐全、清晰。

4）用 500V 兆欧表测量电动机绝缘电阻。额定电压 500V 及以下的电动机绝缘电阻应大于 0.5MΩ。

5）检查时发现电动机受潮、绝缘电阻达不到要求时，应做干燥处理。干燥处理的方法有灯泡干燥法、电流干燥法。

① 灯泡干燥法：可采用红外线灯泡或一般灯泡光直接照射在绕组上，温度高低的调节可用改变灯泡瓦数来实现。

② 电流干燥法：采用低电压，用变压器调节电流，其电流大小宜控制在电机额定电流的 60％以内，并需配备测量计，随时监视干燥温度。

6）电机接线应牢固可靠，接线方式应与供电电压相符。三相交流电动机有"Y接"和"△接"二种方式。例如：线路电压为 380V，当电动机额定电压为 380V 时应"△接"，当电动机额定电压为 220V 时应"Y接"。

7）电机外壳保护接地（或接零）必须良好。电动机必须按低压配电系统的接地制式可靠接地或接零。接地连接端子应接在专用的接地螺栓上，不能接在机座的固定螺栓上。

8）电动机通电前检查

① 对照电动机铭牌标明的数据，检查电动机定子绕组的连接方法是否正确（"Y接"还是"△接"），电源电压、频率是否合适。

② 转动电动机转轴，看转动是否灵活，有无摩擦声或其他异声。

③ 检查电动机接地装置是否良好。

④ 检查电动机的启动设备是否良好，操作是否正常，电动机所带的负载是否良好。

9）电动机送电试运行

① 电动机在通电试运行时，在场人员不应站在电动机及被拖动设备的两侧，以免旋转物切向飞出，造成伤害事故。

② 接通电源之前就应做好切断电源的准备，以便接通电源后，电动机出现不正常的情况时（电动机不能启动、启动缓慢、出现异常声音等），能立即切断电源。

③ 电动机采用全压启动时，启动次数不宜过于频繁，尤其是电动机功率较大时，要随时注意电动机的温升情况。

④ 通电时，电动机转向应与设备上运转指示箭头一致。

（11）建筑防雷工程施工工艺流程及施工方法

1）避雷针一般用镀锌（或不锈钢）圆钢和管壁厚度不小于 3mm 镀锌钢管（或不锈钢管）制成，热镀锌镀层的厚度应不小于 65μm。屋面上常用的是 5m 及以下避雷针。在有热镀锌条件时，5m 及以下的避雷针应在制作后整体热镀锌。

2）避雷针与引下线之间的连接应采用焊接。避雷针的引下线及接地装置使用的紧固件，都应使用镀锌制品。

3）建筑物上的避雷针应和建筑物的防雷金属网连接成一个整体。

4）避雷带之间的连接应采用搭接焊接。焊接处焊缝应饱满并有足够的机械强度，不得有夹渣、咬肉、裂纹、虚焊、气孔等缺陷，焊接处应做防腐处理。

5）避雷带的搭接长度应符合规定。扁钢之间搭接，为扁钢宽度的 2 倍，三面施焊；圆钢之间搭接，为圆钢直径的 6 倍，双面施焊；圆钢与扁钢搭接，为圆钢直径的 6 倍，双面施焊。

6）建筑屋顶避雷网格的间距应按设计规定。如果设计无要求时，应按如下要求施工：一类防雷建筑的屋顶避雷网格间距应不大于 5m×5m（或 4m×6m）；二类防雷建筑的应不大于 10m×10m（或 8m×12m）；三类防雷建筑的应不大于 20m×20m（或 18m×24m）。

7）建筑物屋顶上的金属导体都必须与避雷带连接成一体。如铁栏杆、钢爬梯、金属旗杆、透气管、金属柱灯、冷却塔等。

8）建筑物的均压环从哪一层开始设置、间隔距离、是否利用建筑物圈梁主钢筋等应由设计确定。如果设计不明确，当建筑物高度超过 30m 时，应在建筑物 30m 以上设置均压环。建筑物层高小于等于 3m 的每两层设置一圈均压环；层高大于 3m 的每层设置一圈均压环。

9）均压环可利用建筑物圈梁的两条水平主钢筋（直径大于或等于 12mm），圈梁的主钢筋直径小于 12mm 的，可用其四根水平主钢筋。用作均压环的圈梁钢筋应用同规格的圆钢接地焊接，没有圈梁的可敷设 40mm×4mm 扁钢作为均压环。

10）用作均压环的圈梁钢筋或扁钢应与避雷引下线（钢筋或扁钢）连接，与避雷引下线连接形成闭合通路。

11）在建筑物 30m 以上的金属门窗、栏杆等应用 ϕ10mm 圆钢或 25mm×4mm 扁钢与均压环连接。

12）建筑物外立面防雷引下线明敷时要求：一般使用 40mm×4mm 镀锌扁钢沿外墙引下，在距地 1.8m 处做断接卡子。

13）建筑物外立面防雷引下线暗敷时要求：利用建筑物外立面混凝土柱内的两根主钢

筋（直径大于或等于16mm）作防雷引下线，并在离地0.5m处做接地测试点。

14）引下线的间距应由设计确定。如果设计不明确时，可按规范要求确定，第一类防雷建筑的引下线间距不应大于12m；第二类防雷建筑的引下线间距不应大于18m；第三类防雷建筑的引下线间距不应大于25m。

（12）人工接地体（极）施工工艺流程及施工方法

1）垂直埋设的金属接地体一般采用镀锌角钢、镀锌钢管等；镀锌钢管的壁厚为3.5mm，镀锌角钢的厚度为4mm，镀锌圆钢的直径为12mm，垂直接地体的长度一般为2.5m。人工接地体埋设后接地体的顶部距地面不小于0.6m，接地体的水平间距应不小于5m。

2）水平埋设的接地体通常采用镀锌扁钢、镀锌圆钢等。镀锌扁钢的厚度应不小于4mm；截面积不小于$100mm^2$；镀锌圆钢的直径应不小于12mm。水平接地体敷设于地下，距地面至少为0.6m。

3）接地体的连接应牢固可靠，应用搭接焊接，接地体采用扁钢时，其搭接长度为扁钢宽度的2倍，并有三个邻边施焊；若采用圆钢，其搭接长度为圆钢直径的6倍，并在两面施焊。接地体连接完毕后，应测试接地电阻，接地电阻应符合规范标准要求。

4）接地干线通常采用扁钢、圆钢、铜杆等，室内的接地干线多为明敷，一般敷设在电气井或电缆沟内。接地干线也可利用建筑中现有的钢管、金属框架、金属构架，但要在钢管、金属框架、金属构架连接处做接地跨接。

5）接地干线的连接采用搭接焊接，搭接焊接的要求：扁钢（铜排）之间搭接，为扁钢（铜排）宽度的2倍，不少于三面施焊；圆钢（铜杆）之间搭接，为圆钢（铜杆）直径的6倍，双面施焊；圆钢（铜杆）与扁钢（铜排）搭接，为圆钢（铜杆）直径的6倍，双面施焊；扁钢（铜排）与钢管（铜管）之间，紧贴3/4管外径表面，上下两侧施焊；扁钢与角钢焊接，紧贴角钢外侧两面，上下两侧施焊。焊接处焊缝应饱满并有足够的机械强度，不得有夹渣、咬肉、裂纹、虚焊、气孔等缺陷，焊接处的药皮清除后，做防腐处理。

6）利用钢结构作为接地干线时，接地极与接地干线的连接应采用电焊连接。当不允许在钢结构电焊时，可采用钻孔、攻丝，然后用螺栓和接地线跨接。钢结构的跨接线一般采用扁钢或编织铜线，跨接线应有150mm的伸缩量。

1.3.2 通风空调工程

1.3.2

1. 通风与空调工程施工程序

通风与空调工程施工程序：施工准备→风管、部件、法兰的预制和组装→风管、部件、法兰的预制和组装的中间质量验收→支吊架制作与安装→风管系统安装→通风空调设备安装→空调水系统管道安装→管道检验与试验→风管、水管、部件及空调设备绝热施工→通风空调设备试运转、单机调试→通风与空调工程系统联合试运转调试→通风与空调工程竣工验收→通风与空调工程综合效能测定与调整。

2. 通风与空调工程工艺流程及施工方法

（1）施工前的准备工作

1）制订工程施工的工艺文件和技术措施，按规范要求规定所需验证的工序交接点和相应的质量记录，以保证施工过程质量的可追溯性。

2）根据施工现场的实际条件，综合考虑土建、装饰、机电等专业对公用空间的要求，核对相关施工图，从满足使用功能和感观质量的要求，进行管线空间管理、支架综合设置和系统优化路径的深化设计，以免施工中造成不必要的材料浪费和返工损失。深化设计如有重大设计变更，应征得原设计人员的确认。

3）与设备和阀部件的供应商及时沟通，确定接口形式、尺寸、风管与设备连接端部的做法。进口设备及连接件采购周期较长，必须提前了解其接口方式，以免影响工程进度。

4）对进入施工现场的主要原材料、成品、半成品和设备进行验收，一般应由供货商、监理、施工单位的代表共同参加，验收必须得到监理工程师的认可，并形成文件。

5）认真复核预留孔、洞的形状尺寸及位置，预埋支、吊件的位置和尺寸，以及梁柱的结构形式等，确定风管支、吊架的固定形式，配合土建工程进行留槽留洞，避免施工中过多的剔凿。

（2）通风空调工程深化设计

1）确定管线排布。在有限空间内最合理地布置位置和标高。在通风空调施工前应认真进行图纸会审，针对某个安装层面或某个局部区域对通风空调工程涉及的专业管线进行统筹考虑，在符合设计工艺、规范标准、维修空间和保证观感质量最优的前提下进行合理的综合排列布置，以确定管线在有限空间内的最合理的位置和标高，确定优化方案。

2）优化方案。一方面可通过通风空调工程深化综合管线排布，另一方面可优化机电管线的施工工序。发现原设计管线排列的碰撞问题，对管线进行重新排布，确保管线相互间的位置、标高等满足设计、施工及今后维修的要求。将管线事先进行排布后，可预知建筑空间内相关机电管线的布置，确定合理的施工顺序，以确保不同专业人员交叉作业造成的不必要的拆改。

3）BIM 技术的应用。目前随着 BIM 技术的不断深入应用，对解决通风空调管道的深化综合排布提供了很好的技术手段和方法。

（3）通风与空调系统调试

通风与空调工程安装完毕，必须进行系统的测定和调整（简称调试）。系统调试包括：设备单机试运转及调试，系统无生产负荷的联合试运转及调试。

1）通风与空调系统联合试运转及调试由施工单位负责组织实施，设计、监理和建设单位参与。对于不具备系统调试能力的施工单位，可委托具有相应能力的其他单位实施。

2）系统调试前由施工单位编制系统调试方案报送监理工程师审核批准。调试所用测试仪器仪表的精度等级及量程应满足要求，性能稳定可靠并在其检定有效期内。调试现场围护结构达到质量验收标准。通风管道、风口、阀部件及其吹扫、保温等已完成并符合质量验收要求。设备单机试运转合格。其他专业配套的施工项目（如：给水排水、强弱电及油、汽、气等）已完成，并符合设计和施工质量验收规范的要求。

3）系统调试主要考核室内的空气温度、相对湿度、气流速度、噪声、空气的洁净度是否达到设计要求，是否满足生产工艺或建筑环境要求，防排烟系统的风量与正压是否符合设计和消防的规定。空调系统带冷（热）源的正常联合试运转，不应少于 8h，当竣工季节与设计条件相差较大时，仅作不带冷（热）源试运转，例如，夏季可仅作带冷源的试运转，冬季可仅作带热源的试运转。

4）系统调试应进行单机试运转。调试的设备包括：冷冻水泵、热水泵、冷却水泵、轴流风机、离心风机、空气处理机组、冷却塔、风机盘管、电制冷（热泵）机组、吸收式制冷机组、水环热泵机组、风量调节阀、电动防火阀、电动排烟阀、电动阀等。设备单机试运转要安全，保证措施要可靠，并有书面的安全技术交底。

5）通风与空调系统无生产负荷的联合试运行及调试，应在设备单机试运转合格后进行。应包括下列内容：

① 监测与控制系统的检验、调整与联动运行。

② 系统风量的测定和调整（通风机、风口、系统平衡）。系统风量平衡后应达到规定。

③ 空调水系统的测定和调整。空调水系统流量的测定，在系统调试中要求对空调冷（热）水及冷却水的总流量以及各空调机组的水流量进行测定。空调冷热水、冷却水总流量测试结果与设计流量的偏差不应大于 10%，各空调机组盘管水流量经调整后与设计流量的偏差不应大于 20%。

④ 室内空气参数的测定和调整。

⑤ 防排烟系统测定和调整。防排烟系统测定风量、风压及疏散楼梯间等处的静压差，并调整至符合设计与消防的规定。

（4）通风与空调工程竣工验收

1）施工单位通过无生产负荷的系统运转与调试以及观感质量检查合格，将工程移交建设单位，由建设单位负责组织，施工、设计、监理等单位共同参与验收，合格后办理竣工验收手续。

2）竣工验收资料包括：图纸会审记录、设计变更通知书和竣工图；主要材料、设备、成品、半成品和仪表的出厂合格证明及试验报告；隐蔽工程、工程设备、风管系统、管道系统安装试验及检验记录、设备单机试运转、系统无生产负荷联合试运转与调试、分部（子分部）工程质量验收、观感质量综合检查、安全和功能检验资料核查等记录。

3）观感质量检查包括：风管及风口表面及位置；各类调节装置制作和安装；设备安装；制冷及水管系统的管道、阀门及仪表安装；支、吊架形式、位置及间距；油漆层和绝热层的材质、厚度、附着力等。

（5）通风与空调工程综合效能的测定与调整

1）通风与空调工程交工前，在已具备生产试运行的条件下，由建设单位负责，设计、施工单位配合，进行系统生产负荷的综合效能试验的测定与调整，使其达到室内环境的要求。

2）综合效能试验测定与调整的项目，由建设单位根据生产试运行的条件、工程性质、生产工艺等要求进行综合衡量确定，一般以适用为准则，不宜提出过高要求。

3）调整综合效能测试参数。要充分考虑生产设备和产品对环境条件要求的极限值，以免对设备和产品造成不必要的损害。调整时首先要保证对温湿度、洁净度等参数要求较高的房间，随时做好监测。调整结束还要重新进行一次全面测试，所有参数应满足生产工艺。

4）防排烟系统与火灾自动报警系统联合试运行及调试后，控制功能应正常，信号应正确，风量、风压必须符合设计与消防规范的规定。

1.3.3 消防工程

1. 消防工程施工程序

（1）火灾自动报警及联动控制系统施工程序

1.3.3

施工准备→管线敷设→线缆敷设→线缆连接→绝缘测试→设备安装→单机调试→系统调试→验收。

（2）水灭火系统施工程序

1）消防水泵（或稳压泵）施工程序

施工准备→基础施工→泵体安装→吸水管路安装→压水管路安装→单机调试。

2）消火栓系统施工程序

施工准备→干管安装→支管安装→箱体稳固→附件安装→管道调试压→冲洗→系统调试。

3）自动喷水灭火系统施工程序

施工准备→干管安装→报警阀安装→立管安装→分层干、支管安装→喷洒头支管安装→管道试压→管道冲洗→减压装置安装→报警阀配件及其他组件安装→喷洒头安装→系统通水调试。

4）消防水炮灭火系统施工程序

施工准备→干管安装→立管安装→分层干、支管安装→管道试压→管道冲洗→消防水炮安装→动力源和控制装置安装→系统调试。

（3）干粉灭火系统施工程序

施工准备→设备和组件安装→管道安装→管道试压→吹扫→系统调试。

（4）泡沫灭火系统施工程序

施工准备→设备和组件安装→管道安装→管道试压→吹扫→系统调试。

（5）气体灭火系统施工程序

施工准备→设备和组件安装→管道安装→管道试压→吹扫→系统调试。

2. 消防工程工艺流程及施工方法

（1）火灾自动报警及消防联动设备工艺流程及施工方法

1）火灾自动报警线应穿入金属管内或金属线槽中，严禁与动力、照明、交流线、视频线或广播线等穿入同一线管内。

2）消防广播线应单独穿管敷设，不能与其他弱电线共管，线路不宜过长，导线不能过细。

3）从接线盒等处引到探测器底座、控制设备、扬声器的线路，当采用金属软管保护时，其长度不应大于 2m。

4）火灾探测器至墙壁、梁边的水平距离不应小于 0.5m；探测器周围 0.5m 内不应有遮挡物；探测器至空调送风口边的水平距离不应小于 1.5m；至多孔送风口的水平距离不应小于 0.5m。

5）在宽度小于 3m 的内走道顶棚上设置探测器时，宜居中布置。感温探测器的安装间距不应超过 10m；感烟探测器的安装间距不应超过 15m。

6）探测器宜水平安装，当必须倾斜安装时，倾斜角不应大于 45°。探测器的确认灯应面向便于人员观察的主要入口方向。

7）探测器的底座应固定牢靠，其导线连接必须可靠压接或焊接。当采用焊接时，不得使用带腐蚀性的助焊剂。探测器的"＋"线应为红色线，"－"线应为蓝色线，其余的线应根据不同用途采用其他颜色区分。但同一工程中相同用途的导线颜色应一致。

8）缆式线型感温火灾探测器在电缆桥架、变压器等设备上安装时，宜采用接触式布置；在各种皮带输送装置上敷设时，宜敷设在装置的过热点附近。

9）可燃气体探测器安装时，安装位置应根据探测气体密度确定。在探测器周围应适当留出更换和标定的空间。

10）手动火灾报警按钮应安装在明显和便于操作的部值。当安装在墙上时，其底边距地（楼）面高度宜为 1.3～1.5m。

11）同一报警区域内的模块宜集中安装在金属箱内。模块（或金属箱）应独立支撑或固定，安装牢固，并应采取防潮、防腐蚀等措施。

12）火灾报警控制器、消防联动控制器等设备在墙上安装时，其底边距地（楼）面高度宜为 1.3～1.5m，其靠近门轴的侧面距墙不应小于 0.5m，正面操作距离不应小于1.2m；落地安装时，其底边宜高出地（楼）面 0.1～0.2m。

控制器的主电源应直接与消防电源连接，严禁使用电源插头。控制器与其外接备用电源之间应直接连接。控制器的接地应牢固，并有明显的永久性标志。

13）消防广播扬声器和警报装置宜在报警区域内均匀安装。警报装置应安装在安全出口附近明显处，距地面 1.8m 以上。警报装置与消防应急疏散指示标志不宜在同一面墙上，安装在同一面墙上时，距离应大于 1m。

14）火灾自动报警系统的调试应在建筑内部装修和系统施工结束后进行。调试前应按设计要求查验设备的规格、型号、数量、备品备件等。对属于施工中出现的问题，应会同有关单位协商解决，并有文字记录。应按规范要求检查系统线路，对于错线、开路、虚焊和短路等应进行处理。

15）火灾自动报警系统调试，应先逐个对探测器、区域报警控制器、集中报警控制器、火灾报警装置和消防控制设备等进行单机检测，正常后方可进行系统调试。

（2）消火栓系统工艺流程及施工方法

1）管径小于或等于 100mm 的镀锌钢管应采用螺纹连接，套丝扣时破坏的镀锌层表面及外露螺纹部分应做防腐处理；管径大于 100mm 的镀锌钢管应采用法兰或卡套式专用管件连接，镀锌钢管与法兰的焊接处应二次镀锌。

2）消火栓安装时栓口朝外，并不应安装在门轴侧。

3）室内消火栓安装完成后，应取屋顶层（或水箱间内）试验消火栓和首层两处消火栓做试射试验，达到设计要求为合格。

4）消防水泵接合器和消火栓的位置标志应明显，栓口的位置应便于操作。当消防水泵接合器和室外消火栓采用墙壁式时，如设计未要求，进、出水栓口的中心安装高度距地面应为 1.10m，其上方应设有防坠落物打击的措施。

5）系统安装完毕后必须进行水压试验，试验压力为工作压力的 1～5 倍，但不得小于0.6MPa。试验时在试验压力下 10min 内压力降不大于 0.05MPa，然后降至工作压力进行检查，压力保持不变，不渗不漏，水压试验合格。

（3）自动喷水灭火系统工艺流程及施工方法

1）消防水泵的出口管上应安装止回阀、控制阀和压力表，或安装控制阀、多功能水泵控制阀和压力表；系统的总出水管上还应安装压力表和泄压阀。

2）消防气压罐的容积、气压、水位及工作压力应满足设计要求；给水设备安装位置、进出水管方向应符合设计要求；出水管上应设止回阀，安装时其四周应设检修通道。

3）喷头安装应在系统试压、冲洗合格后进行。安装时不得对喷头进行拆装、改动，并严禁给喷头附加任何装饰性涂层。喷头安装应使用专用扳手，严禁利用喷头的框架施拧；喷头的框架、溅水盘产生变形或释放原件损伤时，应采用规格、型号相同的喷头更换。

4）报警阀的安装应在供水管网试压、冲洗合格后进行。安装时先安装水源控制阀、报警阀，然后进行报警阀辅助管道的连接。水源控制阀、报警阀与配水干管的连接应使水流方向一致。安装报警阀组的室内地面应有排水设施。

（4）气体灭火系统工艺流程及施工方法

1）灭火剂储存装置上压力计、液位计、称重显示装置的安装位置应便于观察和操作。灭火剂储存装置安装后，泄压装置的泄压方向不应朝向操作面。低压二氧化碳灭火系统的安全阀应通过专用的泄压管接到室外。

2）选择阀的安装高度超过 1.7m 时应采取便于操作的措施。选择阀的流向指示箭头应指向介质流动方向。

3）灭火剂输送管道安装完成后，应进行强度试验和气压严密性试验，并达到合格。

4）安装在吊顶下的不带装饰罩的喷嘴，其连接管道管端螺纹不应露出吊顶；安装在吊顶下的带装饰罩的喷嘴，其装饰罩应紧贴吊顶。

（5）防烟排烟系统工艺流程及施工方法

1）排烟风管采用镀锌钢板时，板材最小厚度可按照国家标准《通风与空调工程施工规范》GB 50738—2011 高压风管系统的要求选定。采用非金属与复合材料时，板材厚度应符合 GB 50738—2011 的要求。

2）防火风管的本体、框架与固定材料必须为不燃材料，其耐火等级应符合设计要求。

3）防火阀和排烟阀（排烟口）必须符合有关消防产品标准的规定，并具有相应的产品合格证明文件，执行机构应进行动作试验，结果符合产品说明书的要求。

4）防火阀、排烟阀（口）的安装方向、位置应正确。防火分区隔墙两侧的防火阀，距墙表面应不大于 200mm。防火阀直径或长边尺寸大于或等于 630mm 时，宜设独立支吊架。排烟阀（口）及手控装置（包括预埋套管）的位置应符合设计要求，预埋套管不得有瘪陷。

5）防排烟系统的柔性短管、密封垫料的制作材料必须为不燃材料。

6）风管系统安装完成后，应进行严密性检验。

1.3.4　给水排水、采暖及燃气工程

给水排水、采暖及燃气管道工程一般施工程序

（1）建筑管道工程一般施工程序

1.3.4

施工准备→预留、预埋→管道测绘放线→管道元件检验→管道支架制作安装→管道加工预制→管道安装→系统试验→防腐绝热→系统清洗→试运行→竣工验收。

（2）给水排水、采暖及燃气管道工程工艺流程及施工方法

1）施工准备包括技术准备、材料准备、机具准备、场地准备、施工组织及人员准备。

① 熟悉图纸、资料以及相关的国家或行业施工、验收、标准规范和标准图。

② 制定工程施工的工艺文件和技术措施，编制施工组织设计或施工方案，并向施工人员交底；向材料主管部门提出材料计划并做好出库、验收和保管工作。

③ 准备施工机械、工具和量具等；准备加工场地、库房；做好分项图纸审查及有关变更工作，根据管道工程安装的实际情况，灵活选择依次施工、流水作业、交叉作业等施工组织形式。

④ 按规范要求规定所需验证的工序交接点和相应的质量记录，以保证施工过程质量的可追溯性。

⑤ 组织项目施工管理人员和劳务作业人员；选择合适的专业、劳务分包单位等。

2）配合土建工程预留、预埋。应在开展预留预埋工作之前认真熟悉图纸及规范要求，校核土建图纸与安装图纸的一致性，现场实际检查预埋件、预留孔的位置、样式及尺寸，配合土建施工及时做好各种孔洞的预留及预埋管、预埋件的埋设，确保埋设正确无遗漏。

3）管道测绘放线。测量前应与建设单位（或监理单位）进行测量基准的交接，使用的测量仪器应经检定合格且在有效期内，且符合测量精度要求。应根据施工图纸进行现场实地测量放线，以确定管道及其支吊架的标高和位置。利用计算机 CAD 软件或 BIM 技术等进行空间模拟、管道碰撞检测，提前发现问题，避免管道之间出现"碰撞"现象。

4）管道元件的检验。管道元件包括管道组成件和管道支撑件，安装前应认真核对元件的规格型号、材质、外观质量和质量证明文件等，对于有复验要求的元件还应该进行复验，如：合金钢管道及元件应进行光谱检测等。

① 管道所用流量计及压力表应进行校验检定，设备及管道上的安全阀应由具备资质的单位进行整定。

② 阀门应按规范要求进行强度和严密性试验，试验应在每批（同牌号、同型号、同规格）数量中抽查 10%，且不少于一个。阀门的强度和严密性试验，应符合以下规定：阀门的强度试验压力为公称压力的 1.5 倍；严密性试验压力为公称压力的 1.1 倍；试验压力在试验持续时间内应保持不变，且壳体填料及阀瓣密封面无渗漏。安装在主干管上起切断作用的闭路阀门，应逐个做强度试验和严密性试验。

5）管道支架制作安装。管道支架、支座、吊架的制作安装，应严格控制焊接质量及支吊架的结构形式，如滚动支架、滑动支架、固定支架、弹簧吊架等。支架安装时应按照测绘放线的位置来进行，安装位置应准确、间距合理，支架应固定牢固、滑动方向或热膨胀方向应符合规范要求。随着技术的发展，高层建筑因管道较多，一般采用管线综合布置技术进行管线布置后，运用综合支吊架，以合理布置节约空间；绿色施工中为了减少现场焊接，较广泛地采用成品支架或支架工厂化预制。

6）管道加工预制。管道预制应根据测绘放线的实际尺寸，本着先预制先安装的原则来进行，预制加工的管段应进行分组编号，非安装现场预制的管道应考虑运输的方便，预制阶段应同时进行管道的检验和底漆的涂刷工作。

7）管道安装

① 管道安装一般应本着先主管后支管、先上部后下部、先里后外的原则进行安装，对于不同材质的管道应先安装钢质管道，后安装塑料管道，当管道穿过地下室侧墙时，应

在室内管道安装结束后再进行安装，安装过程应注意成品保护。干管安装的连接方式有螺纹连接、承插连接、法兰连接、粘接、焊接、热熔连接等。

② 冷热水管道上下平行安装时，热水管道应在冷水管道上方，垂直安装时，热水管道在冷水管道左侧。排水管道应严格控制坡度和坡向，当设计未注明安装坡度时，应按相应施工规范执行。室内生活污水管道应按铸铁管、塑料管等不同材质及管径设置排水坡度，铸铁管的坡度应高于塑料管的坡度。室外排水管道的坡度必须符合设计要求，严禁无坡或倒坡。

③ 给水引入管与排水排出管的水平净距不得小于1m。室内给水与排水管道平行敷设时，两管间的最小水平净距不得小于0.5m；交叉铺设时，垂直净距不得小于0.15m。给水管应铺在排水管的上面，若给水管必须铺在排水管的下面时，给水管应加套管，其长度不得小于排水管管径的3倍。

④ 埋地管道、吊顶内的管道等在安装结束、隐蔽之前应进行隐蔽工程的验收，并做好记录。

8）系统试验。建筑管道工程应进行的试验包括：承压管道和设备系统压力试验、非承压管道和设备系统灌水试验、排水干管通球试验、通水试验、消火栓系统试射试验等。

① 压力试验

管道压力试验应在管道系统安装结束，经外观检查合格、管道固定牢固、无损检测和热处理合格、确保管道不再进行开孔、焊接作业的基础上进行。

a. 试验压力应按设计要求进行，当设计未注明试验压力时，应按规范要求进行。各种材质的给水管道系统试验压力均为工作压力的1.5倍，但不得小于0.6MPa，金属及复合管给水管道系统在试验压力下观测10min，压力降不应大于0.02MPa，然后降到工作压力进行检查，应不渗不漏；塑料给水系统应在试验压力下稳压1h，压力降不得超过0.05MPa，然后在工作压力的1.15倍状态下稳压2h，压力降不得超过0.03MPa，同时检查各连接处不得渗漏。

b. 压力试验宜采用液压试验并应编制专项方案，当需要进行气压试验时应有设计人员的批准。

c. 高层、超高层建筑管道应先按分区、分段进行试验，合格后再按系统进行整体试验。

② 灌水试验

a. 室内隐蔽或埋地的排水管道在隐蔽前必须做灌水试验，灌水高度应不低于底层卫生器具的上边缘或底层地面高度。灌水到满水15min，水面下降后再灌满观察5min，液面不降，管道及接口无渗漏为合格。

b. 室外排水管网按排水检查井分段试验，试验水头应以试验段上游管顶加1m，时间不少于30min，逐段观察，管接口无渗漏为合格。

c. 室内雨水管应根据管材和建筑物高度选择整段方式或分段方式进行灌水试验。整段试验的灌水高度应达到立管上部的雨水斗，当灌水达到稳定水面后观察1h，管道无渗漏为合格。

③ 通球试验

排水管道主立管及水平干管安装结束后均应做通球试验，通球球径不小于排水管径的

2/3，通球率必须达到100%。

④ 通水试验

排水系统安装完毕，排水管道、雨水管道应分系统进行通水试验，以流水通畅、不渗不漏为合格。

⑤ 消火栓系统试射试验

a. 室内消火栓系统在安装完成后应做试射试验。试射试验一般取有代表性的三处：即屋顶（或水箱间内）取一处和首层取两处。

b. 屋顶试验用消火栓试射可测得消火栓的出水流量和压力（充实水柱）；首层取两处消火栓试射，可检验两股充实水柱同时喷射到达最远点的能力。

9）系统清洗

管道系统试验合格后，应进行管道系统清洗。

进行热水管道系统冲洗时，应先冲洗热水管道底部干管，后冲洗各环路支管。由临时供水入口向系统供水，关闭其他支管的控制阀门，只开启干管末端支管最底层的阀门，由底层放水并引至排水系统内。观察出水口处水质变化是否清洁。底层干管冲洗后再依次冲洗各分支环路，直至全系统管路冲洗完毕为止。生活给水系统管道在交付使用前必须冲洗和消毒，并经有关部门取样检验，符合《生活饮用水卫生标准》GB 5749—2006方可使用。

10）防腐绝热

① 管道的防腐方法主要有涂漆、衬里、静电保护和阴极保护等。例如：进行手工油漆涂刷时，漆层要厚薄均匀一致。多遍涂刷时，必须在上一遍涂膜干燥后才可涂刷第二遍。

② 管道绝热按其用途可分为保温、保冷、加热保护三种类型。若采用橡塑保温材料进行保温时，应先把保温管用小刀划开，在划口处涂上专用胶水，然后套在管子上，将两边的划口对接，若保温材料为板材则直接在接口处涂胶、对接。

11）试运行

供暖管道冲洗完毕后应通水、加热，进行试运行和调试。

12）竣工验收

单位工程施工全部完成以后，各施工责任方内部应进行安装工程的预验收，提交工程验收报告，总承包单位经检查确认后，向建设单位提交工程验收报告。建设单位组织有关的施工方、设计方、监理方进行单位工程验收，经检查合格后，办理交竣工验收手续及有关事宜。

第4节 安装工程常用施工机械及检测仪表的类型及应用

1.4.1 吊装机械

起重技术的基础是起重机械，科学、合理选择和使用起重机械是保证设备安装工程安全顺利进行的前提。本节主要内容包括：起重机械的分类、适用范围及基本参数；流动式起重机的选用（包括使用特点、起重机的特性曲线及选用步骤）。

1.4.1

1. 常用的索吊具

常用的索吊具包括：绳索（麻绳、尼龙带、钢丝绳）、吊具（吊钩、吊环、吊梁）、滑轮等。

（1）绳索

1）麻绳

麻绳有质轻、柔软、易绑扎、价格低、抗拉强度小、易磨损等特点，仅用于小型设备吊装，也用于做溜绳、平衡绳和缆风绳等。

设备吊装中常用油浸麻绳和白棕绳。

2）尼龙带

尼龙带特别适用于精密仪器及外表面要求比较严格的物件吊装。尼龙带应避免受到锐利器具的割伤，在起吊有锋利的角、边或粗糙表面的物件时，应采取加垫保护物的措施。禁止吊装带打结或用打结的方法来连接，应采用专用的吊装带连接件进行连接。

尼龙带应避免与强酸、强碱等物质接触，以免造成腐蚀。

3）钢丝绳

钢丝绳是吊装中的主要绳索。它具有强度高，耐磨性好，挠性好，弹性大，能承受冲击，在高速下运转平稳，无噪声，破裂前有断丝的预兆，便于发现等特点，因此在起重机械和吊装工作中得到广泛的采用，如用于曳引、张拉、捆系吊挂、承载等。

钢丝绳是由许多根直径为 0.4～4.0mm，强度 1400～2000MPa 的高强钢丝捻成绳股绕制而成。常用的有 6 股 7 丝、6 股 19 丝、6 股 37 丝、6 股 61 丝等几种。

（2）吊具

1）吊钩。有环眼吊钩、旋转吊钩、羊角滑钩、鼻形钩、钢丝绳夹、S 钩、国标钩、D 形卸扣、弓形卸扣等。

2）吊环。有圆吊环、梨形吊环、长吊环、强力吊环、异形吊环、旋转吊环等。

3）吊梁。包括承载梁及连接索具，是对被吊物进行吊运的专用横梁吊具。有管式、钢板式、槽钢式、桁架式等。

（3）滑轮

滑轮用在起重机上起到省力，改变方向和支撑等作用。对于轻型、中型工作类型的起重机，滑轮采用灰铸铁 HT15-33 或者球墨铸钢 QT-10 制造；对于重级以上工作类型的起重机，滑轮采用铸钢 ZG25 或者 ZG35 制造；对于大直径（D 超过 800mm）的滑轮可以采用碳钢 Q235-A 焊接。

2. 轻小型起重设备

（1）千斤顶

千斤顶是一种普遍使用的起重工具，具有结构轻巧、搬动方便、体积小、能力大、操作简便等特点。千斤顶的顶升高度一般在 100～400mm，起重能力在 3～500t 之间。

千斤顶可分为机械千斤顶（包括螺旋千斤顶、齿条千斤顶）和液压千斤顶。

（2）滑车

滑车是起重机械搬运输作用中被广泛使用的一种小型起重工具，用它与钢丝绳穿绕在一起，配以卷扬机，即可进行重物的起吊运输作业。在起重运输作业中，单门滑车作为导向滑车使用，用滑车组配以卷扬机做起重作业。

滑车按滑车头部结构形式可分为吊钩型、链环型、吊环型；按滑车的轮数可分为单轮滑车、双轮滑车和多轮滑车，其中单轮滑车有闭口和开口两种。

滑车使用方便，用途广泛，可以手动，机动。主要用于工厂、矿山、农业、电力、建筑的生产施工，码头、船坞、仓库的机器安装，货物起吊等。

（3）起重葫芦

起重葫芦可分为手拉葫芦、手扳葫芦、电动葫芦、气动葫芦、液动葫芦等。

（4）卷扬机

在设备吊装中常用的牵引设备有电动卷扬机、手动卷扬机和绞磨，一般大、中型设备吊装均使用电动卷扬机。

1）电动卷扬机。电动卷扬机广泛用于设备吊装中，它具有牵引力大、速度快、结构紧凑、操作方便和安全可靠等特点。

电动卷扬机有单筒和双筒两种，又分可逆式和摩擦式两类。设备吊装中常用齿轮传动的可逆式慢速卷扬机，它由电动机、联轴器、制动器、减速器、带大齿轮的卷筒、控制开关和机架等组成。

2）手动卷扬机。手动卷扬机仅用于无电源和起重量不大的起重作业。它靠改变齿轮传动比来改变起重量和升降速度。

3）绞磨。绞磨是一种人力驱动的牵引机械，具有结构简单、易于制作、操作容易、移动方便等优点，一般用于起重量不大、起重速度较慢又无电源的起重作业中。使用绞磨作为牵引设备，需用较多的人力，劳动强度也大，且工作的安全性不如卷扬机。

3. 起重机

（1）起重机的分类

起重机可分为桥架型起重机、臂架型起重机、缆索型起重机三大类。起重设备分类详见表1-13。

起重机分类　　　　　　　　　　　　　表1-13

名称	类别		品种
起重机	桥架型	桥式起重机	带回转臂、带回转小车、带导向架的桥式起重机，同轨、异轨双小车桥式起重机，单主梁、双梁、挂梁桥式起重机，电动葫芦桥式起重机，柔性吊挂桥式起重机，悬挂起重机
		门式起重机	双梁、单梁、可移动主梁门式起重机
		半门式起重机	
	臂架型	塔式起重机	固定塔式、移动塔式、自升塔式起重机
		流动式起重机	轮胎起重机、履带起重机、汽车起重机
		铁路起重机	蒸气、内燃机、电力铁路起重机
		门座起重机	港口、船厂、电站门座起重机
		半门座起重机	
		桅杆起重机	固定式、移动式桅杆起重机
		悬臂式起重机	柱式、壁式、旋臂式起重机，自行车式起重机
		浮式起重机	
		甲板起重机	
	缆索型	缆索起重机	固定式、平移式、辐射式缆索起重机
		门式缆索起重机	

1）桥架型起重机的最大特点是以桥形金属结构作为主要承载构件，取物装置悬挂在可以沿主梁运行的起重小车上。桥架类型起重机通过起升机构的升降运动、小车运行机构和大车运行机构的水平运动，在矩形三维空间内完成对物料的搬运作业。

2）臂架型起重机的结构特点是都有一个悬伸、可旋转的臂架作为主要受力构件。其工作机构除了起升机构外，通常还有旋转机构和变幅机构，通过起升机构、变幅机构、旋转机构和运行机构的组合运动，可以实现在圆形或长圆形空间的装卸作业。

3）桅杆式起重机。图 1-2 是一台型钢格构桅杆式起重机；其直立桅杆顶端有可以升降和回转的吊杆。吊杆铰接在桅杆的下端，或者和桅杆分别安装在底盘上，底盘可以是固定式的，也可以做成可旋转式。

起重机还可以按行驶性能分为有轨运行起重机和无轨运行起重机。有轨运行起重机装有车轮，可以在铺设的轨道上在有限范围内工作，例如，各种桥架类型起重机、塔式起重机、门座起重机等。无轨运行起重机的运行装置配备橡胶轮胎或履带，常见的各种流动式起重机的机动性好，可灵活转换作业场地。

（2）常用起重机的特点及适用范围

常用的起重机有流动式起重机、塔式起重机、桅杆起重机等。

1）流动式起重机

流动式起重机主要有汽车起重机、轮胎起重机、履带起重机、全地面起重机、随车起重机等。

① 特点：适用范围广，机动性好，可以方便地转移场地，但对道路、场地要求较高，台班费较高。

② 适用范围：适用于单件重量大的大、中型设备、构件的吊装，作业周期短。

2）塔式起重机

① 特点：吊装速度快，台班费低，但起重量一般不大，并需要安装和拆卸。

② 适用范围：适用于在某一范围内数量多，而每一单件重量较小的设备、构件吊装，作业周期长。

3）桅杆起重机

① 特点：属于非标准起重机，其结构简单，起重量大，对场地要求不高，使用成本低，但效率不高。

② 适用范围：主要适用于某些特重、特高和场地受到特殊限制的设备、构件吊装。

4. 起重机选用的基本参数

起重机选用的基本参数主要有吊装载荷、额定起重量、最大幅度、最大起升高度等，这些参数是制定吊装技术方案的重要依据。

（1）吊装载荷

吊装载荷的组成：被吊物（设备或构件）在吊装状态下的重量和吊、索具重量（流动

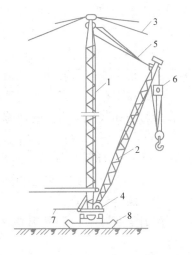

图 1-2　型钢格构桅杆式起重机
1—桅杆；2—起重杆；3—缆风绳；4—转盘；5—交幅滑动组；6—起重滑车组；7—回转索；8—底盘

式起重机一般还应包括吊钩重量和从臂架头部垂下至吊钩的起升钢丝绳重量)。

（2）吊装计算载荷

1）动载荷系数。起重机在吊装重物的运动过程中所产生的对起吊机具负载的影响而计入的系数。在起重吊装工程计算中，以动载荷系数计入其影响。一般取动载荷系数 K_1 为 1.1。

2）不均衡载荷系数。在多分支（多台起重机、多套滑轮组等）共同抬吊一个重物时，由于起重机械之间的相互运动可能产生作用于起重机械、重物和吊索上的附加载荷，或者由于工作不同步，各分支往往不能完全按设定比例承担载荷，在起重工程中，以不均衡载荷系数计入其影响。一般取不均衡载荷系数 K_2 为 1.1～1.2。

3）吊装计算载荷。吊装计算载荷（简称计算载荷）等于动载系数乘以吊装载荷。起重吊装工程中常以吊装计算载荷作为计算依据。

在起重工程中，当多台起重机联合起吊设备，其中一台起重机承担的计算载荷，需计入载荷运动和载荷不均衡的影响，计算载荷的一般公式为：

$$Q_j = K_1 \cdot K_2 \cdot Q \tag{1-1}$$

式中　　Q_j——计算载荷；

　　　　Q——分配到一台起重机的吊装载荷，包括设备及索吊具重量。

（3）额定起重量

在确定回转半径和起升高度后起重机能安全起吊的重量。额定起重量应大于计算载荷。

采用双机抬吊时，宜选用同类型或性能相近的起重机，负载分配应合理，单机载荷不得超过额定起重量的 80%。

（4）幅度

旋转臂架式起重机的幅度是指旋转中心线与取物装置铅垂线之间的水平距离；非旋转类型的臂架起重机的幅度是指吊具中心线至臂架后轴或其他典型轴线之间的水平距离；臂架倾角最小或小车位置与起重机回转中心距离最大时的幅度为最大幅度；反之为最小幅度。

（5）最大起升高度。

起重机最大起重高度应满足下式要求：

$$H > h_1 + h_2 + h_3 + h_4 \tag{1-2}$$

式中　　H——起重机吊臂顶端滑轮的高度（m）；

　　　　h_1——设备高度（m）；

　　　　h_2——索具高度（包括钢丝绳、平衡梁、卸扣等的高度）（m）；

　　　　h_3——设备吊装到位后底部高出地脚螺栓高的高度（m）；

　　　　h_4——基础和地脚螺栓高（m）。

5. 流动式起重机的选用

（1）流动式起重机的种类和性能

1）汽车起重机。汽车起重机是将起重机构安装在通用或专用汽车底盘上的起重机械。它具有汽车的行驶通过性能，机动性强，行驶速度高，可达到 60km/h，可以快速转移，是一种用途广泛、适用性强的通用型起重机，特别适用于流动性大、不固定的作业场所。

吊装时，靠支腿将起重机支撑在地面上。但不可在360°范围内进行吊装作业，对基础要求也较高。

2）轮胎起重机。轮胎起重机是一种装在专用轮胎式行走底盘上的起重机，它行驶速度低于汽车式，高于履带式；一般使用支腿吊重，在平坦地面也可不用支腿，可吊重慢速行驶；稳定性能较好，车身短，转弯半径小，可以全回转作业，适用于作业地点相对固定而作业量较大的场合。轮胎起重机近年来已用得较少。

3）履带起重机。履带起重机是在行走的履带底盘上装有起重装置的起重机械，是一种自行式、全回转的起重机械。一般大吨位起重机较多采用履带起重机。其对基础的要求也相对较低，在一般平整坚实的场地上可以载荷行驶作业。但其行走速度较慢，履带会破坏公路路面。转移场地需要用平板拖车运输。较大的履带起重机，转移场地时需拆卸、运输、组装。适用于没有道路的工地、野外等场所。除作起重作业外，在臂架上还可装打桩、抓斗、拉铲等工作装置，一机多用。

（2）流动式起重机的特性曲线

反映流动式起重机的起重能力随臂长、幅度的变化而变化的规律和反映流动式起重机的最大起升高度随臂长、幅度变化而变化的规律的曲线称为起重机的特性曲线。目前一些大型起重机上，为了更方便，其特性曲线往往被量化成表格形式，称为特性曲线表。每台起重机都有其自身的特性曲线，不能换用，即使起重机型号相同也不允许换用。它是选用流动式起重机的依据。

规定起重机在各种工作状态下允许吊装载荷的曲线，称为起重量特性曲线，它考虑了起重机的整体抗倾覆能力、起重臂的稳定性和各种机构的承载能力等因素。在计算起重机载荷时，应计入吊钩和索、吊具的重量。典型的流动式起重机的特性曲线见图1-3。

反映起重机在各种工作状态下能够达到的最大起升高度的曲线称为起升高度特性曲线，它考虑了起重机的起重臂长度、倾角、铰链高度、臂头因承载而下垂的高度、滑轮组的最短极限距离等因素。

（3）流动式起重机的选用步骤

流动式起重机的选用必须依照其特性曲线进行，选择步骤是：

1）根据被吊装设备或构件的就位位置、现场具体情况等确定起重机的站车位置，站车位置一旦确定，其工作幅度也就确定了。

2）根据被吊装设备或构件的就位高度、设备尺寸、吊索高度和站车位置（幅度），由起重机的起升高度特性曲线，确定其臂长。

3）根据上述已确定的工作幅度（回转半径）、臂长，由起重机的起重量特性曲线，确定起重机的额定起重量。

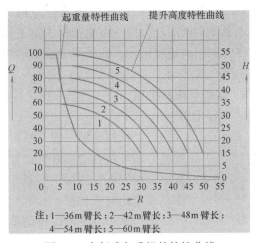

注：1—36m臂长；2—42m臂长；3—48m臂长；
4—54m臂长；5—60m臂长

图1-3　自行式起重机的特性曲线

4）如果起重机的额定起重量大于计算载荷，则起重机选择合格，否则重新选择。

5）校核通过性能。计算吊臂与设备之间、吊钩与设备及吊臂之间的安全距离，若符合规范要求，选择合格，否则重选。

6. 吊装方法

（1）塔式起重机吊装。起重吊装能力为3~100t，臂长在40~80m，常用在使用地点固定、使用周期较长的场合，较经济。一般为单机作业，也可双机抬吊。

（2）汽车起重机吊装。液压伸缩臂：起重能力为8~550t，臂长在27~120m；钢管结构臂：起重能力为70~250t，臂长在27~145m。机动灵活，使用方便。可单机、双机吊装，也可多机吊装。

（3）履带起重机吊装。起重能力为30~2000t，臂长在39~190m；中、小重物可吊重行走，机动灵活，使用方便，使用周期长，较经济。可单机、双机吊装，也可多机吊装。

（4）桥式起重机吊装。起重能力为3~1000t，跨度在3~150m，使用方便。多为仓库、厂房、车间内使用，一般为单机作业，也可双机抬吊。

（5）直升机吊装。起重能力可达26t，用在其他吊装机械无法完成吊装的地方，如山区、高空。

（6）桅杆系统吊装。通常由桅杆、缆风系统、提升系统、拖排滚杠系统、牵引溜尾系统等组成；桅杆有单桅杆、双桅杆、人字桅杆、门字桅杆、井字桅杆；提升系统有卷扬机滑轮系统、液压提升系统、液压顶升系统；有单桅杆和双桅杆滑移提升法、扳转（单转、双转）法、无锚点推举法、斜立单桅杆偏心吊法等吊装工艺。

（7）缆索系统吊装。用在其他吊装方法不便或不经济的场合，重量不大、跨度、高度较大的场合。如桥梁建造、电视塔顶设备吊装。

（8）液压提升。目前多采用"钢绞线悬挂承重、液压提升千斤顶集群、计算机控制同步"方法整体提升（滑移）大型设备与构件。集群液压千斤顶整体提升（滑移）大型设备与构件技术，借助机、电、液一体化工作原理，使提升能力可按实际需要进行任意组合配置，解决了在常规状态下，采用桅杆起重机、移动式起重机所不能解决的大型构件整体提升技术难题，已广泛应用于市政工程建筑工程的相关领域以及设备安装领域。

（9）利用构筑物吊装。即利用建筑结构作为吊装点，通过卷扬机、滑轮组等吊具实现设备的提升或移动。

1.4.2 切割、焊接机械

1. 焊接电源

1.4.2

（1）弧焊电源一般有弧焊变压器、直流弧焊发电机和弧焊整流器。弧焊电源的外特性应是陡降的，即随着输出电压的变化，输出电流的变化应很小。熔化极气体保护电弧焊和埋弧焊可采用平特性电源，它的输出电压在电流变化时变化很小。

（2）弧焊变压器提供的是交流电，应用较广。与直流电源相比，具有结构简单、制造方便、使用可靠、维修容易、效率高、成本低等优点。

（3）直流弧焊发电机稳弧性好、经久耐用、受电网电压波动的影响小，但制造较复杂，消耗材料较多，空载损耗大，已被列入淘汰产品。

（4）弧焊整流器是采用硅二极管或可控硅作整流器的直流弧焊电源。

（5）晶体管式弧焊电源用大功率晶体管组成，能获得较高的控制精度和优良的性能，但成本较高。

（6）电阻焊变压器，空载电压范围为 $1\sim36V$，电流可达几万支，适用于交流电阻焊机。

2. 焊机分类

焊机根据焊接自动化程度可分为手工焊机和自动焊机。

（1）手工焊机。主要有 CO_2 气体保护焊机、氩弧焊机、混合气体保护焊机等类型，其中氩弧焊机对工人的操作技能要求较高。

（2）自动焊机。是由电气控制系统，并根据需要配备送丝机、焊接摆动器、弧长跟踪器、各种回转驱动装置、工装夹具、滚轮架、焊接电源等组成的一套自动化焊接设备。包括焊接机械手、环纵缝自动焊机、变位机、焊接中心、龙门焊机等。

3. 常用焊机

（1）埋弧焊机特性

1）埋弧焊机分为自动焊机和半自动焊机两大类。生产效率高、焊接质量好、劳动条件好。

2）埋弧焊是依靠颗粒状焊剂堆积形成保护条件，主要适用于平位置（俯位）焊接。

3）适用于长缝的焊接。

4）不适合焊接薄板。

（2）钨极氩弧焊机特性

1）氩气能充分而有效地保护金属熔池不被氧化，焊缝致密，机械性能好。

2）明弧焊，观察方便，操作容易。

3）穿透性好，内外无熔渣，无飞溅，成形美观，适用于有清洁要求的焊件。

4）电弧热集中，热影响区小，焊件变形小。

5）容易实现机械化和自动化。

（3）熔化极气体保护焊机特性

1）CO_2 气体保护焊生产效率高、成本低、焊接应力变形小、焊接质量高、操作简便。但飞溅较大、弧光辐射强、很难用交流电源焊接、设备复杂。有风不能施焊（环境风速达到或超过 $2m/s$，在没有采取防风措施的情况下，不能施焊），不能焊接易氧化的有色金属。

2）熔化极氩弧焊的焊丝既作为电极又作为填充金属，焊接电流密度可以提高，热量利用率高，熔深和焊速大大增加，生产率比手工钨极氩弧焊提高 $3\sim5$ 倍，最适合焊接铝、镁、铜及其合金、不锈钢和稀有金属中厚板的焊接。

（4）等离子弧焊机特性

其具有温度高、能量集中、较大冲击力、比一般电弧稳定、各项有关参数调节范围广的特点。

4. 常用焊接方法

（1）电弧焊

以电极与工件之间燃烧的电弧作为热源，是目前应用最广泛的焊接方法。

1）焊条电弧焊

以外部涂有涂料的焊条作为电极及填充金属，电弧在焊条端部和被焊工件表面之间燃烧，熔化焊条和母材形成焊缝。涂料在电弧作用下产生气体，保护电弧，又产生熔渣覆盖在熔池表面，防止熔化金属与周围气体相互作用，又向熔池添加合金元素，改善焊缝金属性能。

2）埋弧焊

以连续送进的焊丝作为电极和填充金属。焊接时，在焊接区上面覆盖一层颗粒状焊剂，电弧在焊剂层下燃烧，将焊丝端部和局部母材熔化，形成焊缝。埋弧焊可以采用较大焊接电流，其最大优点是焊接速度高，焊缝质量好，特别适合于焊接大型工件的直缝和环缝。

3）钨极气体保护焊

① 属于不（非）熔化极气体保护电弧焊，是利用钨极与工件之间的电弧使金属熔化而形成焊缝。焊接中钨极不熔化，只起电极作用，电焊炬的喷嘴送进氩气或氦气起保护电弧和熔池作用，还可根据需要另外添加填充（焊丝）金属。是连接薄板金属和打底焊的一种极好方法。

② 属于不（非）熔化极电弧焊，它是利用电极和工件之间的压缩电弧（转移电弧）实现焊接，电极常用钨极，产生等离子弧的等离子气可用氩气、氮气、氦气或其中两者的混合气，焊接可添加或不添加金属。等离子电弧挺直，能量密度大，电弧穿透能力强。焊接时产生的小孔效应，对一定厚度内的金属可不开坡口对接，生产效率高，焊缝质量好。

4）熔化极气体保护电弧焊

是利用连续送进的焊丝与工件之间燃烧的电弧作为热源，利用电焊炬喷嘴喷出的气体来保护电弧进行焊接。熔化极气体保护焊的保护气体有氩气、氦气、CO_2 或这些气体的混合气体。以氩气、氦气为保护气体的称熔化极惰性气体保护焊，以惰性气体和氧化性气体（O_2、CO_2）的混合气体或 CO_2 或 O_2+CO_2 的混合气体作为保护气时，称为熔化极活性气体保护焊。熔化极气体保护焊的优点是可以方便地进行各种位置焊接，焊接速度快、熔敷率较高。

5）药芯焊丝电弧焊

属于熔化极气体保护焊的一种类型，也是利用连续送进的焊丝与工件间的电弧作为热源，焊丝芯部装有各种成分药粉。焊接时外加气体主要是 CO_2，药粉受热分解熔化，起到造气、造渣、保护熔池、渗合金及稳弧作用。若不另加保护气体时，称自保护药芯焊丝电弧焊。

（2）电阻焊

以电阻热为能源的焊接方法，包括以熔渣电阻热为能源的电渣焊和以固体电阻为能源的电阻焊，主要有点焊、缝焊、凸焊及对焊等。

（3）钎焊

利用熔点比被焊材料的熔点低的金属作钎料，经过加热使钎料熔化，靠毛细管作用将钎料吸入到接头接触面的间隙内，润湿金属表面，使固相与液相之间相互扩散而形成钎焊接头。

（4）螺柱焊

将螺柱一端与板件（或管件）表面接触通电引弧，待接触面熔化后，在螺柱上加一定压力完成焊接的方法。LNG 罐顶部防潮层钢板外侧需焊接大量的混凝土挂钉。采用螺柱焊的方法可提高功效十几倍。

（5）其他焊接方法

包括电子束焊、激光焊、闪光对焊、超声波焊、摩擦焊、爆炸焊、电渣焊、高频焊、气焊、气压焊、冷压焊、扩散焊等。

1.4.3　检测仪表

1. 电工测量仪器仪表的分类

电工测量仪器仪表分为电工测量指示仪表（直读仪表）和较量仪表两大类。如电压表、电流表、钳形表、电能（度）表、万用表、兆欧表等都是指示仪表。较量仪表，如电桥、电位差计等。

1.4.3

电工测量仪器仪表还包括数字仪表、记录式仪表、机械示波器等。机械示波器和记录式仪表的原理和一般电工测量指示仪表相似，只是读数方法不同或附加有记录部分，所以可以看成是电工测量指示仪表的特殊形式。至于扩大量程装置，如分流器、互感器也可以看成是仪表的附件不单独列成一类。

电工测量指示仪表的种类繁多。常用的分类方法有如下几种。

（1）按仪表测量机构的结构和工作原理分类，可分为磁电系、电磁系、电动系、感应系、静电系和整流系等。

（2）按使用方式分类，可分为安装式和可携带式等。

（3）按仪表的测量对象分类，可分为电流表、电压表、功率表、相位表、电度表、欧姆表、兆欧表、万用电表等。

（4）按仪表所测的电种类分类，可分为直流、交流、交直流两用仪表。

（5）按仪表外壳的防护性能分类，可分为普通式、防尘式、气密式、防溅式、防水式、水密式和隔爆式等。

（6）按仪表防御外界磁场或电场的性能分类，可分为Ⅰ、Ⅱ、Ⅲ、Ⅳ四个等级。各级仪表在外磁场或外电场的影响下，允许其指示值改变量应符合规定。

（7）按仪表准确等级分类，可分为七级。仪表的准确度反映仪表的基本误差范围。仪表的准确度等级分类见表1-14。

仪表的准确度等级分类表　　　　　　　　　　表 1-14

仪表的准确等级	0.1	0.2	0.5	1.0	1.5	2.5	5.0
基本误差(%)	±0.1	±0.2	±0.5	±1.0	±1.5	±2.5	±5.0

2. 电工测量仪器仪表的性能

电工测量仪器仪表的性能由被测量对象来决定，其测量的对象不同，性能有所区别。

测量对象包括电流、电压、功率、频率、相位、电能、电阻、电容、电感等电参数，以及磁场强度、磁通、磁感应强度、磁滞、涡流损耗、磁导率等参数。随着技术的进步，以集成电路为核心的数字式仪表、以微处理器为核心的智能测量仪表已经获得了高速的发展和应用。这些仪表不仅具有常规仪表的测量和显示功能，而且通常都带有参数设置、界面切换、数据通信等性能。

3. 温度仪表

（1）压力式温度计

压力式温度计是利用密封系统中测温物质的压力随温度变化来测量温度。它由密封测量系统和指示仪两部分组成。按其所充测温物质的相态，分为充气式、充液式和蒸气式三种。按它的功能可分为指示式、记录式、报警式和温度调节式等类型，它们结构基本相同。

压力式温度计适用于工业场合测量各种对铜无腐蚀作用的介质温度，若介质有腐蚀作用应选用防腐型。压力式温度计广泛应用于机械、轻纺、化工、制药、食品行业对生产过程中的温度测量和控制。防腐型压力式温度计采用全不锈钢材料，适用于中性腐蚀的液体和气体介质的温度测量。

（2）双金属温度计

双金属温度计的感温元件是由膨胀系数不同的两种金属片牢固地结合在一起而制成。其中一端为固定端，当温度变化时，由于两种材料的膨胀系数不同，而使双金属片的曲率发生变化，自由端位移，通过传动机构带动指针指示出相应的温度。工业双金属温度计按结构形式分为指示型或指示带电接点型。

此外，双金属温度计探杆长度可以根据客户需要来定制，该温度计从设计原理及结构上具有防水、防腐蚀、隔爆、耐震动、直观、易读数、无汞害、坚固耐用等特点，可取代其他形式的测量仪表，广泛应用于石油、化工、机械、船舶、发电、纺织、印染等工业和科研部门。

（3）玻璃液位温度计

1）棒式玻璃温度计，由厚壁毛细管构成。温度标尺直接刻在毛细管的外表面上，为满足不同的测温方法，其外形有直形、90角形、135角形。

2）内标式玻璃温度计，由薄壁毛细管制成。温度标尺另外刻在乳白色玻璃板上，置于毛细管后，外用玻璃外壳罩封，此种结构标尺刻度读数清晰。

3）外标式玻璃温度计，将玻璃毛细管直接固定在外标尺（铅、铜、木、塑料）板上，这种温度计多用来测量室温。玻璃温度计还可以按其他特殊要求制成带金属保护管的，供在易碰撞的地方与不能裸露挂置的地方使用。

（4）热电偶温度计

热电偶的工作端（亦称热端）直接插入待测介质中以测量温度，热电偶的自由端（冷端）则与显示仪表相连接，测量热电偶产生的热电势。热电偶的测量范围为液体、蒸气、气体介质、固体介质以及固体表面温度。

热电偶温度计分普通型、铠装型和薄膜型等。普通型是由热电极、绝缘管、保护套管和接线盒等组成。铠装型是由热电极、绝缘材料和金属套管三者组合经拉伸加工而成的坚实组合体。为了快速测量壁面温度，近年来研制了薄膜热电偶，它是用真空蒸镀等方法使两种热电极材料蒸镀到绝缘基板上，二者牢固地结合在一起，形成薄膜状热接点。其镀膜可以薄到 $0.01 \sim 0.1 \mu m$，尺寸小，反应时间非常短（几毫秒）。

热电偶温度计用于测量各种温度物体，测量范围极大，远远大于酒精、水银温度计。它适用于炼钢炉、炼焦炉等高温地区，也可测量液态氢、液态氮等低温物体。

（5）热电阻温度计

热电阻温度计是一种较为理想的高温测量仪表，由热电阻、连接导线及显示仪表组成。热电阻分为金属热电阻和半导体热敏电阻两类。对热电阻材料有如下要求：电阻温度系数大，电阻率大，化学、物理性能稳定，复现性好，电阻与温度的关系接近线性以及价廉等。比较适合做热电阻的材料有：铂（Pt）、铜（Cu）和镍（Ni）等。

热电阻温度计是中低温区最常用的一种温度检测器。它的主要特点是测量精度高，性能稳定。其中铂热电阻温度计的测量精确度是最高的，它不仅广泛应用于工业测温，而且被制成标准的基准仪。

（6）辐射温度计

辐射温度计的组成有：

1）光学系统。将被测物体的辐射能量聚集在检测元件上。

2）检测元件。或称接收器，一般使用热电堆、热电阻等热敏元件。

3）测量仪表。把接收器输出的电信号通过电子线路交换、放大，用指针或数字形式显示出被测物质的温度值。

4）辅助装置。根据使用环境情况，增设的冷却装置、烟尘防护装置等，分为轻型辅助装置和重型辅助装置。

辐射温度计的测量不干扰被测温场，不影响温场分布，从而具有较高的测量准确度。辐射测温的另一个特点是在理论上无测量上限，所以它可以测到相当高的温度。此外，其探测器的响应时间短，易于快速与动态测量。在一些特定的条件下，例如核子辐射场，辐射测温可以进行准确而可靠的测量。

辐射测温法不能直接测得被测对象的实际温度。要得到实际温度需要进行材料发射率的修正，而发射率是一个影响因素相当复杂的参数，这就增加了对测量结果进行处理的难度。另外，由于是非接触，辐射温度计的测量受到中间介质的影响，特别是在工业现场条件下，周围环境比较恶劣，中间介质对测量结果的影响更大。

4. 压力检测仪表

（1）一般压力表

一般压力表适用于测量无爆炸危险、不结晶、不凝固及对钢及铜合金不起腐蚀作用的液体、蒸气和气体等介质的压力。

压力表按其作用原理分为液柱式、活塞式、弹性式及电气式四大类。

1）液柱式压力计。一般用水银或水作为工作液，用于测量低压、负压的压力表。被广泛用于实验室压力测量或现场锅炉烟、风通道各段压力及通风空调系统各段压力的测量。液柱式压力计结构简单，使用、维修方便，但信号不能远传。

2）活塞式压力计。可将被测压力转换成活塞上所加平衡砝码的重力进行测量，例如压力校验台等。活塞式压力计测量精度很高，可达 0.02%～0.05%，在检测低一级的活塞式压力计或检验精密压力表时，是一种主要的压力标准计量仪器。

3）弹性式压力计。用弹性传感器（又称弹性元件）组成的压力测量仪表。这种仪表构造简单，牢固可靠，测压范围广，使用方便，造价低廉，有足够的精度，可与电测信号配套制成遥测遥控的自动记录仪表与控制仪表。

4）电气式压力计。可将被测压力转换成电量进行测量，例如，电容式压力、压差变送器、霍尔压力变送器以及应变式压力变送器等。多用于压力信号的运传、发信或集中控制，和显示、调节、记录仪表联用，则可组成自动控制系统，广泛用于工业自动化和化工过程中。

（2）远传压力表

远传压力表由一个弹簧管压力表和一个滑线电阻传送器构成。滑线电阻传送器固定在表壳内，而电刷则与弹簧管自由端传动机构联结，当弹簧管受压力后，一方面带动指示指针偏转，一方面使电刷在电阻器上滑行，使被测压力值的位移转换成电阻值的变化，测出电阻值大小，显示仪表读出相应压力值，电阻运传压力表适用于测量对钢及钢合金不起腐蚀作用的液体、蒸气和气体等介质的压力。因为在电阻远传压力表内部设置一滑线电阻式发送器，故可把被测值以电量传至远离测量的二次仪表上，以实现集中检测和远距离控制。此外，本压力表能就地指示压力，以便于现场工作检查。

（3）电接点压力表

电接点压力表由测量系统、指示系统、磁助电接点装置、外壳、调整装置和接线盒（插头座）等组成。电接点压力表的工作原理是基于测量系统中的弹簧管在被测介质的压力作用下，迫使弹簧管的末端产生相应的弹性变形—位移，借助拉杆经齿轮传动机构的传动并予放大，由固定齿轮上的指示（连同触头）将被测值在度盘上指示出来。

电接点压力表广泛应用于石油、化工、冶金、电力、机械等工业部门或机电设备配套中测量无爆炸危险的各种流体介质压力。仪表经与相应的电气器件（如继电器及变频器等）配套使用，即可对被测（控）压力系统实现自动控制和发信（报警）的目的。

（4）隔膜/膜片式压力表

隔膜式压力表由膜片隔离器、连接管口和通用型压力仪表三部分组成，并根据被测介质的要求在其内腔内填充适当的工作液。当被测介质的压力作用在隔离膜片上，使之发生变形，压缩内部充填的工作液，使工作液中形成一个与之相当的压力，通过工作液的传导，使压力表中弹性元件的自由端产生相应的弹性变形—位移，再按与之相配的压力仪表工作原理显示出被测压力值。隔膜式压力表专门供石油、化工、食品等生产过程中测量具有腐蚀性、高黏度、易结晶、含有固体状颗粒、温度较高的液体介质的压力。

5. 流量仪表

常用的流量仪表有：电磁流量计、气远传转子流量计、涡轮流量计、椭圆齿轮流量计和电动转子流量计。

（1）电磁流量计

电磁流量计是一种测量导电性流体流量的仪表。它是一种无阻流元件，阻力损失极小，流场影响小，精确度高，直管段要求低，而且可以测量含有固体颗粒或纤维的液体，腐蚀性及非腐蚀性液体，这些都是电磁流量计比其他流量仪表所优越的。因此，电磁流量计发展很快。

电磁流量计广泛应用于污水、氟化工、生产用水、自来水行业以及医药、钢铁等诸多方面。其原理决定了它只能测导电液体。

（2）涡轮流量计

涡轮流量计是一种速度式流量计，主要是由涡轮流量变送器和指示计算仪组成，涡轮流量变送器把流量信号转换成电信号，由指示计算仪显示被测介质的体积流量和流体总量，并输出 0～10mADC 或 4～20mADC 信号，与调节仪表配套控制流量。涡轮流量计的传感器可分为普通型和高精度耐磨型两种；放大器可分为普通型和隔爆型两种。

涡轮流量计具有精度高、重复性好、结构简单、运动部件少、耐高压、测量范围宽、体积小、重量轻、压力损失小、维修方便等优点，用于封闭管道中测量低黏度气体的体积流量。在石油、化工、冶金、城市燃气管网等行业中具有广泛的使用价值。

（3）椭圆齿轮流量计

椭圆齿轮流量计又称排量流量计，是容积式流量计的一种，在流量仪表中是精度较高的一类。它利用机械测量元件把流体连续不断地分割成单个已知的体积部分，根据计量室逐次、重复地充满和排放该体积部分流体的次数来测量流量体积总量，也可将流量信号转换成标准的电信号传送至二次仪表。用于精密地连续或间断地测量管道中液体的流量或瞬时流量，它特别适合于重油、聚乙烯醇、树脂等黏度较高介质的流量测量。

6. 物位检测仪表

在工业生产过程中，把罐、塔、槽等容器中存放的液体表面位置称为液位；把料斗、堆场仓库等储存的固体块、颗粒、粉粒等的堆积高度和表面位置称为料位；两种互不相溶的物质的界面位置叫作界位。液位、料位以及相界面总称物位。对物位进行测量的仪表被称为物位检测仪表。

物位测量仪表的种类很多，如果按液位、料位、界面可分为：

（1）测量液位的仪表。玻璃管（板）式、称重式、浮力式（浮筒、浮球、浮标）、静压式（压力式、差压式）、电容式、电阻式、超声波式、放射性式、激光式及微波式等。

（2）测量界面的仪表。浮力式、差压式、电极式和超声波式等。

（3）测量料位的仪表。重锤探测式、音叉式、超声波式、激光式、放射性式等。

第5节　施工组织设计的编制原理、内容及方法

1.5.1　施工组织设计概念、作用与分类

1. 施工组织设计的概念

施工组织设计是以施工项目为对象编制的，用以指导施工的技术、经济和管理的综合文件。它体现了实现基本建设计划和设计的要求，提供了各阶段的施工准备工作内容，用以协调施工过程中各施工单位、各施工工种、各项资源之间的相互关系。

1.5.1

通过施工组织设计，根据具体工程的特定条件，拟订施工方案，确定施工顺序、施工方法、技术组织措施，保证拟建工程按照预定的工期完成，并在开工前了解所需资源的数量及其使用的先后顺序，合理安排施工现场布置。因此施工组织设计应从施工全局出发，充分反映客观实际，符合国家或合同要求，统筹安排施工活动有关的各个方面，合理地布置施工现场，确保文明施工、安全施工。

2. 施工组织设计的作用

施工组织设计是对施工活动实行科学管理的重要手段之一，它具有战略部署和战术安排的双重作用。其主要作用体现在以下几方面：

（1）体现基本建设计划和设计的要求，衡量和评价设计方案进行施工的可行性和经济合理性；

（2）把施工过程中各单位、各部门、各阶段以及各施工对象相互之间的关系更好、更密切、更具体地协调起来；

（3）根据施工的各种具体条件，制订拟建工程的施工方案，确定施工顺序、施工方法、劳动组织和技术组织措施；

（4）确定施工进度，保证拟建工程按照预定工期完成，并在开工前了解所需材料、机具和人力的数量及需要的先后顺序；

（5）合理安排和布置临时设施、材料堆放及各种施工机械在现场的具体位置；

（6）事先预计到施工过程中可能会产生的各种情况，从而做好准备工作和拟定采取的相应防范措施。

3. 施工组织设计的分类

施工组织设计应根据工程规模、结构特点、技术繁简程度和施工条件的不同，在编制的广度和深度上有所不同。施工组织设计还应根据阶段性的设计文件分阶段进行编制。因此，在实际工作中一般可分为施工组织总设计、单位工程施工组织设计和分部（分项）工程组织设计。

（1）施工组织总设计

施工组织总设计是以整个建设工程项目为对象〔如一个工厂、一个机场、一个道路工程（包括桥梁）、一个居住小区等〕编制的。它是对整个建设工程项目施工的战略部署，是指导全局性施工的技术和经济纲要。

（2）单位工程施工组织设计

单位工程施工组织设计是以单位工程（如一栋楼房、一个烟囱、一段道路、一座桥等）为对象编制的，在施工组织总设计的指导下，由直接组织施工的单位根据施工图设计进行编制，用以直接指导单位工程的施工活动，是施工单位编制分部（分项）工程施工组织设计和季、月、旬施工计划的依据。单位工程施工组织设计根据工程规模和技术复杂程度不同，其编制内容的深度和广度也有所不同。对于简单的工程，一般只编制施工方案，并附以施工进度计划和施工平面图。

（3）分部（分项）工程施工组织设计

分部（分项）工程施工组织设计〔也称为分部（分项）工程作业设计，或称分部（分项）工程施工设计〕是针对某些特别重要的、技术复杂的，或采用新工艺、新技术施工的分部（分项）工程，如深基础、无粘结预应力混凝土、特大构件的吊装、大量土石方工程、定向爆破工程等为对象编制的，其内容具体、详细，可操作性强，是直接指导分部（分项）工程施工的依据。

1.5.2　施工组织设计的编制原则

1.5.2

施工组织设计的编制是在掌握主客观全面情况后，应用系统工程的观点进行科学的分析而逐步调整完善的。编制施工组织设计应贯彻以下原则：

（1）严格遵守国家政策和施工合同规定的工程竣工和交付使用期限。总工期较长的大型建设项目应根据生产的需要，分期分批安排建设，配套投产或交付使用，从而缩短工期，尽早发挥建设投资的经济效益。在确定分期分批施工的项目时，必须注意使每期竣工的项目可以独立或配套地发挥使用效益，使主要项目和有关的附属辅助项目同时完工。

（2）严格执行施工程序，合理安排施工顺序。土木工程施工有其自身的客观规律，按照施工程序和施工顺序组织施工，才能保证各项施工活动相互促进，紧密衔接，避免不必要的重复工作，保证施工质量，加快施工速度，降低施工成本。

（3）用流水施工原理和网络计划技术统筹安排施工进度。采用流水施工原理组织施工以保证施工能连续、均衡、有节奏地合理安排各种劳动资源。网络计划技术安排施工进度可真实地把施工过程间的逻辑关系和工作的重点反映出来，便于计划的贯彻执行和优化。

（4）组织好季节性施工项目。对于那些由于工程进度必须安排在冬雨期或暑期施工的项目，应落实各项季节性施工措施，以提高施工质量，保证施工的连续性和均衡性。

（5）因地制宜地促进技术创新和发展建筑工业化。促进技术创新和发展建筑工业化要结合工程特点和现场条件，使技术的先进性、适用性和经济合理性相结合。

（6）贯彻勤俭节约的方针，从实际出发，做好人力、物力的综合平衡，组织均衡生产。

（7）尽量利用正式工程、原有待拆的设施作为工程施工时的临时设施。尽量利用当地资源合理安排运输、装卸和储运作业，减少物资的运输量，避免二次搬运。精心规划布置施工现场，注意环境保护，节约施工用地，降低施工成本，并做到安全和文明施工。

（8）土建施工与设备安装应密切配合。有些工业和公共建筑，设备的安装工作量很大，所需工期长，与土建施工配合密切。为使项目能提早投入使用，土建施工应为设备提前安装创造条件，提前提供设备安装的工作面。

（9）施工方案应作技术经济比较。对主要项目和主要分部分项工程的施工方法和主导施工机械的选择应进行多方案的技术经济比较，选择经济上合理，技术上先进，而且符合施工现场实际情况的施工方案。

（10）确保施工质量和施工安全。任何一个施工组织设计都必须针对本工程的实际情况，明确制定行之有效的保证施工质量和施工安全的技术措施。尤其是对于采用新技术、新结构、新工艺、新材料的工程项目更为重要。

1.5.3 施工组织总设计

1. 施工组织总设计的概念

施工组织总设计是以若干单位工程组成的群体工程或特大型项目为主要对象编制的施工组织设计，对整个项目的施工过程起统筹规划、重点控制的作用。

1.5.3

2. 施工组织总设计的编制依据

施工组织总设计的编制依据主要包括：

（1）计划文件；

（2）设计文件；

（3）合同文件；

（4）建设地区基础资料；

（5）有关的标准、规范和法律；

（6）类似建设工程项目的资料和经验。

3. 施工组织总设计的编制程序

施工组织总设计的编制程序通常采用如下程序：

（1）收集和熟悉编制施工组织总设计所需的有关资料和图纸，进行项目特点和施工条件的调查研究；

（2）计算主要工种工程的工程量；

（3）确定施工的总体部署；

（4）拟订施工方案；

（5）编制施工总进度计划；

（6）编制资源需求量计划；

（7）编制施工准备工作计划；

（8）施工总平面图设计；

（9）计算主要技术经济指标。

应该指出，以上顺序中有些顺序不可逆转，如：

（1）拟订施工方案后才可编制施工总进度计划（因为进度的安排取决于施工的方案）；

（2）编制施工总进度计划后才可编制资源需求量计划（因为资源需求量计划要反映各种资源在时间上的需求）。

但是在以上顺序中也有些顺序应该根据具体项目而定，如确定施工的总体部署和拟订施工方案，两者有紧密的联系，往往可以交叉进行。

4. 施工组织总设计的内容

施工组织总设计的主要内容如下：

（1）建设项目的工程概况；

（2）施工部署及其核心工程的施工方案；

（3）全场性施工准备工作计划；

（4）施工总进度计划；

（5）各项资源需求量计划；

（6）全场性施工总平面图设计；

（7）主要技术经济指标（项目施工工期、劳动生产率、项目施工质量、项目施工成本、项目施工安全、机械化程度、预制化程度、暂设工程等）。

5. 工程概况

（1）工程概况应包括项目主要情况和项目主要施工条件等。

（2）项目主要情况应包括下列内容：

1）项目名称、性质、地理位置和建设规模；

2）项目的建设、勘察、设计和监理等相关单位的情况；

3）项目设计概况；

4）项目承包范围及主要分包工程范围；

5）施工合同或招标文件对项目施工的重点要求；

6）其他应说明的情况。

（3）项目主要施工条件应包括下列内容：

1）项目建设地点气象状况；

2）项目施工区域地形和工程水文地质状况；

3）项目施工区域地上、地下管线及相邻的地上、地下建（构）筑物情况；

4）与项目施工有关的道路、河流等状况；

5）当地建筑材料、设备供应和交通运输等服务能力状况；

6）当地供电、供水、供热和通信能力状况；

7）其他与施工有关的主要因素。

6. 总体施工部署

（1）施工组织总设计应对项目总体施工做出下列宏观部署：

1）确定项目施工总目标，包括进度、质量、安全、环境和成本等目标；

2）根据项目施工总目标的要求，确定项目分阶段（期）交付的计划；

3）确定项目分阶段（期）施工的合理顺序及空间组织。

（2）对于项目施工的重点和难点应进行简要分析。

（3）总承包单位应明确项目管理组织机构形式，并宜采用框图的形式表示。

（4）对于项目施工中开发和使用的新技术，新工艺应做出部署。

（5）对主要分包项目施工单位的资质和能力应提出明确要求。

7.施工总进度计划

（1）施工总进度计划应按照项目总体施工部署的安排进行编制。

（2）施工总进度计划可采用网络图或横道图表示，并附必要说明。

8.总体施工准备与主要资源配置计划

（1）总体施工准备应包括技术准备、现场准备和资金准备等。

（2）技术准备、现场准备和资金准备应满足项目分阶段（期）施工的需要。

（3）主要资源配置计划应包活劳动力配置计划和物资配置计划等。

（4）劳动力配置计划应包括下列内容：

1）确定各施工阶段（期）的总用工量；

2）根据施工总进度计划确定各施工阶段（期）的劳动力配置计划。

（5）物资配置计划应包括下列内容：

1）根据施工总进度计划确定主要工程材料和设备的配置计划；

2）根据总体施工部署和施工总进度计划确定主要施工周转材料和施工机具的配置计划。

9.主要施工方法

（1）施工组织总设计应对项目涉及的单位（子单位）工程和主要分部（分项）工程所采用的施工方法进行简要说明。

（2）对脚手架工程、起重吊装工程、临时用水用电工程、季节性施工等专项工程所采用的施工方法应进行简要说明。

10.施工总平面布置

（1）施工总平面布置应符合下列原则：

1）平面布置科学合理，施工场地占用面积少；

2）合理组织运输，减少二次搬运；

3）施工区域的划分和场地的临时占用应符合总体施工部署和施工流程的要求，减少相互干扰；

4）充分利用既有建（构）筑物和既有设施为项目施工服务，降低临时设施的建造费用；

5）临时设施应方便生产和生活，办公区、生活区和生产区宜分离设置；

6）符合节能、环保、安全和消防等要求；

7）遵守当地主管部门和建设单位关于施工现场安全文明施工的相关规定。

（2）施工总平面布置图应符合下列要求：

1）根据项目总体施工部署，绘制现场不同施工阶段（期）的总平面布置图；

2）施工总平面布置图的绘制应符合国家相关标准要求，并附必要说明。

（3）施工总平面布置图应包括下列内容：

1）项目施工用地范围内的地形状况；

2）全部拟建的建（构）筑物和其他基础设施的位置；

3）项目施工用地范围内的加工设施、运输设施、存贮设施、供电设施、供水供热设施、排水排污设施、临时施工道路和办公、生活用房等；

4）施工现场必备的安全、消防、保卫和环境保护等设施；

5）相邻的地上、地下既有建（构）筑物及相关环境。

1.5.4　单位工程施工组织设计

1.5.4

1. 单位工程施工组织设计的概念

单位工程施工组织设计是以单位（子单位）工程为主要对象编制的施工组织设计，对单位（子单位）工程的施工过程起指导和制约作用。

2. 单位工程施工组织设计的编制依据

单位工程施工组织设计编制依据主要包括：

（1）与工程建设有关的法律、法规和文件；

（2）国家现行有关标准和技术经济指标；

（3）工程所在地区行政主管部门的批准文件，建设单位对施工的要求；

（4）工程施工合同或招标投标文件；

（5）工程设计文件；

（6）工程施工范围内的现场条件，工程地质及水文地质、气象等自然条件；

（7）与工程有关的资源供应情况；

（8）施工企业的生产能力、机具设备状况、技术水平等。

3. 单位工程施工组织设计的编制程序

单位工程施工组织设计的编制程序同施工组织总设计的编制程序。

4. 单位工程施工组织设计的内容

单位工程施工组织设计的主要内容如下：

（1）工程概况及施工特点分析；

（2）施工方案的选择；

（3）单位工程施工准备工作计划；

（4）单位工程施工进度计划；

（5）各项资源需求量计划；

（6）单位工程施工总平面图设计；

（7）技术组织措施、质量保证措施和安全施工措施；

（8）主要技术经济指标。

5. 工程概况

（1）工程概况应包括工程主要情况、各专业设计简介和工程施工条件等。

（2）工程主要情况应包括下列内容：

1）工程名称、性质和地理位置；

2）工程的建设、勘察、设计、监理和总承包等相关单位的情况；

3）工程承包范围和分包工程范围；

4）施工合同、招标文件或总承包单位对工程施工的重点要求；

5）其他应说明的情况。

（3）各专业设计简介应包括下列内容：

1）建筑设计简介应依据建设单位提供的建筑设计文件进行描述，包括建筑规模、建筑功能、建筑特点、建筑耐火、防水及节能要求等，并应简单描述工程的主要装修做法；

2）结构设计简介应依据建设单位提供的结构设计文件进行描述，包括结构形式、地基基础形式、结构安全等级、抗震设防类别、主要结构构件类型及要求等；

3）机电及设备安装专业设计简介应依据建设单位提供的各相关专业设计文件进行描述，包括给水、排水及采暖系统、通风与空调系统、电气系统、智能化系统、电梯等各个专业系统的做法要求。

（4）工程施工条件应参照1.5.3的5.（3）所列主要内容进行说明。

6. 施工部署

（1）工程施工目标应根据施工合同、招标文件以及本单位对工程管理目标的要求确定，包括进度、质量、安全、环境和成本等目标。各项目标应满足施工组织总设计中确定的总体目标。

（2）施工部署中的进度安排和空间组织应符合下列规定：

1）工程主要施工内容及其进度安排应明确说明，施工顺序应符合工序逻辑关系；

2）施工流水段应结合工程具体情况分阶段进行划分；单位工程施工阶段的划分一般包括地基基础、主体结构、装修装饰和机电设备安装三个阶段。

（3）对于工程施工的重点和难点应进行分析，包括组织管理和施工技术两个方面。

（4）工程管理的组织机构形式应按照1.5.3的6.（3）的规定执行，并确定项目经理部的工作岗位设置及其职责划分。

（5）对于工程施工中开发和使用的新技术、新工艺应做出部署，对新材料和新设备的使用应提出技术及管理要求。

（6）对主要分包工程施工单位的选择要求及管理方式应进行简要说明。

7. 施工进度计划

（1）单位工程施工进度计划应按照施工部署的安排进行编制。

（2）施工进度计划可采用网络图或横道图表示，并附必要说明；对于工程规模较大或较复杂的工程，宜采用网络图表示。

8. 施工准备与资源配置计划

（1）施工准备应包括技术准备、现场准备和资金准备等。

1）技术准备应包括施工所需技术资料的准备、施工方案编制计划、试验检验及设备调试工作计划、样板制作计划等。

① 主要分部（分项）工程和专项工程在施工前应单独编制施工方案，施工方案可根据工程进展情况，分阶段编制完成；对需要编制的主要施工方案应制定编制计划；

② 试验检验及设备调试工作计划应根据现行规范、标准中的有关要求及工程规模、进度等实际情况制定；

③ 样板制作计划应根据施工合同或招标文件的要求并结合工程特点制定。

2）现场准备应根据现场施工条件和工程实际需要，准备现场生产、生活等临时设施。

3）资金准备应根据施工进度计划编制资金使用计划。

（2）资源配置计划应包括劳动力配置计划和物资配置计划等。

1）劳动力配置计划应包括下列内容：

① 确定各施工阶段用工量；

② 根据施工进度计划确定各施工阶段劳动力配置计划。

2）物资配置计划应包括下列内容：

① 主要工程材料和设备的配置计划应根据施工进度计划确定，包括各施工阶段所需主要工程材料、设备的种类和数量；

② 工程施工主要周转材料和施工机具的配置计划应根据施工部署和施工进度计划确定，包括各施工阶段所需主要周转材料、施工机具的种类和数量。

9. 主要施工方案

（1）单位工程应按照现行《建筑工程施工质量验收统一标准》GB 50300—2013 中分部、分项工程的划分原则，对主要分部、分项工程制定施工方案。

（2）对脚手架工程、起重吊装工程、临时用水用电工程、季节性施工等专项工程所采用的施工方案应进行必要的验算和说明。

10. 施工现场平面布置

（1）施工现场平面布置图应参照 1.5.3 的 10.（1）和 10.（2）的规定，并结合施工组织总设计，按不同施工阶段分别绘制。

（2）施工现场平面布置图应包括下列内容：

1）工程施工场地状况；

2）拟建建（构）筑物的位置、轮廓尺寸、层数等；

3）工程施工现场的加工设施、存贮设施、办公和生活用房等的位置和面积；

4）布置在工程施工现场的垂直运输设施、供电设施、供水供热设施、排水排污设施和临时施工道路等；

5）施工现场必备的安全、消防、保卫和环境保护等设施；

6）相邻的地上、地下既有建（构）筑物及相关环境。

11. 单位工程施工组织设计的管理

（1）编制、审批和交底

1）单位工程施工组织设计编制与审批：单位工程施工组织设计由项目负责人主持编制，项目经理部全体管理人员参加，施工单位主管部门审核，施工单位技术负责人或其授权的技术人员审批。

2）单位工程施工组织设计经上级承包单位技术负责人或其授权人审批后，应在工程开工前由施工单位项目负责人组织，对项目部全体管理人员及主要分包单位进行交底并做好交底记录。

（2）群体工程

群体工程应编制施工组织总设计，并及时编制单位工程施工组织设计。

（3）过程检查与验收

1）单位工程的施工组织设计在实施过程中应进行检查。过程检查可按照工程施工阶段进行。通常划分为地基基础、主体结构、装饰装修三个阶段。

2）过程检查由企业技术负责人或相关部门负责人主持，企业相关部门、项目经理部相关部门参加，检查施工部署、施工方法的落实和执行情况，如对工期、质量、效益有较大影响的应及时调整，并提出修改意见。

（4）修改与补充

单位工程施工过程中，当其施工条件、总体施工部署、重大设计变更或主要施工方法发生变化时，项目负责人或项目技术负责人应组织相关人员对单位工程施工组织设计进行修改和补充，报送原审核人审核，原审批人审批后形成《施工组织设计修改记录表》，并进行相关交底。

（5）发放与归档

单位工程施工组织设计审批后加盖受控章，由项目资料员报送及发放并登记记录，报送监理方及建设方，发放企业主管部门、项目相关部门、主要分包单位。工程竣工后，项目经理部按照国家、地方有关工程竣工资料编制的要求，将《单位工程施工组织设计》整理归档。

（6）施工组织设计的动态管理

项目施工过程中，如发生以下情况之一时，施工组织设计应及时进行修改或补充：

1）工程设计有重大修改；

2）有关法律、法规、规范和标准实施、修订和废止；

3）主要施工方法有重大调整；

4）主要施工资源配置有重大调整；

5）施工环境有重大改变。

经修改或补充的施工组织设计应重新审批后才能实施。

1.5.5　安装工程施工组织设计的内容及方法

1. 编制依据

（1）××××施工设计图。

（2）中华人民共和国颁布的现行建筑施工规范和规定，以及相关行业标准和施工手册。

（3）本工程施工遵守的技术标准及规范如下（表1-15）：

1.5.5

技术标准及规范

表1-15

编号	名称
GB 50303—2015	《建筑电气工程施工质量验收规范》
09BD9	《建筑电气通用图集》
GB 50300—2013	《建筑工程施工质量验收统一标准》
15D502	《等电位联结安装》
GB 50242—2002	《建筑给水排水及采暖工程施工质量验收规范》
GB 50243—2016	《通风与空调工程施工质量验收规范》
GB 50141—2008	《给水排水构筑物工程施工及验收规范》
GB 50261—2017	《自动喷水灭火系统施工及验收规范》
1100DB11/T 695—2017	《建筑工程技术资料管理规程》

2. 工程概况

（1）工程简介（表 1-16）

工程简介　　　　　　　　　　　　　　　　表 1-16

工程名称	××××住宅楼
建设单位	
设计单位	
监理单位	
建筑面积	m²
结构形式	剪力墙结构
工期目标	年　月　日开工,总日历天数　日历天

（2）工程特点

1）本工程为住宅楼，在安装施工过程中，应结合本工程的结构特点，配合好土建的结构施工，统筹安排，协调配合，优质高效地完成安装任务。

2）本工程劳动力组织及管理机构配备是否合理，将直接影响建设方的社会效益。应充分发挥各职能部门的主观能动性，精心组织，将每一道施工工序进行全面分解，落实严密的施工计划，强化管理，严格执行质量管理制度，保证工程质量，根据工期需要进一步采取强有力的施工措施，制定一切为工程服务的规章制度、施工方案、计划规定，确保工期如期竣工。

3）本工程电气部分设计（强、弱电）采用焊接钢管、PVC 管，在楼地面、墙体内敷设，大量的预留预埋工作必须配合主体工程施工。

4）本工程主要包括供配电、照明、动力、建筑物防雷接地和保护接地、电话、网络、电视、火灾报警、集中对讲、消防电话系统、火灾应急广播、生活给水系统、消火栓系统、污水排水管道、压力排水系统、室内雨水系统、自动喷水灭火系统、灭火器设置、采暖系统、通风系统。

3. 施工布置

（1）施工布置原则

1）集中力量保重点、保工期，在人力、物力、机械上给安装阶段以充分的保证，各专业技术管理人员要协助项目班子组织好施工工作，并做好各方面的协调配合。

2）按交接程序组织好分段施工，以楼板、墙体设工程为重点作业段，总平面施工为次重点作业段，分段组织施工，综合安排。

3）组织配合施工穿插作业，重点部分抢工。在土建施工作业期间应配合组织抢工安装，组织穿插安装相关项目作业，组织好内部各工种平衡流水作业，以达到土建、安装、装修及内部各工种之间互创施工条件，确保工程总体进度。

4）推广先进施工方法和施工机具，提高机械化作业水平。安装作业施工中，要大量采用电、液压小型工具，提高机械化作业水平。

（2）施工准备

1）组织技术人员认真学习安装工程施工规范、验收标准和本地区的有关规范规定。熟悉设计施工图，并会同设计、业主、监理及时做好施工图会审和设计交底工作。

2）认真、细致、有计划地编制工程进度计划和材料使用计划，合理安排劳动力，及时有效地配置施工机械设备。

3）使用的材料设备必须有产品准用证、质保书、合格证，CCC认证三证齐全，并及时做好报验和产品复试抽检工作。

（3）施工组织

选拔一批操作技能高、敢打硬仗、吃苦耐劳人员组成精良队伍（图1-4），在项目经理的领导下，优质、高速、低耗完成安装任务。

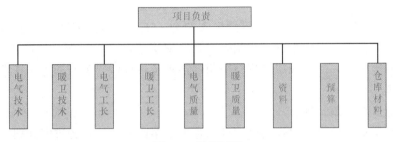

图1-4　组织部署

（4）施工配合

1）安装与土建的配合

① 暗设箱盒安装，应配合土建墙体施工而进行，布置在装饰面的开关、插座，应配合装饰贴面施工而进行。

② 灯具、开关、插座面板安装配合：灯具、开关、插座盒安装应做到位置正确，施工时不得损伤墙面，若孔洞较大应预先处理，粉刷后再装箱盖与面板。

③ 施工用电及场地使用配合：因土建与安装穿插作业多，施工用电、现场交通及场地使用，应在土建统一安排下协调解决，以达到互创条件为目的。

④ 成品保护的配合：安装施工中不得随意在土建墙体上打洞，因特殊原因必须打洞，应与土建协商，确定位置及孔洞大小。安装施工中注意对墙面、地面的保护，避免污染。通过土建、安装、装潢项目部与各施工班组协调共同做好安装成品保护。

2）安装与建设单位的配合

① 施工方及时邀请建设单位、监理人员对合同或设计规定要求看样的产品选型订货。

② 建设单位直接采购设备和指定采购的材料、设备外，其他材料为承包单位自行采购，为服务好建设单位工作，考虑到主要材料的采购时间、内部要求，对甲供材料：把材料计划提前一个月提交建设单位审核采购；对自购材料，如超预算，提前半个月申报建设单位，确认后方可进行采购。

③ 季节性施工用材，按施工方案中指定的材料提前半个月购入库房存放。

④ 图纸资料与设计变更，由甲方按规定数量及时提供，与设计单位的有关事宜亦由甲方协调解决。

⑤ 工程委托××××监理有限公司对各专业进行施工监理，认真服从监理公司安排，接受监理工程师的质量监督管理，在工程进度、材料管理、工程验收等各方面为监理工程师开展监理工作提供方便条件。

⑥ 在施工过程中甲方和监理公司对安装质量进行监督，设备开箱检查，隐蔽验收、

试压应均请甲方及监理有关人员参加和验收。

（5）施工进度计划

安装施工总体控制计划（按甲方合同要求制定出详细的总施工进度计划表）。

随土建室内粗装修进度，合理安排室内安装工作，在安装施工方案的指导下，结合设计施工图等具体情况进行综合安排，其计划实施应抓好以下几个项目。

1）项目班子应在土建、安装总体进度计划指导下，由技术员（工长）协助项目经理编制月、周施工作业计划，由技术员（工长）向施工班组做好月周计划交底，使班组人员明确工作目标。

2）项目经理应按时参加土建每日的生产例会，正式安装期间项目班子每周组织召开有关各工长、班长参加的安装进度协调会，及时解决平衡工程进度及工序搭接有关问题，公司按月召开生产会，以协调本工程与公司各部门及各单位有关劳动力、技术、质量、安全等有关事宜。

（6）施工进度计划管理

建立以竣工移交使用为目标的全面计划管理体系，整个工程的进度计划，包括施工图深化设计，材料、设备进场时间，劳动力部署等每个环节，每一分部分项工程的完成均围绕这一总目标进行，为确保这一目标的完成，本工程按分级制订施工计划，构成一个自上而下、从总体到细部的完整的计划体系。

第一级：制定三个主要形象进度控制点。

第二级：根据总控制点编制施工总进度计划，重点规划安装各道工序与结构、装修之间的相互衔接关系。

第三级：编制分部分项工程计划。

第四级：编制月进度计划，制定一周的详细计划。

第五级：编制每天日作业计划，按每一分项工程在每一楼层上的逐日施工部位制定，工程总计划的统计表从日计划开始，汇总成周计划、月计划统计表，直到总计划统计表，构成从细部到总体的统计体系，通过统计、跟踪、反馈，对计划的执行及全过程的规律性、衔接性、动态性、系统性实行有效控制。

（7）施工机械

本工程安装工作量较大，为确保工程按期竣工，必须以提高机械化作业水平来保证，因而施工机械需用量加大，按本设计提出的机具需用计划，应提前做好机械设备的调度平衡和设备进场前的维修、保养，保证施工用的设备按计划完好进场。

（8）施工劳动力安排一览表（表1-17）

施工劳动力安排表　　　　　　　　　　　　　　　表 1-17

序号	各专业施工作业人员名称	预留预埋阶段	安装阶段
		劳动力	劳动力
1	电气施工作业人员		
2	电焊工施工作业人员		
3	普工		
4	管道施工作业人员		

序号	各专业施工作业人员名称	预留预埋阶段	安装阶段
		劳动力	劳动力
5	通风工施工作业人员		
6	电焊工施工作业人员		
7	保温施工作业人员		
8	施工管理人员		
	合计		

注：以上人员根据土建施工进度分批进场。

4. 施工技术措施

(1) 认真熟悉图纸、弄清设计意图，认真组织图纸会审，做到有问题早发现、早处理。

(2) 熟悉现场、了解工程特点，掌握好各专业之间的区别和联系，加强各专业工程之间的协作，搞好各专业工序之间穿插配合和工序进行过程中的技术监督管理。

(3) 做好技术交底工作，施工前以书面形式做好技术交底，在每一项工程施工前，都要以工艺的形式进行详细的技术交底，做到交底全面、正确、详细，并确保实施，杜绝因交底不全面而发生的质量事故。

(4) 对工程采用的新设备、新技术、新材料、新工艺，依据资料找出它们的特点、要求、规律及实施办法、措施，确保工程保质、快速进行。

(5) 各系统设备器具安装前，应根据提供的有关资料、实物和原设计进行核对，根据核对结果，确定产品合格、性能是否符合设计要求，否则予以更换。在符合设计功能的前提下熟悉有关图纸资料、说明书，掌握设备和器具性能、安装方法、注意事项及特点，保证设备及器具的安装质量。

(6) 严格执行每一道工序先样板后施工的原则，对每道工序、每一环节、新工艺、新材料都要通过样板找出经验，定出质量标准和操作工艺，保证一次成优。

(7) 把好材料质量关，进入施工现场的所有材料、半成品都要进行抽样检查，根据检查结果和提供的材料鉴定证明，合格证、化验单等资料，确保材料、成品合格后方可使用。杜绝一切不合格材料进入现场施工。钢材进场时，必须有市质监站质检合格证，各种配件均做到不小于10%的单体试验。

(8) 预留、预埋必须弄清建筑轴线和标高，由技术员绘制预留、预埋图，以保证预留预埋不漏不错，同时做好预埋件加工准备和预留预埋技术交底及质量、进度检查。为防止预埋管堵塞，应确定专人巡护。

5. 质量保证措施

(1) 思想保证

加强思想教育，使全体施工人员树立"百年大计、质量第一"的思想意识，把创优质管理工作变为全体施工人员的自觉行动，要严格执行 ISO 9002 国际标准。执行质量体系程序文件，争创一流，保证工程式质量达到优良。

(2) 现场质量管理体系

建立强有力的管理网络，配备专业检查人员，做到领导有布置，操作前有交代，操作中有检查，每道工序有自检、互检、验收评定，齐抓共管、严格把关。层层落实（特别是项目管理班子）质量责任制，建立在总工程师指导下，以项目工程师为首的，具有实效的项目工程质量保证体系（图1-5）。

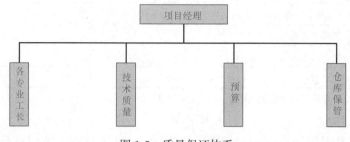

图1-5 质量保证体系

（3）措施保证

1）认真实行质量管理，贯彻自检为主，自检互检与专职检查相结合的原则。首先抓好班组自检，班组成员操作过程中要精心施工，随时自检。每天收工前和完成一定数量的成品后，组织全班组的自检，然后施工技术人员进行检验，最后由公司质量科组织专职检查，贯彻预防为主的方针，杜绝质量事故发生。

2）要严格按图施工，特别是对进口设备要详细地阅读说明书和有关资料，要掌握设备的有关规范和技术要求，各项安装工程要做出施工方案或施工技术措施，经批准后，才能进行施工。

3）加强原材料和设备的质量检查工作，并做好记录，工程材料设备质量必须达到合格，且具有合格证或材质证书，不合格的材料、设备不得发送现场。施工现场材料人员负责对进场材料、设备检查验收。不论是国内还是国外设备和材料，坚持不合格不使用的原则。

4）凡是施工隐蔽工程都要经过有关部门的验收，定出等级，并做好原始记录，否则不准隐蔽。

5）项目经理组织专业工长做好开工前技术准备，各专业工长按方案及施工图纸、规范要求和工程具体情况，编制分项分部工程施工方案，向班作业人员进行方案交底。

6）对班组及专业工长进行质量考核，分项工程达到优良，对班组结算实行优质优价；分部工程达到优良，对责任工长给以质量优良奖；单位工程达到优良，给项目经理部以施工优质奖。

7）项目专业工程师定期组织工程质量检查，公司质监科和技术管理部门组织有关人员不定期对工程施工质量进行监督检查。

8）现场施工及作业人员必须虚心接受甲方及各级质监人员的监督，及时整改质量问题。

9）加强质量意识教育，组织现场施工班组开展以"工期、质量、安全"为课题的QC小组活动，开展质量竞赛活动。

10）班组应做好各工序质量检查，以保证工程整体质量，专业工长应按分项工程向班组交代施工要求，项目质检员对工序质量实行监督检查。上道工序未作质量评定或不合格，下道工序不得施工。

11）线路未作测试，没有测试记录，不准通电。

12）与工程施工进度同步，资料员按《建筑工程资料管理规程》DBJ01—51—2003 及其培训教材搞好工程竣工资料收集整理。

13）本工程争创省优工程，进行编制本项目的创优计划，严格按照规范及项目质量计划进行施工。

（4）创优计划质量管理措施

1）生产管理措施

由项目经理召集，每天召开生产例会，每次 1h 左右，参加人员是项目部生产、技术、质量、材料、安全、各工长等有关人员，主要解决当天施工生产中进度计划的安排、劳动力协调、技术质量管理活动中存在的问题及其整改措施的落实。

2）质量例会

由项目经理召集，根据工程需要不定期进行质量活动。参加人员是项目部生产、技术、质量、各工长等有关人员，主要解决各专业各工序施工中存在的质量问题，分析、研究和掌握质量管理状况、质量管理动态。对出现的质量问题，有针对性地制订整改措施，并落实到人。

3）质量管理措施

① 专业交叉施工，协调工作至关重要。要精心组织，精心协调，要体现出预见性和超前性。各班组要识大体，顾大局；讲团结，讲友谊，互相促进，互创工作面，保证施工生产顺利进行。

② 各部门生产、技术、质量管理人员在进一步掌握"质量验评标准"的基础上，编制好各部位各分项工程施工工艺卡（材料做法汇总表），搞好细部节点设计，并据以施工。

③ 材料控制：工程所需材料、设备、成品、半成品要选择质量可靠的厂家加工订货。订货前要认真考察，订货合同要明确质量标准。严把材料进场验收关，对不合格的材料不能存放在工地，要退还厂家，更不能用在工程上，加强材料管理，要分门别类码放整齐，不要露天存放，以防风吹雨淋。

④ 施工队伍控制：使用内部技术好、素质高、经验丰富的职工。进场前分工种对职工进行考核，合格后方可持证上岗。

⑤ 工序控制：各专业、各施工段根据施工内容编好工序控制流程图，按流程图顺序组织施工，避免工序颠倒。

⑥ 严格质量验收制度：工序质量验收必须严格按照自检、互检、专检"三检"制度的流程进行，三检均合格后，报请监理验收合格后，方可进行下道工序的施工。

4）奖罚措施

① 现场未按标准工艺操作，发现一次罚班组 50～100 元，并责令改正。由项目质检员和工长负责落实，创优工作领导小组组长（副组长）督办。

② 每个分项工程经验收（创优领导小组）达到质量标准者，奖励班组 100～200 元，奖励质检员 100～200 元。经验收不合格达不到质量标准者罚班组 100～200 元，罚质量检查人员 100～200 元。由创优领导小组组长（副组长）落实。

③ 对质量不负责任，粗制滥造，严重违反操作规程并造成不良后果者，罚班组 500～1000 元，并责令整改，仍不见效者予以辞退。

④ 对现场生产、技术、质量管理人员，在自己管辖区多次发现质量问题，且造成后果的，罚有关人员 100～500 元。

⑤ 对敢于坚持原则，大胆管理，制止和纠正粗制滥造行为的人员，经核实后每次奖励 50～100 元。由创优领导小组组长（副组长）落实。

⑥对班组未进行自检或弄虚作假者，每次罚款班组 100 元。

5）培训措施

① 根据工程需要对操作工人进行培训，特殊工种确保 100%持证上岗。

② 对新技术、新材料、新工艺、新设备的操作方法，由技术部门向工长交底，工长再向班组长交底，班组长向班组工作人员对操作方法进行交底并作记录。

6. 设备及安装成品保护措施

（1）施工人员认真遵守现场成品保护制度，注意爱护建筑物内的装修、成品、设备、家具以及设施。

（2）本工程所有设备由安装公司现场材料组保管，安装前根据施工进度要求甲方或材料组将设备运至现场指定地点，交接后施工单位负责保管。

（3）设备安装前甲乙双方有关人员检查进放现场的重要设备及保温、消声材料，一定要存入库内，进行拆箱点件并做好记录，发现缺损及丢失情况，及时反映有关部门。参加人员不齐时，不得随意拆箱。

（4）设备开箱点件后对于易丢失、易损部件应指定专人负责入库妥善保管。各类小型仪表元件及进口零部件，在安装前不要拆包装，设备搬运时明露外表面应防止碰撞。

（5）配合土建的预埋电管及管口封好，以免掉进杂物。

（6）对于贵重物品、易损的仪表、零部件尽量在调试之前再进行安装，必须提前安装的应采取妥善的保护措施，以防止丢失、损坏。

（7）配电柜、箱安装后包扎塑料薄膜保护，柜箱钥匙交专人保管。

（8）电缆托盘安装后若有土建湿作业，应用塑料薄膜包扎、保护。

（9）安装期间，建筑墙面、天棚、梁柱严禁油漆污染，并由质监员进行监督。

（10）对管道、通风保温成品要加强保护，不得随意拆、碰压、防止损坏。

（11）各专业施工遇有交叉"打架"现象发生，不得擅自拆改，需经设计、甲方及有关部门在施工现场协商后解决。

（12）设备一般在安装前一周内运送现场，并作开箱检查，安装后试车前设专人巡护。

（13）消防箱安装后将箱门、附件拆下送库保管，交工前再安装复原。

（14）对安装施工中的给水排水管道、卫生器具应采取临时封堵措施，对安装好的管道、风管、设备采取必要的防表面污染措施。现场应组织成品保护小组，对安装成品、半成品、设备等进行巡护。

7. 消防保卫措施

（1）建立符合要求的"三气"库和易燃品库。"三气"库和易燃品库周围有护栏，氧气与乙炔气存放的地点要隔开，距离不小于 10m，上面有防雨防晒棚。库房用电采用防雨防爆型结构，库房设置禁止烟火的明显标志。库房昼夜有人值班，有严格的安全管理制度，库房的明显位置设置 10 个泡沫的灭火器，并定期检查，保持完好。

（2）各单位工程实行"动火证"管理制度。在动火前（气、电焊），施工地点要清理干净易燃物品，配备好泡沫灭火器，安全人员配备齐全方可发放"动火证"，没有"动火证"不能动火，特殊工种需要上岗证。

（3）施工现场禁止吸烟，在安全地点集中设置吸烟室，吸烟室符合防火条件，吸烟室门口挂牌。

（4）施工现场临时用电应符合《施工现场临时用电安全技术规范》JGJ 46—2005 和市建委颁发的施工现场临时用电的规定。

（5）编制现场临时用电施工组织设计，并严格执行。

（6）分片包干，设置专门电工负责临时用电的装、拆及维修管理。

（7）施工用配电盘、柜的设置要符合规定，注意防雨、防潮和接地，用电设备的设置、接线、防护等也必须符合规定。

（8）手持电动工具（角向砂轮机、手电钻等）的拉线插座上要设漏电保护器。所有临时输电线路的配置均必须符合规定，电缆穿越建筑物、道路等易受机械损伤的场所要加防护套管。架空电缆必须用绝缘子固定，间距不宜过大，高度不得小于 2.5m。

（9）努力抓好安全生产工作，以严肃法规落实责任、强化管理为中心，提高企业安全技术管理水平，确保全体施工人员的安全与健康。

（10）必须坚持安全第一，预防为主的方针，层层建立岗位责任制，在任何情况下不得违章指挥或违章操作。

（11）各项施工方案要分别编制安全技术措施，书面向施工人员交底。

（12）进入现场必须严格遵守现场各项规章制度，进入现场必须正确戴好安全帽，按规定系好安全带。

（13）凡 2m 以上高空作业需支搭脚手架。

（14）施工地点及附近的孔洞必须加盖牢固，防止人员高空坠落。

（15）进入施工现场不得穿高跟鞋、裙子、拖鞋，电工、电焊工必须穿绝缘鞋，戴绝缘手套。

（16）严禁酒后作业，凡酒后作业造成事故，责任自负。

（17）潮湿场所施工照明电必须用 36V 低压电，潮湿地点作业穿绝缘胶鞋。

（18）氧气瓶、乙炔瓶距离不少于 5m，距明火不得小于 10m。

（19）生产班组每月要进行两次以上的班组安全活动并记录，查漏洞、查麻痹思想，要坚持每天的班前安全教育。

（20）加强施工管理，努力降低施工成本。

（21）充分做好施工调查工作，做好施工前的各项准备，按现场情况和计划进入，工作结束或基本结束时及时撤入或转移到其他工地，保证进入工地人员不窝工，从而节约人工。

（22）全部单位工程按分部、分项工程承包，包质量，包进度，包主辅料消耗，从而提高工作效率，保证工期降低施工成本。

（23）严格主辅料管理。领料有计划（计划需经项目部有关人员审核），限额领料，超计划必须办计划追加手续，同时要经过项目部有关人员批准，凡是材料浪费、丢失均按材料管理制度罚款。节约材料有奖。材料是影响成本的主要因素，要全力抓好。

（24）各材料堆场配备专门保卫人员，各施工地点设值班人员，严禁材料丢失，对保卫人员亦实行奖惩措施。

8. 安全技术措施

(1) 努力提高安全生产工作，以严肃法规、落实责任、强化管理为中心，努力提高企业技术水平，确保全体施工人员的安全健康，现场成立安全领导小组。

(2) 参加该工程施工人员必须坚持安全第一，预防为主的方针，层层建立岗位责任制，遵守国家和企业和安全规程，在任何情况下不得违章指挥或违章操作。

(3) 各项施工方案要分别编制安全技术措施，书面向施工人员交底。

(4) 进入现场必须严格遵守现场各项规章制度，安全员对职工进行三级安全教育，组长对职工进行班前安全交底。进入现场必须正确戴好安全帽，按规定系好安全带。

(5) 凡2m以上高空作业须支搭脚手架，工长要事先提出支搭架子要求。高空作业人员必须系好安全带。

(6) 安装使用脚手架，使用前必须认真检查架子有无糟朽现象，有无探头板。施工周围应及时清理障碍物，防止钉子扎脚或其他磕碰工伤事故。

(7) 施工地点及附近的孔洞必须加盖牢固，管道竖井其预留钢筋按需要孔径切割开洞，防止人员高空坠落事故。

(8) 施工现场临时用电必须设置两级漏电保护器和专用保护零线，做到三级配电；潮湿地点作业穿绝缘胶靴。

(9) 施工现场必须使用标准电源配电箱和五芯电缆线，室外的标准配电箱必须搭设防护棚，四周设栏进行防护。

(10) 进入施工现场不得穿高跟鞋、裙子、拖鞋，电工、电焊工必须穿绝缘鞋，戴绝缘手套。

(11) 严禁酒后作业，凡酒后作业造成事故，责任自负。

(12) 电焊机、套丝机必须实行一机一闸，严禁一闸多用。一只电焊机只能接一个电焊把子。

(13) 各种手持电动工具必须使用防溅型漏电保护器和橡胶电缆，潮湿场所施工照明电必须用36V低电压，潮湿地点作业穿绝缘胶鞋。

(14) 氧气瓶、乙炔瓶距离不少于5m，距明火不得小于10m。

(15) 生产班组每月要进行两次以上的班组安全活动并记录，查漏洞、查麻痹思想，要坚持每天的班前安全教育。

9. 保卫措施

(1) 做好文明施工管理，保证进口设备及零部件不丢失，不损坏。

(2) 领出去的仪表、管件、小设备等重量小、体积小的，在安装前必须存入仓库，上账。

(3) 仓库有专人管理，领出时有领用手续。

(4) 设备安装就位前，应安装好门窗，必须设警卫人员自管，加强防范，避免造成损坏、丢失。

(5) 贵重器材和设备应指定专人保管，严格领用、借用、交接手续。

(6) 仓库保管员要加强责任心，办事认真，收发料具时要坚持认真登记、清点等制度。

10. 降低成本技术措施

施工人员必须充分熟悉工程的特点、施工范围、工艺流程、复核建筑坐标尺寸、设备位置等，充分做好施工准备，在保证质量的前提下努力搞好降低成本，增加效益。

（1）认真审查图纸，在不影响质量和设计要求的前提下，改变不合理设计，节约原材料。

（2）合理安排施工进度和作业计划，均衡安排劳动力防止窝工现象。尽量减少严寒酷暑的室外作业，提高劳动效率。

（3）提高预制标准化程度和预制件准确性，集中加工预制，减少重复运输及损耗。

（4）加强现场材料管理，按计划分期进料，防止积压，对来料的验收工作，从数量、质量、规格、型号要把关，防止不符合标准的材料进场造成浪费，施工员对进料和材料消耗做到心中有数。合理使用大型机具设备，用完及时退回，节约台班费。

（5）在施工中认真推广新工艺、新材料、新机具、新技术，降低成本。

（6）工程施工时尽量利用土建脚手架，需用另搭脚手架的，施工员应与土建办正式委托手续。

（7）对施工中的设计变更或代用材料及时办理变更代用手续或经济签证手续。

（8）班组应做到文明运输和施工，认真卸货点件，避免磕碰损坏，造成二次加工。

（9）开展群众性增产节约增收节支活动，对下脚料、废料、包装箱及时进行回收利用。同时加强小组的工具管理，爱护生产工具，修旧利废。

11. 现场材料供应和管理措施

（1）工程所需材料由现场材料组供应。

（2）现场应有与工程量相适应的场地、库房，以利主料、附料及加工件的堆放、储备。

（3）现场的设备、材料、加工件派专人负责，按生产进度、计划编制进行收、管、发的工作。

（4）库内、场内的各种材料分规格、型号码放整齐，符合上级要求。

（5）充分发挥班组料具员的作用，加强对施工班组料具的管理，防止材料和零部件的丢失，废料、下脚料及时回收。

（6）为现场文明施工的需要，应配备适当数量的人员做材料搬运与整理工作及废料回收工作。

12. 冬雨期施工措施

（1）进入现场的设备、材料避免放在低洼处，并将设备垫高，并有防雨淋日晒的措施，料场周围有畅通的排水沟以防积水。

（2）施工机具设防雨罩或置于遮雨棚内，电气设备的电源线悬挂固定。不拖拉在地，下班后拉闸断电。

（3）设备预留孔洞做好防护措施，设备在雨季时采取措施防止设备受潮，防止设备被水淹泡。

（4）施工人员进场前进行体格检查，冬季天气寒冷做好防寒保暖措施。

（5）冬季施工做好五防，即"防火、防滑、防冻、防风、防煤气中毒"。生活区用水不得随意乱泼，管道和各类容器中的水泄净，防止冻裂设备和管道，冬季无采暖措施不进行管道试压。冬季放电缆采取相应加温措施。

（6）室外工程安排应避开冬雨期，尽量避免在不利条件下施工。如因工期等要求无法保证时应做出相应的施工保护措施。

第6节　安装工程相关规范的基本内容

1.6.1　安装工程施工及验收规范

1.6.1

1. 《建筑电气工程施工质量验收规范》GB 50303—2015

本规范于 2015 年颁布，共分 25 章和 8 个附录，主要内容包括：总则，术语和代号，基本规定，变压器、箱式变电所安装，成套配电柜、控制柜（台、箱）和配电箱（盘）安装，电动机、电加热器及电动执行机构检查接线，柴油发电机组安装，UPS 及 EPS 安装，电气设备试验和试运行，母线槽安装，梯架、托盘和槽盒安装，导管敷设，电缆敷设，导管内穿线和槽盒内敷线，塑料护套线直敷布线，钢索配线，电缆头制作、导线连接和线路绝缘测试，普通灯具安装，专用灯具安装，开关、插座、风扇安装，建筑物照明通电试运行，接地装置安装，变配电室及电气竖井内接地干线敷设，防雷引下线及接闪器安装，建筑物等电位联结等。

2. 《建筑物防雷工程施工与质量验收规范》GB 50601—2010

本规范于 2010 年颁布，共分为 11 章和 5 个附录，主要内容包括：总则、术语、基本规定、接地装置分项工程、引下线分项工程、接闪器分项工程、等电位连接分项工程、屏蔽分项工程、综合布线分项工程、电涌保护器分项工程和工程质量验收等。

3. 《给水排水管道工程施工及验收规范》GB 50268—2008

本规范于 2008 年颁布，主要内容有：总则、术语、基本规定、土石方与地基处理、开槽施工管道主体结构、不开槽施工管道主体结构、沉管和桥管施工主体结构、管道附属构筑物、管道功能性试验及附录。

4. 《通风与空调工程施工质量验收规范》GB 50243—2016

（1）本规范于 2017 年 7 月 1 日起实施，共分 11 章和 6 个附录，主要技术内容是：总则、术语、基本规定、风管制作、风管部件制作、风管系统安装、风机与空气处理设备安装、空调冷热源及辅助设备安装、空调水系统管道与设备安装、防腐与绝热、系统调试、竣工验收、综合效能的测定与调整。

（2）本规范修订的主要内容是：

1）补充和完善了通风与空调工程四新技术的验收条款；

2）根据系统可独立运行与进行功能验证的原则，对本分部工程的子分部进行了重新划分；

3）引入并推荐应用现行国家标准《计数抽样检验程序　第 11 部分：小总体声称质量水平的评定程序》GB/T 2828.11 的工程质量验收批的抽样检验评定方法；

4）根据对《洁净室及相关及相关受控环境》GB/T 25915.1—6 及 ISO 14644 的规定对原附录 B 的工程验收及测试方法进行了修订。

（3）本规范中以黑体字标志的条文为强制性条文，必须严格执行。

5. 《建筑工程施工质量验收统一标准》GB 50300—2013

本规范规定了建筑工程质量验收的划分、验收合格规定、验收程序和组织，以及分部分项工程、室外工程划分和各类记录要求。在建筑工程分部质量验收中，建筑安装工程有5个分部，以及5个分部涉及的建筑节能分部工程的子分部。

6. 建筑安装工程质量验收依据

建筑安装工程质量验收评定依据主要由以下质量验收标准组成：

（1）《建筑给水排水及采暖工程施工质量验收规范》GB 50242—2002；

（2）《通风与空调工程施工质量验收规范》GB 50243—2016；

（3）《建筑电气工程施工质量验收规范》GB 50303—2015；

（4）《智能建筑工程质量验收规范》GB 50339—2013；

（5）《安全防范工程技术标准》GB 50348—2018；

（6）《电梯工程施工质量验收规范》GB 50310—2002；

（7）《火灾自动报警系统施工及验收标准》GB 50166—2019。

1.6.2　安装工程计量与计价规范

1. 《建设工程工程量清单计价规范》GB 50500—2013

1.6.2

本规范于2013年颁布，主要内容有：总则、术语、一般规定、工程量清单编制、招标控制价、投标报价、合同价款约定、工程计量、合同价款调整等共16章及附录A～附录L。

本规范适用于建设工程发承包及实施阶段的计价活动。

建设工程发承包及实施阶段的工程造价应由分部分项工程费、措施项目费、其他项目费、规费和税金组成。

使用国有资金投资的建设工程发承包，必须采用工程量清单计价。非国有资金投资的建设工程，宜采用工程量清单计价。

工程量清单应采用综合单价计价；措施项目中的安全文明施工费必须按国家或省级、行业建设主管部门的规定计算，不得作为竞争性费用。规费和税金必须按国家或省级、行业建设主管部门的规定计算，不得作为竞争性费用。

招标工程量清单必须作为招标文件的组成部分，其准确性和完整性应由招标人负责。

分部分项工程项目清单必须载明项目编码、项目名称、项目特征、计量单位和工程量。

分部分项工程项目清单必须根据相关工程现行国家计量规范规定的项目编码、项目名称、项目特征、计量单位和工程量计算规则进行编制。

2. 《通用安装工程工程量计算规范》GB 50856—2013

（1）《通用安装工程工程量计算规范》GB 50856—2013包括正文和附录两大部分，二者具有同等效力。正文共四章，包括总则、术语、工程计量、工程量清单编制。附录共十三项，内容如下：

附录A　机械设备安装工程（编码：0301）

附录B　热力设备安装工程（编码：0302）

附录C　静置设备与工艺金属结构制作安装工程（编码：0303）

附录D　电气设备安装工程（编码：0304）

附录E　建筑智能化工程（编码：0305）

附录F　自动化控制仪表安装工程（编码：0306）

附录 G　通风空调工程（编码：0307）

附录 H　工业管道工程（编码：0308）

附录 J　消防工程（编码：0309）

附录 K　给水排水、采暖、燃气工程（编码：0310）

附录 L　通信设备及线路工程（编码：0311）

附录 M　刷油、防腐蚀、绝热工程（编码：0312）

附录 N　措施项目（编码：0313）

（2）本规范与现行国家标准《市政工程工程量计算规范》GB 50857—2013 相关内容在执行上的划分界线如下：

1）本规范电气设备安装工程与市政工程路灯工程的界定：厂区、住宅小区的道路路灯安装工程、庭院艺术喷泉等电气设备安装工程按通用安装工程"电气设备安装工程"相应项目执行；涉及市政道路、市政庭院等电气安装工程的项目，按市政工程中"路灯工程"的相应项目执行。

2）本规范工业管道与市政工程管网工程的界定：给水管道以厂区入口水表井为界；排水管道以厂区围墙外第一个污水井为界；热力和燃气以厂区入口第一个计量表（阀门）为界。

3）本规范给水排水、采暖、燃气工程与市政工程管网工程的界定：室外给水排水、采暖、燃气管道以市政管道碰头井为界；厂区、住宅小区的庭院喷灌及喷泉水设备安装按本规范相应项目执行；公共庭院喷灌及喷泉水设备安装按国家标准《市政工程工程量计算规范》GB 50857—2013 管网工程的相应项目执行。

（3）本规范涉及管沟、坑及井类的土方开挖、垫层、基础、砌筑、抹灰、地沟盖板预制安装、回填、运输、路面开挖及修复、管道支墩的项目，按现行国家标准《房屋建筑与装饰工程工程量计算规范》GB 50854—2013 和《市政工程工程量计算规范》GB 50857—2013 的相应项目执行。

第 2 章　安装工程计量

第 1 节　安装工程识图基本原理与方法

2.1.1　安装工程图的主要类别和内容

一般安装工程图纸通常由以下几部分组成，以电气图纸为例：

2.1.1

1. 目录和前言

图纸目录包括序号、图纸名称、编号、张数等。

前言包括设计说明、图例、设备材料明细表、工程经费概算等。

设计说明主要阐述工程设计的依据、基本指导思想与原则，图纸中未能清楚表明的工程特点、安装方法、工艺要求、特殊设备的安装使用说明、有关的注意事项等的补充说明。

图例即图形符号，通常只列出本套图纸涉及的一些特殊图例。

设备材料明细表列出该项工程所需的主要设备和材料的名称、型号、规格和数量，供经费预算和购置设备材料时参考。

工程经费概算大致统计出工程所需的主要费用，是工程经费预算和决算的重要依据。

2. 电气系统图和框图

电气系统图主要表示整个工程或其中某一项目的供电方式和电能输送的关系，亦可表示某一装置各主要组成部分的关系。如照明系统图、电话系统图等。

电气系统图或框图是电气工程图中最基本的一类图。它常常用于表示工矿企业供电关系或某一电气装置的基本构成，但对内容的描述十分概略。

3. 电路图

电路图主要表示系统或装置的电气工作原理，又称为电气原理图（GB/T 6988 称为电路图）。

4. 接线图

接线图主要用于表示电气装置内部各元件之间及其与外部其他装置之间的连接关系，又可具体分为单元接线图、互连接线图、端子接线图、电线电缆配置图等。图 2-1 所示的电路图仅仅表示了各元件之间的功能关系，图 2-2 所示

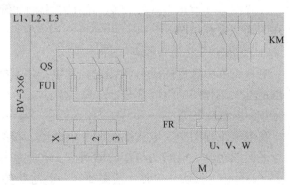

图 2-1　电动机控制接线图（示出一次元件和主电路）

为对应图 2-1 的接线图，它清楚地表示各元件之间的实际位置和连接关系。

图中 X 为端子排。在图 2-1 中，虽然元件和连接线没有完全按实际位置布置和接线，

但其相对位置还是符合实际的，例如热继电器 FR 放置在接触器 KM 的下方。

5. 电气平面图

电气平面图主要表示某一电气工程中电气设备、装置和线路的平面布置。它一般是在建筑平面图的基础上绘制出来的。常见的电气工程平面图有线路平面图、变电所平面图、电力平面图、照明平面图、弱电系统平面图、防雷与接地平面图等。

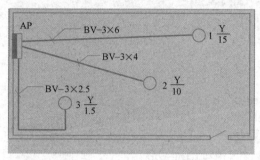

图 2-2 电力平面图示例

图 2-2 是某建筑物电力平面布置图。图中，从配电箱 AP 引出 3 条线路，分别连接 3 台电动机：

1 号电动机，Y 型电机、15kW、电源线为 BV-3×6mm²；

2 号电动机，Y 型电机、10kW、电源线为 BV-3×4mm²；

3 号电动机，Y 型电机、1.5kW、电源线为 BV-3×2.5mm²。

6. 设备元件和材料表

设备元件和材料表是把某一电气工程所需主要设备、元件、材料和有关的数据列成表格，表示其名称、符号、型号、规格、数量。这种表格是电气图的重要组成部分，它一般置于图的某一位置，也可单列成一页。为了书写的方便，通常由下往上排序。这种表格与前文中的设备材料明细表在形式上相同，但用途不同，后者主要说明图上符号所对应的元件名称和有关数据。这种表格对阅读电气图十分有用，应与图联系起来阅读。

7. 设备布置图（结构图）

设备布置图主要表示各种电气设备和装置的布置形式、安装方式及相互间的尺寸关系，通常由平面图、立面图、断面图、剖面图等组成。这种图按三面视图原理绘制，与一般机械图没有大的区别。

8. 大样图

大样图主要表示电气工程某一部件、构件的结构，用于指导加工与安装，其中一部分大样图为国家标准图。

9. 产品使用说明书用电气图

电气工程中选用的设备和装置，其生产厂家往往随产品使用说明书附上电气图。这些图也是电气工程图的组成部分。

10. 其他电气图

在电气工程图中，电气系统图、电路图、接线图、平面图是最主要的图。通常，系统图与平面图对应，电路图与接线图对应。在某些较复杂的电气工程中，为了补充和详细说明某一方面，还需要有一些特殊的电气图，如功能图、逻辑图、印制板电路图、曲线图、表格等。

2.1.2 电气安装工程主要图例及识图方法

1. 电气安装工程主要图例符号

2.1.2

电气安装工程主要图例符号如表 2-1 所示。

电气安装工程主要图例符号　　　　　　　　　表 2-1

序号	图形符号	名称	备注	序号	图形符号	名称	备注
1		变电所，配电所	规划(设计)的	17		低压断路器箱	
2		变电所，配电所	运行的	18		刀开关箱	
3	V/V	变电所	规划(设计)的	19		低压负荷开关箱	
4	V/V	变电所	运行的	20		组合开关箱	
5		柱上变电所	规划(设计)的	21		电动机起动器	
6		柱上变电所	运行的	22		阀	
7	A–B C	电杆	A-杆材或所属部门；B-杆长；C-杆号	23		电磁阀	
8		引上杆	小黑点表示电缆	24		电动阀	
9	a b/c Ad	电杆(示出灯具投照方向)	a-编号；b-杆型；c-杆高；d-容量；A-连接相序	25		按钮	
10		屏台、箱、柜的一般符号		26		一般或保护型按钮盒	示出一个按钮
11		动力或动力-照明配电箱		27		一般或保护型按钮盒	示出两个按钮
12		信号箱(板、屏)		28		密闭型按钮盒	
13		照明配电箱(屏)		29		防爆型按钮盒	
14		事故照明配电箱(屏)		30		电锁	
15		多种电源配电箱(屏)		31		热水器(示出引线)	
16		电源自动切换箱(屏)		32		电扇(示出引线)	若不会混淆，方框可省略

序号	图形符号	名称	备注	序号	图形符号	名称	备注
33		明装单相插座		51		明装双极开关	
34		暗装单相插座		52		暗装双极开关	
35		密闭(防水)单相插座		53		密闭(防水)双极开关	
36		防爆单相插座		54		防爆双极开关	
37		带接地插孔的明装单相插座		55		明装三极开关	
38		带接地插孔的暗装单相插座		56		暗装三极开关	
39		带接地插孔的密闭(防水)单相插座		57		密闭(防水)三极开关	
40		带接地插孔的防爆单相插座		58		防爆三极开关	
41		带接地插孔的明装三相插座		59		单极拉线开关	
42		带接地插孔的暗装三相插座		60		单极双控拉线开关	
43		带接地插孔的密闭(防水)三相插座		61		单极限时开关	
44		带接地插孔的防爆三相插座		62		双控开关(单极三线)	
45		插座箱(板)		63		指示灯开关	
46		带隔离变压器的插座	如剃须插座	64		多拉开关	
47		明装单极开关		65		调光器	
48		暗装单极开关		66	t	限时装置	
49		密闭(防水)单极开关		67		钥匙开关	
50		防爆单极开关		68		单管荧光灯	

续表

序号	图形符号	名称	备注	序号	图形符号	名称	备注
69		双管荧光灯		87		气体放电灯的辅助设备	
70		三管荧光灯		88		电缆交接间	
71	5	五管荧光灯		89		架空交接箱	
72		防爆荧光灯		90		落地交接箱	
73		深照型灯		91		壁龛交接箱	
74		广照型灯（配照型灯）		92		分线盒	
75		防水防尘灯		93		室内分线盒	
76		球形灯		94		室外分线盒	
77		局部照明灯		95		分线箱	
78		矿山灯		96		壁龛分线箱	
79		安全灯		97		两路分配器	
80		隔爆灯		98		四路分配器	
81		天棚灯		99		用户二分支器	
82		花灯		100		用户四分支器	
83		弯灯		101		CATV 系统出线端	
84		壁灯		102	TP	电话插座	
85		专用线路上的事故照明灯		103	TV	电视插座	
86		应急灯（自带电源）		104		火灾报警装置	

续表

序号	图形符号	名称	备注	序号	图形符号	名称	备注
105		感烟探测器		125		接地装置	有接地极
106		感温探测器		126		接地装置	无接地极
107		手动报警装置		127		向上配线	
108		水流指示器		128		向下配线	
109		消防箱按钮		129		垂直通过配线	
110		地下线路		130		变压器	
111		架空线路		131		变压器	
112		事故照明线		132		变压器	
113		50V及以下电力及照明线路		133	Wh	电度表	
114		控制及信号线路(电力及照明用)		134		断路器	
115		母线		135		隔离开关	
116		装在支柱上的封闭式母线		136		负荷开关	
117		装在吊钩上的封闭式母线		137		熔断器	
118		滑触线		138		跌开式熔断器	
119		中性线		139		熔断器式开关	
120		保护线		140		熔断器式负荷开关	
121		保护线和中性线共用					
122		具有保护和中性线的三相配线					
123		电缆铺砖保护		141		避雷器	
124		电缆穿管保护					

2. 设备和线路的标注方法

设备和线路的标注方法如表 2-2～表 2-6 所示。

设备和线路的标注方法　　　　　　　　　　　　　　　　　　　　　表 2-2

序号	标注方式	说明
1	$\dfrac{a}{b}$ 或 $\dfrac{ac}{bd}$	用电设备 a——设备编号 b——额定功率,kW c——线路首端熔断片或自动开关释放器的电流,A d——标高,m
2	$a\dfrac{b}{c}$ 或 $a-b-c$ $a\dfrac{b-c}{d(e\times f)-g}$	电力和照明设备 (1)一般标注方法 (2)当需要标注引入线的规格时 a——设备编号 b——设备型号 c——额定功率,kW d——导线型号 e——导线根数 f——导线截面,mm^2 g——导线敷设方式及部位
3	$a\dfrac{b}{c/i}$ 或 $a-b-c/i$ $a\dfrac{b-c/i}{d(e\times f)-g}$	开关及熔断器 (1)一般标注方法 (2)当需要标注引入线的规格时 a——设备编号 b——设备型号 c——额定电流,A i——整定电流,A d——导线型号 e——导线根数 f——导线截面,mm^2 g——导线敷设方式
4	$a/b-c$	照明变压器 a——一次电压,V b——二次电压,V c——额定容量,VA
5	$a-b\dfrac{c\times d\times L}{e}f$ $a-b\dfrac{c\times d\times L}{-}$	照明灯具 (1)一般标注方法 (2)灯具吸顶安装 a——灯数 b——型号或编号 c——每盏照明灯具的灯泡数 d——灯泡容量,W e——灯泡安装高等,m f——安装方式 L——光源种类,常见有: IN——白炽灯　　　　FL——荧光灯 Na——钠灯　　　　　Hg——汞灯

续表

序号	标注方式	说明
6		导线根数 (1)表示 3 根 (2)表示 3 根 (3)表示 n 根
7	F V S T	电信线路 电话 视频通电(电视) 声道(电视或无线电广播) 电报和数据传输

标注线路的文字符号   表 2-3

序号	中文名称	英文名称	常用文字代号			备注
			单字母	双字母	三字母	
1	控制线路	Control line		WC		
2	直流线路	Direct-current line		WD		
3	应急照明线路	Emergency lighting line		WE	WEL	
4	电话线路	Telephone line		WF		
5	照明线路	Illuminating(lighting)line	W	WL		
6	电力线路	Power line		WP		
7	声道(广播)线路	Sound gate(Broadcasting)line		WS		
8	电视线路	TV line		WV		
9	插座线路	Socket line		WX		

注：也可用数字序号或数字组标注线路。

线路敷设部位文字符号   表 2-4

序号	中文名称	英文名称	符号	备注
1	沿或跨梁(屋架)	Along or across Beam	AB	
2	暗敷在梁内	Concealed in beam	BC	
3	沿或跨柱敷设	Along or across column	AC	
4	暗敷在柱内	Concealed in column	CLC	
5	沿墙面敷设	On wall surface	WS	
6	暗敷在墙内	Concealed in wall	WC	
7	沿顶棚或顶板面	Along ceiling or slab surface	CE	
8	暗敷在屋面或顶板内	Concealed in ceiling or slab	CC	
9	吊顶内敷设	Recessed in ceiling	SCE	
10	地板或地面下	In floor or ground	F	

线路敷设方式文字符号　　　　表 2-5

序号	中文名称	英文名称	符号	备注
1	暗敷	Concealed	C	
2	明敷	Exposed	E	
3	铝皮线卡	Aluminum clip	AL	
4	电缆桥架	Installed in cable tray	CT	
5	金属软管	Run in flexible metal conduit	CP	
6	水煤气管	Gas tube(pipe)	G	
7	瓷绝缘子	Porcelain insulator(knob)	K	
8	钢索敷设	Supported by messenger wire	M	
9	金属线槽	Metallic raceway	MR	
10	电线管	Run in electrical metallic tubing	MT	
11	硬塑料管	Run in rigid PVC conduit	PC	
12	阻燃半硬聚氯乙烯管	Run in flame retardant semi-flexible PVC conduit	FPC	
13	聚氯乙烯波纹电线管	Run in corrugated PVC conduit	KPC	
14	塑料线卡	Plastic clip	PL	含尼龙线卡
15	塑料线槽	Installed in PVC raceway	PR	
16	焊接钢管	Run in welded steel conduit	SC	
17	直接埋设	Direct burying	DB	
18	电缆沟	Installed in cable trough	TC	
19	混凝土排管	Installed in concrete encasement	CE	

照明灯具安装方式文字符号　　　　表 2-6

序号	中文名称	英文名称	符号	备注
1	线吊式	Wire suspension type	SW	
2	链吊式	Catenary suspension type	CS	
3	管吊式	Conduit suspension type	DS	
4	壁装式	Wall mounted type	W	
5	吸顶式	Ceiling mounted type	C	注高度处绘线
6	嵌入式	Flush type	R	也适用于暗装配电箱
7	顶棚内安装	Recessed in ceiling	CR	
8	墙壁内安装	Recessed in wall	WR	
9	支架上安装	Mounted on support	S	
10	柱上安装	Mounted on column	CL	
11	座装	Holder mounting	HM	

3. 识图方法及顺序

（1）读图的原则、方法及顺序

就建筑电气施工图而言，一般遵循"六先六后"的原则，即先强电后弱电、先系统后平面、先动力后照明、先下层后上层、先室内后室外、先简单后复杂。

在进行电气施工图阅读之前一定要熟悉电气图基本知识（表达形式、通用画法、图形符号、文字符号等），弄清图例、符号所代表的内容。常用的电气工程图例及文字符号可参见国家颁布的《建筑电气工程设计常用图形和文字符号》09DX001。在此基础上，熟悉建筑电气安装工程图的特点，同时掌握一定的阅读方法，这样才有可能比较迅速、全面地读懂图纸，实现读图的意图和目的。

阅读建筑电气安装工程图的方法没有统一的规定，针对一套电气施工图，一般应先按以下顺序阅读，然后针对某部分内容进行重点阅读。

电气工程施工图的读图顺序为：标题栏→目录→设计说明→图例→系统图→平面图→电路图、接线图→标准图→设备材料表。

1）看标题栏：了解工程项目名称内容、设计单位、设计日期、绘图比例。

2）看目录：了解单位工程图纸的数量及各种图纸的编号。

3）看设计说明：了解工程概况、供电方式以及安装技术要求。特别注意的是，有些分项工程局部问题是在各分项工程图纸上说明的，看分项工程图纸时也要先看设计说明。

4）看图例：充分了解各图例符号所表示的设备器具名称及标注说明。

5）看系统图：各分项工程都有系统图，如变配电工程的供电系统图、电气工程的电力系统图、电气照明工程的照明系统图，了解主要设备、元件连接关系及它们的规格、型号、参数等，掌握该系统的组成概况。

6）看平面图：了解建筑物的平面布置、轴线、尺寸、比例，各种变配电设备、用电设备的编号、名称和它们在平面上的位置，各种变配电设备起点、终点、敷设方式及在建筑物中的走向。在通读系统图了解了系统的组成概况之后，就可以依据平面图编制工程预算和施工方案具体组织施工。所以，对平面图必须熟读。

阅读平面图的一般顺序是：总干线→总配电箱→分配电箱→用电器具。

7）看电路图、接线图：了解系统中用电设备控制原理用来指导设备安装及调试工作，在进行控制系统调试及校线工作中，应依据功能关系上至下或从左至右逐个回路阅读，电路图与接线图、端子图配合阅读。熟悉电路中各电器的性能和特点，对读懂图纸将是一个极大的帮助。

8）看标准图：标准图详细表达设备、装置、器材的安装方式方法。

9）看设备材料表：设备材料表提供了该工程所使用的设备、材料的型号、规格、数量，是编制施工方案、编制预算、材料采购的重要依据。

此外，在识图时应抓住要点进行识读，如在明确负荷等级的基础上了解供电电源的来源、引入方式和路数；了解电源的进户方式是由室外低压架空引入还是电缆直埋引入；明确各配电回路的相序、路径、管线敷设部位、敷设方式以及导线的型号和根数；明确电气设备、器件的平面安装位置等。

电气施工与土建施工结合得非常紧密，施工中常常涉及各工种之间的配合问题。电气施工平面图只反映了电气设备的平面布置情况，结合土建施工图的阅读还可以了解电气设备的立体布设情况。

熟悉施工顺序，便于阅读电气施工图。如识读配电系统图、照明与插座平面图时，应首先了解室内配线的施工顺序。施工顺序如下：

1）根据电气施工图确定设备安装位置、导线敷设方式、敷设路径及导线穿墙或板的位置。

2）结合土建施工进行各种预埋件、线管、接线盒、保护管的预埋。

3）装设绝缘支持物、线夹等，敷设导线。

4）安装灯具、开关、插座及电气设备。

5）进行导线绝缘测试、检查及通电试验。

6）工程验收。

识读时，施工图中各图纸应协调配合阅读。对于具体工程来说，为说明配电关系时需有配电系统图；为说明电气设备、器件的具体安装位置时需有平面布置图；为说明设备工作原理时需有控制原理图；为表示元件连接关系时需有安装接线图；为说明设备、材料的特性和参数时需有设备材料表等。这些图纸各自的用途不同，但相互之间是有联系并协调一致的。因此，在识读时应根据需要，将各图纸结合起来识读，以达到对整个工程或分部项目全面了解的目的。

阅读图纸的顺序没有统一的规定，可以根据自己的需要，灵活掌握，并应有所侧重，可以根据需要，对一张图纸进行反复阅读。

（2）读图注意事项

就建筑电气工程而言，读图时应注意如下事项。

1）注意阅读设计说明，尤其是施工注意事项及各分部分项工程的做法，特别是一些暗设线路、电气设备的基础及各种电气预埋件更与土建工程密切相关，读图时要结合其他专业图纸阅读。

2）注意系统图与系统图对照看，例如：供配电系统图与电力系统图、照明系统图对照看，核对其对应关系；系统图与平面图对照看，电力系统图与电力平面图对照看，照明系统图与照明平面图对照看，核对有无不对应的错误。看系统的组成与平面对应的位置，看系统图与平面图线路的敷设方式、线路的型号、规格是否保持一致。

3）注意看平面图的水平位置与其空间位置，要考虑管线缆在竖直高度上的敷设情况。对于多层建筑，要考虑相同位置上的元件、设备、管路的敷设，考虑标准层和非标准层的区别。

4）注意线路的标注，注意电缆的型号规格，注意导线的根数及线路的敷设方式。

5）注意核对图中标注的比例，特别是图纸较多且各图比例都不同时更应如此，因为导线、电缆、管路以及防雷线等以长度单位计算工作量的部分都需要用到比例。

6）读图时切忌无头无绪、毫无章法，一般应以回路、房间、某一子系统或某一子项为单位，按读图顺序一一阅读。每张图全部读完再进行下一张，在读图过程中遇到与其他图有关联的情况或标注说明时，应找出该图，但只读到关联部位了解连接方式即可，然后返回读完原图。

7）对每张图纸要进行精读，即要求熟悉每台设备和元件的安装位置及要求，每条管线的走向、布置及敷设要求，所有线缆的连接部位及接线要求，系统图、平面图及关联图样的标注应一致且无差错。

2.1.3 通风空调工程主要图例及识图方法

1. 通风空调工程主要图例符号

通风空调工程主要图例符号如表2-7～表2-11所示。

风道代号   表 2-7

序号	代号	管道名称	备注
1	SF	送风管	—
2	HF	回风管	一、二次回风可附加1、2区别
3	PF	排风管	—
4	XF	新风管	—
5	PY	消防排烟风管	—
6	ZY	加压送风管	—
7	P(Y)	排风排烟兼用风管	—
8	XB	消防补风风管	—
9	S(B)	送风兼消防补风风管	—

风道阀门及附件   表 2-8

序号	名称	图例	备注
1	矩形风管	***×***	宽×高(mm)
2	圆形风管	φ***	φ 直径(mm)
3	风管向上		—
4	风管向下		—
5	风管上升摇手弯		—
6	风管下降摇手弯		—
7	天圆地方		左接矩形风管，右接圆形风管
8	软风管		—
9	圆弧形弯头		—
10	带导流片的矩形弯头		—
11	消声器		—
12	消声弯头		—
13	消声静压箱		—
14	风管软接头		—

续表

序号	名称	图例	备用
15	对开多叶调节风阀		—
16	蝶阀		—
17	插板阀		—
18	止回风阀		—
19	余压阀	DPV　　DPV	—
20	三通调节阀		—

风口及附件　　　　　　　　　　　表2-9

序号	代号	图例	备注
1	AV	单层格栅风口,叶片垂直	—
2	AH	单层格栅风口,叶片水平	—
3	BV	双层格栅风口,前组叶片垂直	—
4	BH	双层格栅风口,前组叶片水平	—
5	O*	矩形散流器,*为出风面数量	—
6	DF	圆形平面散流器	—
7	DS	圆形凸面散流器	—
8	DP	圆盘形散流器	—
9	DX*	圆形斜片散流器,*为出风面数量	—
10	DH	圆环形散流器	—
11	B*	条缝形风口,*为条缝数	—
12	F*	细叶形斜出风散流器,*为出风面数量	—
13	FH	门铰形细叶回风口	—
14	G	扁叶形直出风散流器	—
15	H	百叶回风口	—
16	HH	门铰形百叶回风口	—
17	J	喷口	—
18	SD	旋流风口	—
19	K	蛋格形风口	—
20	KH	门铰形蛋格式回风口	—
21	L	花板回风口	—
22	CB	自垂百叶	—
23	N	防结露送风口	冠于所用类型风口代号前
24	T	低温送风口	冠于所用类型风口代号前

续表

序号	代号	图例	备注
25	W	防雨百叶	—
26	B	带风口风箱	—
27	D	带风阀	—
28	F	带过滤网	—

通风空调设备　　　　　　　　　　　　　　　　　　　　　　　　　表 2-10

序号	名称	图例	备注
1	散热器及手动放气阀		左为平面图画法,中为剖面图画法,右为系统图(Y 轴侧)画法
2	散热器及温控阀		—
3	轴流风机		—
4	轴(混)流式管道风机		—
5	离心式管道风机		—
6	吊顶式排气扇		—
7	水泵		—
8	手摇泵		—
9	变风量末端		—
10	空调机组加热、冷却盘管		从左到右分别为加热、冷却及双功能盘管
11	空气过滤器		从左至右分别为粗效、中效及高效
12	挡水板		—
13	加湿器		—
14	电加热器		—
15	板式换热器		—

序号	名称	图例	备注
16	立式明装风机盘管		—
17	立式暗装风机盘管		—
18	卧式明装风机盘管		—
19	卧式暗装风机盘管		—
20	窗式空调器		—
21	分体空调器	室内机 室外机	—
22	射流诱导风机		—
23	减振器	⊙ △	左为平面图画法,右为剖面图画法

调控仪表　　　　　　　　　　　　　　　　表 2-11

序号	名称	图例
1	温度传感器	T
2	湿度传感器	H
3	压力传感器	P
4	压差传感器	ΔP
5	流量传感器	F
6	烟感器	S

2. 识图方法及步骤

通风空调工程施工图由基本图和详图及文字说明、主要设备材料清单等组成。基本图包括系统原理图、平面图、剖面图及系统轴测图。详图包括部件加工及安装图（分设计院设计和标准通用图集两种）。

（1）设计说明

设计说明应包括下列内容：

1）工程性质、规模、服务对象及系统工作原理；

2）通风空调系统的工作方式、系列划分和组成以及系统总送风、排风量和各风口的送、排风量；

3）通风空调系统的设计参数，如室外气象参数、室内温湿度、室内含尘浓度、换气次数以及空气状态参数等；

4）施工质量要求和特殊的施工方法；

5）保温、油漆等的工作要求。

（2）系统原理方框图

这是综合性的示意图，将空气处理设备、通风管路、冷热源管路、自动调节及检测系统联结成一个整体，构成一个整体的通风空调系统，它表达了系统的工作原理及各环节的有机联系。这种图样一般通风空调系统不绘制，只是在比较复杂的通风空调工程才绘制。

（3）系统平面图

通风空调系统中，平面图表明风管、部件及设备在建筑物内的平面坐标位置。其中包括：

1）风管、送、回（排）风口、风量调节阀、测孔等部件和设备的平面位置，与建筑物的距离及各部位尺寸；

2）送、回（排）风口的空气流动方向；

3）通风空调设备的外形轮廓、规格型号及平面坐标位置。

（4）系统剖面图

剖面图表明风管、部件及设备的立面位置及标高尺寸。在剖面图上可以看出风机、风管及部件、风帽的安装高度。

（5）系统轴测图

通风空调系统轴测图又称透视图。采用轴测投影原理绘制出的系统轴测图，可以完整而形象地把风管、部件与设备之间的相对位置及空间关系表示出来。系统轴测图上还注明风管、部件及设备的标高、各段风管的规格尺寸，送、排风口的型式和风量值。系统轴测图一般用单线表示。识读系统图能帮助更好地了解和分析平面图和剖面图，更好地理解设计意图。

（6）详图

通风空调详图表明风管、部件及设备制作和安装的具体形式、方法和详细构造及加工尺寸。对于一般性的通风空调工程，通常都使用国家标准图册，只是对于一些有特殊要求的工程，则由设计部门根据工程的特殊情况设计施工详图。

（7）设备和材料清单

通风、空调施工图中的设备材料清单，是将工程中所选用的设备和材料列出规格、型号、数量，作为建设单位采购、订货的依据。

设备材料清单中所列设备、材料的规格、型号，往往满足不了预算编制的要求，如设备的规格、型号、重量等，需要查找有关产品样本或向订货单位了解情况。通风管道工程量必须按照图纸尺寸详细计算，材料清单上的数量只能作为参考。

3. 空调图纸识读实例

首先应熟悉图例符号和施工说明，看图时要将平面图与剖面图对应起来看，找出各部尺寸的对应关系，形成通风空调系统的整体概念。对于复杂的系统，还要通过系统图对其风管在空间的曲折、交叉情况分辨清楚。阅读图纸时可以顺着通风空调系统气流的方向逐段看图。对于送风系统可以从室外进风口看起，沿着管路直到送风口；对于排风系统，可以从吸风口看起，沿着管路直到室外排风帽。如图 2-3 为某车间排风系统图，设备靠墙并列着，与设备相连的竖管是直径为 220mm 的圆管，其中设有蝶阀。水平干管分别由 ϕ220mm、ϕ280mm、ϕ320mm 三段圆管组成，中间设变径三通，风管中心线距墙面 500mm，干管管顶标高为 3.5m。干管穿过墙洞伸出室外后，由直径为 320mm 的弯头向下转至风机进风口高度时，再水平向右接风机进风口，风机出风口接竖直向上的直径为 320mm 的圆形管道，顶端安装伞形风帽，标高为 8.5m。

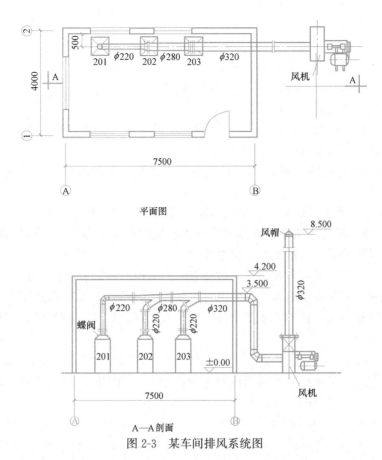

平面图

A—A剖面

图 2-3　某车间排风系统图

2.1.4　消防工程主要图例及识图方法

1. 消防工程主要图例符号

消防工程主要图例符号如表 2-12 所示。

2.1.4

消防工程常用图例　　　　　　　　　　　　　表 2-12

图例	名称	图例	名称	图例	名称
	火灾显示盘	Yᵇ	感烟探测器（并联子底座）		非消防电源
	喇叭	!	感温探测器		接线端子箱
	警铃	L	水流指示器		控制模块
	感烟探测器	Y	手动报警器		室外消防火栓

2. 消防给水工程平面图识图方法及步骤

建筑消防给水工程平面布置图主要反映下列内容：

1）消防给水管道走向与平面布置。管材的名称、规格、型号、尺寸、管道支架的平

99

面位置。

2）消防设备的平面位置，引用大样图的索引号，立管位置及编号。通过平面图，可以知道立管的前后、左右关系、相距尺寸。

3）管道的敷设方式、连接方式、坡度及坡向。

4）管道剖面图的剖切符号、投影方向。

5）底层平面图应有引入管、水泵接合器等，以及建筑物的定位尺寸、穿建筑物外墙管道的标高、防水套管型式等，还应有指北针。

6）消防水池、消防水箱的位置与技术参数，消防水泵、消防气压罐的位置、型式、规格与技术参数。

7）自动喷水灭火系统中的喷头型式与布置尺寸、水力警铃位置等。

8）当有屋顶水箱时，屋顶给水排水平面图应反映出水箱容量、平面位置、进出水箱的各种管道的平面位置、管道支架、保温等内容。

建筑消防给水工程平面布置图识读时要查明消火栓的布置、口径大小及消防箱的型式与位置，消火栓一般装在消防箱内，但也可以装在消防箱外面。当装在消防箱外面时，消火栓应靠近消防箱安装。消防箱底距地面 1.10m，有明装、暗装和单门、双门之分，识图时都要区分清楚。

除了普通消防系统外，在物资仓库、厂房和公共建筑等重要部位，往往设有自动喷洒灭火系统或水幕灭火系统，如果遇到这类系统，除了弄清管路布置、管径、连接方法外，还要查明喷头及其他设备的型号、构造和安装要求。

3. 建筑消防给水工程系统图识读实例

建筑消防给水工程系统图的识读方法与建筑给水工程系统图的识读方法相同。

图 2-4 为室内消火栓给水展开系统原理图，室内消火栓给水管道的标注为"XH"。

在识读室内消火栓给水展开系统原理图时，可按由下而上，沿水流方向，先干管、后支管的原则；也可以按其系统的组成来识读。由下而上来看，由 2 台消防增压泵、2 根 $DN100$ 出水管接入设在地下室内或者建筑物周边地下的室内消火栓给水环状管网，环状管网管径为 $DN150$，再由环状管网向上向下引伸。地下室使用的消火栓由环状管网分别接出，共有 7 处（XHL-D1～XHL-D7），引出支管管径均为 $DN70$，并在每根支管上设有阀门（消防系统上使用的阀门可以是闸阀或者蝶阀，但必须有示开闭的装置，所以一般采用明杆的或信号的阀门）。地下室内的 7 个消火栓中有 6 个（XHL-D2～XHL-D7）带有 SN25 自救灭火喉，1 个（XHL-D1）未带。环状管在室外接出 2 座消防水泵接合器（SQS100-E 型）；在环状管上设有 4 个阀门，满足系统安全和检修的需要；环状管网在泵房部分设有 1 个安全阀（$DN150$），保证系统安全（不超过设计的压力值，如本工程设定为 1.6MPa）。

再由环状管网上引出 2 根干管，管径 $DN150$。2 根引出的干管在二层楼面板下对接，形成横干管。横干管接 2 个 $DN70$（XHL-A1 和 XHL-A2）和 3 个 $DN100$（XHL-1～XHL-3）的管道，并分别在接出处设置阀门，共 5 个阀门（3 个 $DN100$、2 个 $DN70$）。在一层设有 5 个消火栓，XHL-1、XHL-2、XHL-A、XHL-B 带有 SN25 自救灭火喉，1 个"XHL-3"未带；3 个 $DN100$（XHL-1～XHL-3）的管道向上伸到屋面。每层设 3 个消火栓（XHL-1、XHL-2 有 SN25 自救灭火喉，XHL-3 未带自救灭火喉）。

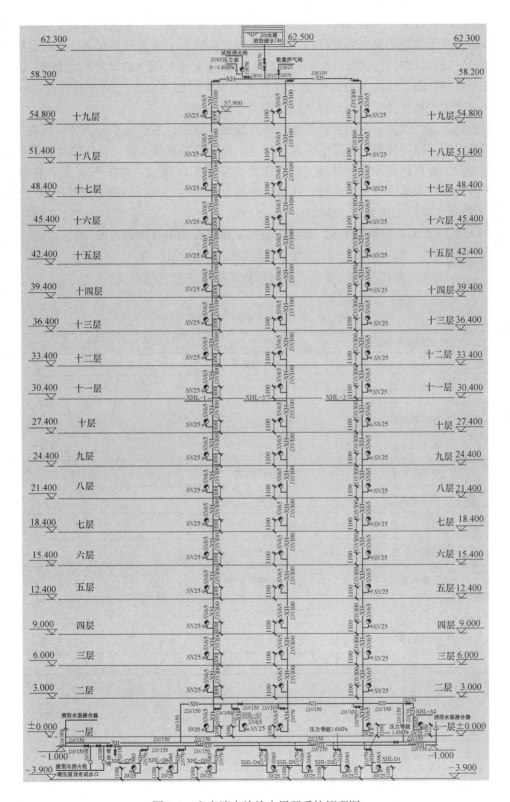

图 2-4　室内消火栓给水展开系统原理图

3 根立管（XHL-1、XHL-2、XHL-3）在屋面上分别设置 1 个阀门（DN100），并通过 1 根消防横干管把 3 根立管连接在一起。在屋面消防横干管上另外接出 1 个带有压力表（0～1.6MPa）的试验消火栓，接出 1 个 DN25 的微量排气阀（自动排除系统集气）。屋面消防干管继续向上接屋面消防水箱，满足火灾发生时室内消火栓给水系统前 10min 内的用水，消防水箱各种管道接口详见相应的大样图。

应特别注意在识读室内消火栓给水展开系统原理图时，还要与平面图和相应的大样图对照起来识读，以明确消火栓箱的方向与位置，横干管的具体走法，消防水池、消防水箱的具体接管位置与标高等；另外还要注意图面文字说明的阅读，本图图面文字说明是 11 层以下消火栓采用减压稳压消火栓，阀后设定压力值为 0.25MPa，即经过减压稳压后栓口压力值余 0.25MPa。

2.1.5

2.1.5 给水排水、采暖、燃气工程主要图例及识图方法

1. 给水排水、采暖、燃气工程主要图例符号

给水排水、采暖、燃气工程主要图例符号见表 2-13。

建筑给水、排水工程施工图常用图例 表 2-13

序号	名称	图例	备注
A		管道类别	
1	生活给水管	——J——	
2	热水给水管	——RJ——	
3	热水回水管	——RH——	
4	中水给水管	——ZJ——	
5	循环给水管	——XJ——	
6	循环回水管	——XH——	
7	热媒给水管	——RM——	
8	热媒回水管	——RMH——	
9	蒸气管	——Z——	
10	凝结水管	——N——	
11	废水管	——F——	可与中水源水管合用
12	压力废水管	——YF——	
13	通气管	——T——	
14	污水管	——W——	
15	压力污水管	——YW——	
16	雨水管	——Y——	

续表

序号	名称	图例	备注
A		管道类别	
17	压力雨水管	——YY——	
18	膨胀管	——PZ——	
19	保温管		
20	多孔管		
21	地沟管		
22	防护套管		
23	管道立管	XL-1　XL-1 平面　系统	X:管道类别;L:立管;1:编号
24	伴热管		
25	空调凝结水管	——KN——	
26	排水明沟	坡向 →	
27	排水暗沟	坡向 →	
B		管道附件	
1	套管伸缩器		
2	方形伸缩器		
3	刚性防水套管		
4	柔性防水套管		
5	波纹管		
6	可曲挠橡胶接头		
7	管道固定支架		
8	管道滑动支架		
9	立管检查口		
10	清扫口	平面　系统	

序号	名称	图例	备注
B		管道附件	
11	通气帽	成品 铅丝球	
12	雨水斗	YD - 平面 YD - 系统	
13	排水漏斗	平面 系统	
14	圆形地漏		通用,如为无水封,地漏应加存水弯
15	方形地漏		
16	自动冲洗水箱		
17	挡墩		
18	减压孔板		
19	Y 形除污器		
20	毛发聚集器	平面 系统	
21	防回流污染止回阀		
22	吸气阀		
C		管道连接	
1	法兰连接		
2	承插连接		
3	活接头		
4	管堵		
5	法兰堵盖		
6	弯折管		表示管道向后及向下弯转90°

续表

序号	名称	图例	备注
C		管道连接	
7	三通连接		
8	四通连接		
9	盲板		
10	管道丁字上接		
11	管道丁字下街		
12	管道交叉		
D		管件	
1	偏心异径管		
2	异径管		
3	乙字管		
4	喇叭口		
5	转动接头		
6	短管		
7	存水弯		
8	弯头		
9	正三通		
10	斜三通		
11	正四通		
12	斜四通		
13	浴盆排水件		

续表

序号	名称	图例	备注
E		阀门	
1	闸阀		
2	角阀		
3	三通阀		
4	四通阀		
5	截止阀		
6	电动阀		
7	液动阀		
8	气动阀		
9	减压阀		左侧为高压端
10	旋塞阀	平面　系统	
11	底阀		
12	球阀		
13	隔膜阀		
14	气开隔膜阀		
15	气闭隔膜阀		
16	温度调节阀		
17	压力调节阀		
18	电磁阀	M	
19	止回阀		
20	消声止回阀		
21	蝶阀		
22	弹簧安全阀		左为通用

续表

序号	名称	图例	备注
E		阀门	
23	平衡锤安全阀		
24	自动排气阀	平面 系统	
25	浮球阀	平面 系统	
26	延时自闭冲洗阀		
27	吸水喇叭口	平面 系统	
28	疏水器		
F		给水配件	
1	放水龙头		左侧为平面,右侧为系统
2	皮带龙头		左侧为平面,右侧为系统
3	洒水(栓)龙头		
4	化验龙头		
5	肘式龙头		
6	脚踏开关		
7	混合水龙头		
8	旋转水龙头		
9	浴盆带喷头混合水龙头		
G		卫生设备及水池	
1	立式洗脸盆		
2	台式洗脸盆		
3	挂式洗脸盆		

续表

序号	名称	图例	备注
G		卫生设备及水池	
4	浴盆		
5	化验盆、洗涤盆		
6	带沥水板洗涤盆		不锈钢制品
7	盥洗槽		
8	污水池		
9	妇女卫生盆		
10	立式小便器		
11	壁挂式小便器		
12	蹲式大便器		
13	坐式大便器		
14	小便槽		
15	沐浴喷头		
H		小型给水排水构筑物	
1	矩形化粪池	HC	HC 为化粪池代号
2	圆形化粪池	HC	
3	隔油池	YC	YC 为除油池代号
4	沉淀池	CC	CC 为沉淀池代号
5	降温池	JC	YC 为降温池代号
6	中和池	ZC	ZC 为中和池代号

序号	名称	图例	备注
H		小型给水排水构筑物	
7	雨水口		单口
			双口
8	阀门井检查井		
9	水封井		
10	跌水井		
11	水表井		
I		给水排水设备	
1	水泵	平面　系统	
2	潜水泵		
3	定量泵		
4	管道泵		
5	卧式热交换器		
6	立式热交换器		
7	快速管式热交换器		
8	开水器		
9	喷射器		小三角为进水阀
10	除垢器		
11	水锤消毒器		
12	浮球液位器		
13	搅拌器		

序号	名称	图例	备注
J		给水排水专业所用仪表	
1	温度计		
2	压力表		
3	自动记录压力表		
4	压力控制器		
5	水表		
6	自动记录流量计		
7	转子流量计		
8	真空表		
9	温度传感器	-----[T]-----	
10	压力传感器	-----[P]-----	
11	pH 值传感器	-----[pH]-----	
12	酸传感器	-----[H]-----	
13	碱传感器	-----[Na]-----	
14	余氧传感器	-----[Cl]-----	

2. 给水排水、采暖、燃气工程识图方法及步骤

（1）室内给水工程施工图

室内给水系统的组成一般分为：外管→进户管→水表井→水平干管→立管→水平支管→用水设备。

识读给水施工图一般按如下顺序：首先阅读施工说明，了解设计意图再由平面图对照系统图阅读，一般按供水流向，由底层至顶层逐层看图；弄清整个管路全貌后，再对管路中的设备、器具的数量、位置进行分析；最后要了解和熟悉给水排水设计和验收规范中部分卫生器具的安装高度，以利于量截和计算管道工程量。

（2）室内排水工程施工图

室内排水系统的组成一般分为：卫生设备→水平支管→立管→水平干管→垂直干管→

出户管→室外检查井。

室内排水工程施工图的内容与给水工程相同，主要包括平面图、系统图及详图等。阅读时将平面图和系统图结合起来，从用水设备起，沿排水的方向进行顺序阅读。

（3）采暖工程施工图

首先阅读施工说明，了解设计意图；在识读平面图时应着重了解整个系统的平面布置情况，首先找到采暖管道的进出口位置，供暖和回水干管的走向；在识读系统图时应着重了解立管的根数及分布情况；最后弄清系统中散热设备和其他附件的安装位置。

（4）给水排水工程施工图识读举例

图 2-5 和图 2-6 所示为某男卫生间给水排水工程施工图。其中，图 2-5 是室内给水排水工程平面图，图 2-6 是室内给水排水系统图。

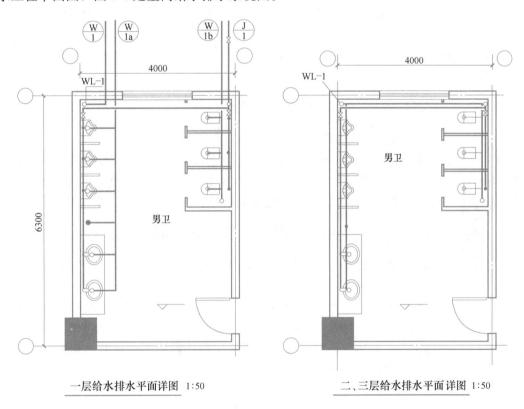

一层给水排水平面详图 1:50   二、三层给水排水平面详图 1:50

图 2-5　室内给水排水工程平面图

识读过程如下：

1）首先阅读施工说明，了解设计意图。

2）阅读给水平面图和系统图，可以了解到：给水管⑪从－0.90 处引入室内，经立管 JL-1 引向二层和三层。

JL-1 在标高 3.10m 处水平敷设支管，分两路，一路向卫生间内三个蹲式便器供水，一路向三个小便器和面盆供水。大便器延时自闭阀安装高度 1.2m，小便器三角阀安装高度 1.15m，面盆三角阀安装高度 0.50m。

二层、三层平面布置同一层。

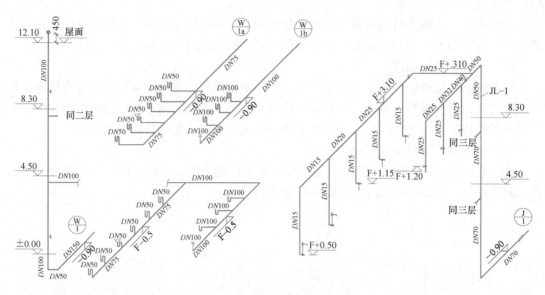

图 2-6 室内给水排水系统图

3) 由排水系统图可知：该工程室内排水由 W1 系统组成。

W1 由屋面至地面以下－0.90m 处，楼面以上设透气帽。三层、二层的蹲式便器、小便器和面盆的污水由水平支管在标高 4.00m、7.80m 处通向 WL-1 立管，底层的污水单独敷设管道，在标高－0.90m 处通向户外。

第2节　常用安装工程工程量计算规则及应用

2.2.1　### 2.2.1　电气安装工程工程量清单计算规则

1. 变压器

变压器和消弧线圈安装，分型号、容量、电压、油过滤要求等，按设计图示数量以"台"为计量单位。工作内容包括：本体安装，基础型钢制作、安装，油过滤，干燥，接地，网门、保护门制作、安装，补刷（喷）油漆等。变压器油如需试验、化验、色谱分析，应按措施项目相关项目编码列项。

2. 配电装置

其包括断路器、真空接触器、隔离开关、负荷开关、互感器、高压熔断器、避雷器、干式电抗器、油浸电抗器、移相及串联电容器、集合式并联电容器、并联补偿电容器组架、交流滤波装置组架、高压成套配电柜、组合型成套箱式变电站等，分型号、容量、电压等级、安装条件、操作机构名称及型号、基础型钢规格、接线材质、规格、安装部位、油过滤要求，以"台（个、组）"计算。

说明：

1) 空气断路器的储气罐及储气罐至断路器的管路按工业管道工程相关项目列项。

2) 干式电抗器项目适用于混凝土电抗器、铁芯干式电抗器、空心干式电抗器等。

3) 设备安装未包括地脚螺栓、浇筑（二次灌浆、抹面），如需要按《房屋建筑与装饰工程工程量计算规范》GB 50854—2013 列项。

3. 母线

（1）软母线、组合软母线按名称、材质、型号、规格，绝缘子类型、规格，按设计图示尺寸以单相长度"m"计算（含预留长度）。

（2）带形母线按名称、型号、规格、材质，绝缘子类型、规格，穿墙套管材质、规格，穿通板材质、规格，母线桥材质、规格，引下线材质、规格，伸缩节、过渡板材质、规格，分相漆品种，按设计图示尺寸以单相长度"m"计算（含预留长度）。

（3）槽形母线按名称、型号、规格、材质，连接设备名称、规格，分相漆品种，按设计图示尺寸以单相长度"m"计算（含预留长度）。

（4）共箱母线按名称、型号、规格、材质，按设计图示尺寸以中心线长度"m"计算。

（5）低压封闭式插接母线槽按名称、型号、规格、容量（A）、线制、安装部位，按设计图示尺寸以中心线长度"m"计算。

（6）始端箱、分线箱按名称、型号、规格、容量，按设计图示数量以"台"计算。

（7）重型母线按名称、型号、规格、容量、材质，绝缘子类型、规格，伸缩器及导板规格，按设计图示尺寸以质量"t"计算。

（8）软母线安装预留长度按表 2-14 计算。

软母线安装预留长度　单位：m/根　　　　　　　　表 2-14

项目	耐张	跳线	引下线、设备连接线
预留长度	2.5	0.8	0.6

（9）硬母线配置安装预留长度按表 2-15 的规定计算。

硬母线配置安装预留长度　单位：m/根　　　　　　　　表 2-15

序号	项目	预留长度	说明
1	带形、槽形母线终端	0.3	从最后一个支持点算起
2	带形、槽形母线与分支线连接	0.5	分支线预留
3	带形母线与设备连接	0.5	从设备端子接口算起
4	多片重形母线与设备连接	1.0	从设备端子接口算起
5	槽形母线与设备连接	0.5	从设备端子接口算起

4. 控制设备及低压电器

（1）控制屏、继电、信号屏、模拟屏、低压开关柜（屏）、弱电控制返回屏、硅整流柜、可控硅柜、低压电容器柜、自动调节励磁屏、励磁灭磁屏、蓄电池屏（柜）、直流馈电屏、事故照明切换屏、控制台、控制箱、配电箱、插座箱按名称、型号、规格、种类，基础型钢型式、规格，接线端子材质、规格，端子板外部接线材质、规格，小母线材质、规格，屏边规格、安装方式等按设计图示数量以"台"计算。

（2）箱式配电室按名称、型号、规格、种类，基础型钢型式、规格，基础规格、浇筑材质按设计图示数量以"套"计算。

（3）控制开关、低压熔断器、限位开关、按设计图示数量"个"计算；控制器、接触器、磁力启动器、Y-△自耦减压启动器、电磁铁（电磁制动器）、快速自动开关、油浸频敏变阻器，端子箱、风扇按设计图示数量以"台"计算。电阻器按设计图示数量以"箱"计算。

（4）分流器、小电器、照明开关、插座、其他电器按名称、型号、规格、种类、容量（A）等按设计图示数量以"个（套、台）"计算。

说明：

1）控制开关包括：自动空气开关、刀型开关、铁壳开关、胶盖刀闸开关、组合控制开关、万能转换开关、风机盘管三速开关、漏电保护开关等。

2）小电器包括：按钮、电笛、电铃、水位电气信号装置、测量表计、继电器、电磁锁、屏上辅助设备、辅助电压互感器、小型安全变压器等。

3）其他电器安装指本节未列的电器项目。

4）其他电器必须根据电器实际名称确定项目名称，明确描述工作内容、项目特征、计量单位、计算规则。

5）盘、箱、柜的外部进出电线预留长度见表2-16。

盘、箱、柜的外部进出线预留长度　单位：m/根　　　表2-16

序号	项目	预留长度	说明
1	各种箱、柜、盘、板、盒	高+宽	盘面尺寸
2	单独安装的铁壳开关、自动开关、刀开关、启动器、箱式电阻器、变阻器	0.5	从安装对象中心算起
3	继电器、控制开关、信号灯、按钮、熔断器等小电器	0.3	从安装对象中心算起
4	分支接头	0.2	分支线预留

5. 蓄电池

蓄电池、太阳能电池安装按名称、型号、容量，防震支架形式、材质，充放电要求，安装方式，按设计图示数量以"个（组）"计算。

6. 电机检查接线及调试

发电机、调相机、普通小型直流电动机、可控硅调速直流电动机、普通交流同步电动机、低压交流异步电动机、高压交流异步电动机、交流变频调速电动机、微型电机、电加热器、电动机组、备用励磁机组、励磁电阻器按名称、型号、容量、接线端子材质、规格，干燥要求、启动方式，按设计图示数量以"台（组）"计算。

说明：

1）可控硅调速直流电动机类型指一般可控硅调速直流电动机、全数字式控制可控硅调速直流电动机。

2）交流变频调速电动机类型指交流同步变频电动机、交流异步变频电动机。

3）电动机按其质量划分为大、中、小型3t以下为小型，3~30t为中型，30t以上为大型。

7. 滑触线装置

滑触线装置安装按名称、型号、规格、材质，支架形式、材质，移动软电缆材质、规格、安装部位，拉紧装置类型，伸缩接头材质、规格按设计图示尺寸以单相长度"m"计算（含预留长度）。

说明：

1）支架基础铁件及螺栓是否浇筑需说明。

2）滑触线安装预留长度见表2-17。

滑触线安装预留长度　单位：m/根　　　　　　　　　　　　表 2-17

序号	项目	预留长度	说明
1	圆钢、铜母线与设备连接	0.2	从设备接线端子接口算起
2	圆钢、铜滑触线终端	0.5	从最后一个固定点算起
3	角钢滑触线终端	1.0	从最后一个固定点算起
4	扁钢滑触线终端	1.3	从最后一个固定点算起
5	扁钢母线分支	0.5	分支线预留
6	扁钢母线与设备连接	0.5	从设备接线端子接口算起
7	轻轨滑触线终端	0.8	从最后一个支持点算起
8	安全节能及其他滑触线终端	0.5	从最后一个固定点算起

8. 电缆

（1）电力电缆、控制电缆按名称、型号、规格、材质、敷设方式、部位、电压等级、地形，按设计图示尺寸以长度"m"计算（含预留长度及附加长度）。

（2）电缆保护管、电缆槽盒、铺砂、盖保护板（砖）按名称、型号、规格、材质等，按设计图示尺寸以长度"m"计算。

（3）电力电缆头、控制电缆头按名称、型号、规格、材质、安装部位、电压等级，按设计图示数量以"个"计算。

（4）按名称、材质、方式、部位，防火堵洞按设计图示数量以"处"计算；防火隔板按设计图示尺寸以面积"m²"计算；防火涂料按设计图示尺寸以质量"kg"计算。

（5）电缆分支箱，按名称、型号、规格，基础型式、材质、规格，按设计图示数量以"台"计算。

说明：

1）电缆穿刺线夹按电缆头编码列项。

2）电缆井、电缆排管、顶管，应按《市政工程工程量计算规范》GB 50857—2013 相关项目编码列项。

3）电缆敷设预留长度及附加长度见表 2-18。

电缆敷设预留及附加长度　　　　　　　　　　　　　　　　表 2-18

序号	项目	预留（附加）长度	说明
1	电缆敷设弛度、波形弯度、交叉	2.5%	按电缆全长计算
2	电缆进入建筑物	2.0m	规范规定最小值
3	电缆进入沟内或吊架时引上（下）预留	1.5m	规范规定最小值
4	变电所进线、出线	1.5m	规范规定最小值
5	电力电缆终端头	1.5m	检修余量最小值
6	电缆中间接头盒	两端各留 2.0m	检修余量最小值
7	电缆进控制、保护屏及模拟盘、配电箱等	高＋宽	按盘面尺寸
8	高压开关柜及低压配电盘、箱	2.0m	盘下进出线
9	电缆至电动机	0.5m	从电动机接线盒算起
10	厂用变压器	3.0m	从地坪算起
11	电缆绕过梁柱等增加长度	按实计算	按被绕物的断面情况计算增加长度
12	电梯电缆与电缆架固定点	每处 0.5m	规范规定最小值

9. 防雷及接地装置

（1）接地极按名称、材质、规格、土质，基础接地型式，按设计图示数量以"根（块）"计算。

（2）接地母线、避雷引下线、均压环、避雷网按名称、规格、材质、安装方式、安装部位，断接卡子、箱材质、规格，混凝土块标号等，按设计图示尺寸以长度"m"计算（含附加长度）。

（3）避雷针按名称、规格、材质、安装方式和高度以"根"计算；半导体少长针消雷装置按设计图示数量以"套"计算。

（4）等电位端子箱、测试板按名称、规格、材质按设计图示数量以"台"计算；浪涌保护器按名称、规格、安装方式、防雷等级按设计图示数量以"个"计算；绝缘垫按名称、规格、材质按设计图示尺寸以展开面积"m^2"计算；降阻剂按名称、类型按设计图示以质量"kg"计算。

说明：

1）利用桩基础作接地极，应描述桩台下桩的根数，每桩台下需焊接柱筋根数，其工程量按柱引下线计算；利用基础钢筋作接地极按均压环项目编码列项；

2）利用柱筋作引下线的，需描述柱筋焊接根数；

3）利用圈梁筋作均压环的，需描述圈梁筋焊接根数；

4）使用电缆、电线作接地线，应按相关项目编码列项；

5）接地母线、引下线、避雷网附加长度见表2-19。

接地母线、引下线、避雷网附加长度　　　　　　　表 2-19

项目	附加长度	说明
接地母线、引下线、避雷网附加长度	3.9%	按接地母线、引下线、避雷网全长计算

10. 10kV 以下架空配电线路

（1）电杆组立按名称、材质、规格、类型、地形、土质，底盘、拉盘、卡盘规格，拉线材质、规格、类型，现浇基础类型、钢筋类型、规格，基础垫层要求，电杆防腐要求，按设计图示数量以"根（基）"计算。

（2）横担组装按名称、材质、规格、类型、电压等级、瓷瓶型号、规格，金具品种规格，按设计图示数量以"组"计算。

（3）导线架设按名称、型号、规格、地形、跨越类型，按设计图示尺寸单线长度以"km"计算（含预留长度）。架空导线预留长度见表2-20。

架空导线预留长度　单位：m/根　　　　　　　表 2-20

项目		预留长度
高压	转角	2.5
	分支、终端	2.0
低压	分支、终端	0.5
	交叉跳线转角	1.5
	与设备连线	0.5
	进户线	2.5

（4）杆上设备按名称、型号、规格、电压等级（kV），支撑架种类、规格，接线端子材质、规格，接地要求，按设计图示数量以"台（组）"计算。

11. 配管、配线

（1）配管、线槽、桥架按名称、材质、规格、配置方式、接地要求，钢索材质、规格，按设计图示尺寸长度以"m"计算。

（2）配线按名称、配线方式、型号、规格、材质、配线部位、配线线制，钢索材质和规格，按设计图示尺寸单线长度以"m"计算（含预留长度）。

（3）接线箱、接线盒按名称、材质、规格、安装方式，按设计图示数量以"个"计算。

说明：

1）配管、线槽安装不扣除管路中间的接线箱（盒）、灯头盒、开关盒所占长度。

2）配管名称指电线管、钢管、防爆管、塑料管、软管、波纹管等。

3）配管配置形式指明、暗配、吊顶内、钢结构支架、钢索配管、埋地敷设、水下敷设、砌筑沟内敷设等。

4）配线名称指管内穿线、瓷夹板配线、塑料夹板配线、绝缘子配线、槽板配线、塑料护套配线、线槽配线、车间带形母线等。

5）配线形式指照明线路、动力线路、木结构、顶棚内、砖、混凝土结构、沿支架、钢索、屋架、梁、柱、墙以及跨屋架、梁、柱。

6）配线保护管遇到下列情况之一时，应增设管路接线盒和拉线盒：①导管长度每大于40m，无弯曲；②导管长度每大于30m，有1个弯曲；③导管长度每大于20m，有2个弯曲；④导管长度每大于10m，有3个弯曲。垂直敷设的电线保护管遇到下列情况之一时，应增设固定导线用的拉线盒：①管内导线截面为 $50mm^2$ 及以下，长度每超过30m；②管内导线截面为 $70\sim95mm^2$，长度每超过20m；③管内导线截面为 $120\sim240mm^2$，长度每超过18m。

7）配管安装中不包括凿槽、刨沟，应按相关项目编码列项。

8）配线进入箱、柜、板的预留长度见表2-21。

配线进入箱、柜、板的预留长度　单位：m/根　　　　　　表2-21

序号	项目	预留长度（m）	说明
1	各种开关箱、柜、板	高＋宽	盘面尺寸
2	单独安装（无箱、盘）的铁壳开关、闸刀开关、启动器、线槽进出线盒等	0.3	从安装对象中心算起
3	由地面管子出口引至动力接线箱	1.0	从管口计算
4	电源与管内导线连接（管内穿线与软、硬母线接点）	1.5	从管口计算
5	出户线	1.5	从管口计算

12. 照明器具

（1）普通灯具、工厂灯按名称、型号、规格、安装方式，按设计图示数量以"套"计算。

（2）高度标志（障碍）灯、装饰灯、荧光灯、医疗专用灯、一般路灯、中杆灯、高杆灯、桥栏杆灯、地道涵洞灯，按名称、型号、规格、安装方式等，按设计图示数量以

"套"计算。

说明：

1）普通灯具包括：圆球吸顶灯、半圆球吸顶灯、方形吸顶灯、软线吊灯、座灯头、吊链灯、防水吊灯、壁灯等。

2）工厂灯包括：工厂罩灯、防水灯、防尘灯、碘钨灯、投光灯、泛光灯、混光灯等。

3）高度标志（障碍）灯包括：烟囱标志灯、高塔标志灯、高层建筑屋顶障碍指示灯等。

4）装饰灯包括：吊式、吸顶式、荧光、几何型组合、水下（上）艺术装饰灯和诱导装饰灯、标志灯、点光源艺术灯、歌舞厅灯具、草坪灯具等。

5）医疗专用灯包括：病房指示灯、病房暗脚灯、紫外线杀菌灯、无影灯等。

6）中杆灯是指安装在高度未超过 19m 的灯杆上的照明器具。

7）高杆灯是指安装在高度超过 19m 的灯杆上的照明器具。

13. 附属工程

铁构件按名称、材质、规格，按设计图示尺寸以质量"kg"计算；凿（压）槽按名称、类型、填充（恢复）方式、混凝土标准，按设计图示尺寸以长度"m"计算；打洞（孔）、人（手）孔防水按名称、规格、类型、防水材质及做法等，按设计图示尺寸以长度"m"计算；管道包封、人（手）孔砌筑按名称、规格、类型、混凝土强度等级，按设计图示数量以"个"计算。

14. 电气调整试验

电力变压器系统、送配电装置系统、特殊保护装置、自动投入装置、中央信号装置、事故照明切换装置、不间断电源、母线、避雷器、电容器、接地装置、电抗器、消弧线圈、电除尘器，硅整流设备、可控硅整流装置、电缆试验，按名称、材质、规格等，按设计图示数量以"系统（台、套、组次）"计算。

说明：

1）功率大于 10kW 电动机及发电机的启动调试用的蒸气、电力和其他动力能源消耗及变压器空载试运转的电力消耗及设备需烘干处理应说明。

2）配合机械设备及其他工艺的单体试车，应按措施项目相关项目编码列项。

3）计算机系统调试应按自动化控制仪表安装工程相关项目编码列项。

15. 其他相关问题及说明

（1）"电气设备安装工程"适用于 10kV 以下变配电设备及线路的安装工程、车间动力电气设备及电气照明、防雷及接地装置安装、配管配线、电气调试等。

（2）挖土、填土工程，应按《房屋建筑与装饰工程工程量计算规范》GB 50854—2013 相关项目编码列项。

（3）开挖路面，应按《市政工程工程量计算规范》GB 50857—2013 相关项目编码列项。

（4）过梁、墙、楼板的钢（塑料）套管，应按采暖、给水排水、燃气工程相关项目编码列项。

（5）除锈、刷漆（补刷漆除外）、保护层安装，应按刷油、防腐蚀、绝热工程相关项目编码列项。

(6) 由国家或地方检测验收部门进行的检测验收，应按措施项目编码列项。

2.2.2 通风空调工程工程量计量规则

2.2.2

1. 主要内容

通风空调工程共设 4 个分部、52 个分项工程。包括通风空调设备及部件制作安装、通风管道制作安装、通风管道部件制作安装、通风工程检测、调试。适用于工业与民用通风（空调）设备及部件、通风管道及部件的制作安装工程。

2. 通风空调项目计量规则

（1）通风空调设备及部件制作安装

本分部工程包括空气加热器（冷却器）、除尘设备、空调器、风机盘管、表冷器、密闭门、挡水板、滤水器（溢水盘）、金属壳体、过滤器、净化工作台、风淋室、洁净室、除湿机、人防过滤吸收器等共 15 个分项工程。

其中空气加热器（冷却器）、除尘设备、风机盘管、表冷器、净化工作台、风淋室、洁净室、除湿机、人防过滤吸收器等 9 个分项工程按设计图示数量，以"台"为计量单位；空调器按设计图示数量，以"台"或"组"为计量单位；密闭门、挡水板、滤水器（溢水盘）、金属壳体等 4 个分项工程，按设计图示数量，以"个"为计量单位。

过滤器的计量有两种方式，以台计量，按设计图示数量计算；以面积计量，按设计图示尺寸以过滤面积计算。

另外，在本部分进行计量时，通风空调设备安装的地脚螺栓是按设备自带考虑的。

（2）通风管道制作安装

该分部工程包括碳钢通风管道、净化通风管道、不锈钢板通风管道、铝板通风管道、塑料通风管道、玻璃钢通风管道、复合型风管、柔性软风管、弯头导流叶片、风管检查孔及温度、风量测定孔等共 11 个分项工程。

由于通风管道材质的不同，各种通风管道的计量也稍有区别。碳钢通风管道、净化通风管道、不锈钢板通风管道、铝板通风管道、塑料通风管道等 5 个分项工程在进行计量时，按设计图示内径尺寸以展开面积计算，计量单位为"m^2"；玻璃钢通风管道、复合型风管也是以"m^2"为计量单位，但其工程量是按设计图示外径尺寸以展开面积计算。

柔性软风管的计量有两种方式，以米计量，按设计图示中心线以长度计算；以节计量，按设计图示数量计算。

弯头导流叶片也有两种计量方式，以面积计量，按设计图示以展开面积平方米计算；以组计量，按设计图示数量计算。

风管检查孔的计量在以公斤计量时，按风管检查孔质量计算；以个计量时，按设计图示数量计算。

温度、风量测定孔按设计图示数量计算，计量单位为"个"。

在本部分进行工程计量时应注意以下问题：

1) 风管展开面积，不扣除检查孔、测定孔、送风口、吸风口等所占面积；风管长度一律以设计图示中心线长度为准（主管与支管以其中心线交点划分），包括弯头、三通、变径管、天圆地方等管件的长度，但不包括部件所占的长度。风管展开面积不包括风管、管口重叠部分面积。风管渐缩管：圆形风管按平均直径；矩形风管按平均周长。

2）穿墙套管按展开面积计算，计入通风管道工程量中。

3）通风管道的法兰垫料或封口材料，按图纸要求应在项目特征中描述。

4）净化通风管的空气洁净度按 100000 级标准编制，净化通风管使用的型钢材料如要求镀锌时，工作内容应注明架镀锌。

5）弯头导流叶片数量，按设计图纸或规范要求计算。

6）风管检查孔、温度测定孔、风量测定孔数量，按设计图纸或规范要求计算。

（3）通风管道部件制作安装

本部分主要包括碳钢阀门，柔性软风管阀门，铝蝶阀，不锈钢蝶阀，塑料阀门，玻璃钢蝶阀，碳钢风口、散流器、百叶窗，不锈钢风口、散流器、百叶窗，塑料风口、散流器、百叶窗，玻璃钢风口，铝及铝合金风口、散流器，碳钢风帽，不锈钢风帽，塑料风帽，铝板伞形风帽，玻璃钢风帽，碳钢罩类，塑料罩类，柔性接口，消声器，静压箱，人防超压自动排气阀，人防手动密闭阀，人防其他部件等共 24 个分项工程。

碳钢阀门，柔性软风管阀门，铝蝶阀，不锈钢蝶阀，塑料阀门，玻璃钢蝶阀，碳钢风口、散流器、百叶窗，不锈钢风口、散流器、百叶窗，塑料风口、散流器、百叶窗，玻璃钢风口，铝及铝合金风口、散流器，碳钢风帽，不锈钢风帽，塑料风帽，铝板伞形风帽，玻璃钢风帽，碳钢罩类，塑料罩类，消声器，人防超压自动排气阀，人防手动密闭阀等部分的工程量计算规则是按设计图示数量计算，以"个"为计量单位。

柔性接口按设计图示尺寸以展开面积计算，计量单位为"m^2"。静压箱的计量有两种方式，以个计量，按设计图示数量计算；以平方米计量，按设计图示尺寸以展开面积计算。

人防其他部件按设计图示数量计算，以"个"或"套"为计量单位。

在本部分进行工程计量时应注意以下问题：

1）碳钢阀门包括：空气加热器上通阀、空气加热器旁通阀、圆形瓣式启动阀、风管蝶阀、风管止回阀、密闭式斜插板阀、矩形风管三通调节阀、对开多叶调节阀、风管防火阀、各型风罩调节阀等。

2）塑料阀门包括：塑料蝶阀、塑料插板阀、各型风罩塑料调节阀。

3）碳钢风口、散流器、百叶窗包括：百叶风口、矩形送风口、矩形空气分布器、风管插板风口、旋转吹风口、圆形散流器、方形散流器、流线形散流器、送吸风口、活动算式风口、网式风口、钢百叶窗等。

4）碳钢罩类包括：皮带防护罩、电动机防雨罩、侧吸罩、中小型零件焊接台排气罩、整体分组式槽边侧吸罩、吹吸式槽边通风罩、条缝槽边抽风罩、泥心烘炉排气罩、升降式回转排气罩、上下吸式圆形回转罩、升降式排气罩、手锻炉排气罩。

5）塑料罩类包括：塑料槽边侧吸罩、塑料槽边风罩、塑料条缝槽边抽风罩。

6）柔性接口包括：金属、非金属软接口及伸缩节。

7）消声器包括：片式消声器、矿棉管式消声器、聚酯泡沫管式消声器、卡普隆纤维管式消声器、弧形声流式消声器、阻抗复合式消声器、微穿孔板消声器、消声弯头。

8）通风部件如图纸要求制作安装或用成品部件只安装不制作，这类特征在项目特征中应明确描述。

9）静压箱的面积计算：按设计图示尺寸以展开面积计算，不扣除开口的面积。

（4）通风工程检测、调试

该部分包括通风工程检测、调试和风管漏光试验、漏风试验两个分项工程。

通风工程检测、调试的计量按通风系统计算，计量单位为"系统"；风管漏光试验、漏风试验的计量按设计图纸或规范要求以展开面积计算，计量单位为"m^2"。

2.2.3　消防工程工程量计算规则

1. 水灭火系统工程量计算规则

2.2.3

（1）水喷淋、消火栓钢管等，不扣除阀门、管件及各种组件所占长度，按设计图示管道中心线长度以"m"计算。

（2）水喷淋（雾）喷头，安装部位区分有吊顶、无吊顶，按材质、规格等以"个"计算。

（3）报警装置、温感式水幕装置，按型号、规格以"组"计算。

说明：

报警装置适用于湿式、干湿两用、电动雨淋、预制作用报警装置的安装。报警装置安装包括：装配管（除水力警铃进水管）的安装，水力警铃进水管并入消防管道工程量。其中：

1）湿式报警装置包括：湿式阀、蝶阀、装配管、供水压力表、装置压力表、试验阀、泄放试验阀、泄放试验管、试验管流量计、过滤器、延时器、水力警铃、报警截止阀、漏斗、压力开关等。

2）干湿两用报警装置包括：两用阀、蝶阀、装配管、加速器、加速器压力表、供水压力表、试验阀、泄放试验阀（湿式、干式）、挠性接头、泄放试验管、试验管流量计、排气阀、截止阀、漏斗、过滤器、延时器、水力警铃、压力开关等。

3）电动雨淋报警装置包括：雨淋阀、蝶阀、装配管、压力表、泄放试验阀、流量表、截止阀、注水阀、止回阀、电磁阀、排水阀、手动应急球阀、报警试验阀、漏斗、压力开关、过滤器、水力警铃等。

4）预作用报警装置包括：报警阀、控制蝶阀、压力表、流量表、截止阀、排放阀、注水阀、止回阀、泄放阀、报警试验阀、液压切断阀、装配管、供水检验管、气压开关、试压电磁阀、空压机、应急手动试压器、漏斗、过滤器、水力警铃等。

5）温感式水幕装置包括：给水三通至喷头、阀门间的管道、管件、阀门、喷头等全部内容的安装。

（4）水流指示器，减压孔板，按连接形式、型号、规格以"个"计算。减压孔板若在法兰盘内安装，其法兰计入组价中。

（5）末端试水装置，按规格、组装形式以"组"计算。末端试水装置，包括压力表、控制阀等附件安装。末端试水装置安装中不含连接管及排水管安装，其工程量并入消防管道。

（6）集热板制作安装，按材质、支架形式以"个"计算。

（7）室内外消火栓，按安装方式、型号和规格，附件的材质和规格以"套"计算。

1）室内消火栓，包括消火栓箱、消火栓、水枪、水龙头、水龙带接扣、自救卷盘、挂架、消防按钮；落地消火栓箱包括箱内手提灭火器。

2）室外消火栓，安装分地上式和地下式，地上式消火栓安装包括地上式消火栓、法兰接管、弯管底座；地下式消火栓安装包括地下式消火栓、法兰接管、弯管底座或消火栓三通。

(8) 消防水泵接合器，按安装部位、型号和规格，附件的材质和规格以"套"计算。消防水泵接合器，包括法兰接管及弯头安装，接合器井内阀门、弯管底座、标牌等附件安装。

(9) 灭火器，按型号和规格以"具（组）"计算。

(10) 消防水炮，分普通手动水炮、智能控制水炮。按水炮类型、压力等级、保护半径，按设计图示数量以"台"计算。

2. 气体灭火系统工程量计算规则

(1) 无缝钢管、不锈钢管，不扣除阀门、管件及各种组件所占长度，按设计图示管道中心线长度以"m"计算。

(2) 不锈钢管管件，按设计图示数量以"个"计算。

(3) 气体驱动装置管道，包括卡、套连接件。按设计图示管道中心线长度以"m"计算。

(4) 选择阀、气体喷头，按设计图示数量以"个"计算。

(5) 贮存装置、称重检漏装置、无管网气体灭火装置，按设计图示数量以"套"计算。

1) 贮存装置安装，包括灭火剂存储器、驱动气瓶、支框架、集流阀、容器阀、单向阀、高压软管和安全阀等贮存装置和阀驱动装置、减压装置、压力指示仪等。

2) 无管网气体灭火系统由柜式预制灭火装置、火灾探测器、火灾自动报警灭火控制器等组成，具有自动控制和手动控制两种启动方式。

3) 无管网气体灭火装置安装，包括气瓶柜装置（内设气瓶、电磁阀、喷头）和自动报警控制装置（包括控制器、烟、温感、声光报警器、手动报警器、手/自动控制按钮）等。

3. 泡沫灭火系统工程量计算规则

(1) 碳钢管、不锈钢管、铜管，不扣除阀门、管件及各种组件所占长度，按设计图示管道中心线长度以"m"计算。

(2) 不锈钢管管件、铜管管件，按设计图示数量以"个"计算。

(3) 泡沫发生器、泡沫比例混合器、泡沫液贮罐，按设计图示数量以"台"计算。

4. 火灾自动报警系统工程量计算规则

(1) 点型探测器、按钮、消防警铃、声光报警器、消防报警电话插孔（电话）、消防广播（扬声器）、模块（模块箱）、区域报警控制箱、联动控制箱、远程控制箱（柜）、火灾报警系统控制主机、联动控制主机、消防广播及对讲电话主机（柜）、火灾报警控制微机（CRT）、备用电源及电池主机（柜）、报警联动一体机。按设计图示数量以"个（部、台）"计算。

(2) 线型探测器按设计图示长度以"m"计算。

说明：

1) 消防报警系统配管、配线、接线盒均应按电气设备安装工程相关项目编码列项。

2) 消防广播及对讲电话主机包括功放、录音机、分配器、控制柜等设备。

3) 点型探测器包括火焰、烟感、温感、红外光束、可燃气体探测器等。

5. 消防系统调试工程量计算规则

（1）自动报警系统调试，包括各种探测器、报警器、报警按钮、报警控制器、消防广播、消防电话等组成的报警系统；按不同点数以"系统"计算。

（2）水灭火控制装置调试，按控制装置的点数计算。自动喷洒系统按水流指示器数量以"点（支路）"计算；消火栓系统按消火栓启泵按钮数量以"点"计算；消防水炮系统按水炮数量以"点"计算。

（3）防火控制装置调试，按设计图示数量以"个或部"计算。防火控制装置包括电动防火门、防火卷帘门、正压送风阀、排烟阀、防火控制阀、消防电梯等防火控制装置；电动防火门、防火卷帘门、正压送风阀、排烟阀、防火控制阀等调试以"个"计算，消防电梯以"部"计算。

（4）气体灭火系统装置调试，按调试、检验和验收所消耗的试验容器总数计算。气体灭火系统是由七氟丙烷、IG541、二氧化碳等组成的灭火系统，按气体灭火系统装置的瓶头阀以"点"计算。

6. 计量规则说明

（1）喷淋系统水灭火管道，消火栓管道：室内外界限应以建筑物外墙皮1.5m为界，入口处设阀门者应以阀门为界；设在高层建筑物内消防泵间管道应以泵间外墙皮为界。与市政给水管道的界限：以与市政给水管道碰头点（井）为界。

（2）消防管道如需进行探伤，按工业管道工程相关项目编码列项。

（3）消防管道上的阀门、管道及设备支架、套管制作安装，按给水排水、采暖、燃气工程相关项目编码列项。

（4）管道及设备除锈、刷油、保温除注明者外，均应按刷油、防腐蚀、绝热工程相关项目编码列项。

2.2.4　给水排水、采暖、燃气管道工程量计算规则

1. 说明

（1）给水管道室内外界限划分：以建筑物外墙皮1.5m为界，入口处设阀门者以阀门为界。

2.2.4

（2）排水管道室内外界限划分：以出户第一个排水检查井为界。

（3）采暖管道室内外界限划分：以建筑物外墙皮1.5m为界，入口处设阀门者以阀门为界。

（4）燃气管道室内外界限划分：地下引入室内的管道以室内第一个阀门为界，地上引入室内的管道以墙外三通为界。

（5）管道热处理、无损探伤，应按工业管道工程相关项目编码列项。

（6）医疗气体管道及附件，应按工业管道工程相关项目编码列项。

（7）管道、设备及支架除锈、刷油、保温除注明者外，应按刷油、防腐蚀、绝热工程相关项目编码列项。

（8）凿槽（沟）、打洞项目，应按电气设备安装工程相关项目编码列项。

2. 给水排水、采暖、燃气工程计量规则

（1）给水排水、采暖、燃气管道

本部分包括镀锌钢管、钢管、不锈钢管、铜管、铸铁管、塑料管、复合管、直埋式预

制保温管、承插陶瓷缸瓦管、承插水泥管、室外管道碰头等共 11 个分项工程。

管道工程量按设计图示管道中心线长度以"m"计算；管道工程量计算不扣除阀门、管件（包括减压器、疏水器、水表、伸缩器等组成安装）及附属构筑物所占长度；方形补偿器以其所占长度列入管道安装工程量。

在本部分进行工程计量时，需注意以下问题：

1）管道安装部位，指管道安装在室内、室外。

2）输送介质包括给水、排水、中水、雨水、热媒体、燃气、空调水等。

3）铸铁管安装适用于承插铸铁管、球墨铸铁管、柔性抗震铸铁管等。塑料管安装适用于 UPVC、PVC、PP-C、PP-R、PE、PB 管等塑料管材。复合管安装适用于钢塑复合管、铝塑复合管、钢骨架复合管等复合型管道安装。直埋保温管包括直埋保温管件安装及接口保温。排水管道安装包括立管检查口、透气帽。

4）管道安装工作内容包括警示带铺设。若管道室外埋设时，项目特征应按设计要求描述是否采用警示带。

5）塑料管安装工作内容包括安装阻火圈；项目特征应描述对阻火圈设置的设计要求。

6）室外管道碰头

① 适用于新建或扩建工程热源、水源、气源管道与原（旧）有管道碰头。

② 室外管道碰头包括挖工作坑、土方回填或暖气沟局部拆除及修复。

③ 带介质管道碰头包括开关闸、临时放水管线铺设等费用。

④ 热源管道碰头每处包括供、回水两个接口。

⑤ 碰头形式指带介质碰头、不带介质碰头。室外管道碰头工程数量按设计图示以"处"计算。

7）压力试验按设计要求描述试验方法，如水压试验、气压试验、泄漏性试验、闭水试验、通球试验、真空试验等。

8）吹、洗按设计要求描述吹扫、冲洗方法，如水冲洗、消毒冲洗、空气吹扫等。

（2）支架及其他

该部分包括管道支吊架、设备支吊架、套管等共 3 个分项工程。

管道支架、设备支架如是现场制作，按设计图示质量以"kg"计算；如为成品支架，按设计图示数量以"套"计算。

套管的计量按设计图示数量以"个"计算。

在本部分进行工程计量时，需注意以下问题：

1）单件支架质量 100kg 以上的管道支吊架执行设备支吊架制作安装。

2）成品支吊架安装执行相应管道支吊架或设备支吊架项目，不再计取制作费，支吊架本身价值含在综合单价中。

3）套管制作安装，适用于穿基础、墙、楼板等部位的防水套管、一般套管、人防密闭套管及防火套管等，应按类型分别列项。

（3）管道附件

本部分包括螺纹阀门、螺纹法兰阀门、焊接法兰阀门、带短管甲乙阀门、塑料阀门、减压器、疏水器、除污器（过滤器）、补偿器、软接头、法兰、水表、倒流防止器、热量表、塑料排水管消声器、浮标液面计、浮漂水位标尺等共 17 个分项工程。

在进行本部分清单项目计量时，计算规则均按设计图示数量，分别以"组"、"个"、"套"或"块"计算；值得注意的是：法兰有"副"、"片"之分，分别适用于成对安装或单片安装的情况。

在本部分进行工程计量时，需注意以下问题：

1）法兰阀门安装包括法兰连接，不得另计。阀门安装如仅为一侧法兰连接时，应在项目特征中描述。

2）焊接法兰阀门，项目特征应对压力等级、焊接方法进行描述。塑料阀门连接形式需注明热熔连接、粘接、热风焊接等方式。

3）减压器规格按高压侧管道规格描述。

4）减压器、疏水器、水表等项目包括组成与安装工作内容，项目特征应根据设计要求描述附件配置情况，或描述根据××图集或××施工图做法。

5）水表安装项目，用于室外井内安装时以"个"计算；用于室内安装时，以"组"计算，综合单价中包括表前阀。

（4）卫生器具

本部分主要包括浴缸，净身盆，洗脸盆，洗涤盆，化验盆，大便器，小便器，其他成品卫生器具，烘手器，淋浴器，淋浴间，桑拿浴房，大、小便槽自动冲洗水箱制作安装，给水、排水附（配）件，小便槽冲洗管制作安装，蒸气-水加热器制作安装，冷热水混合器制作安装，饮水器，隔油器等共计19个分项工程。

该部分计量时，除小便槽冲洗管制作安装工程量是按设计图示长度以"m"计算外，其余分项清单项目的计量均按设计图示数量，分别以"组"、"个"或"套"计算。

在本部分进行工程计量时，需注意以下问题：

1）成品卫生器具项目中的附件安装，主要指给水附件包括水嘴、阀门、喷头等，排水配件包括存水弯、排水栓、下水口等以及配备的连接管。

2）浴缸项目，在项目特征中描述类型，如普通、双人、按摩等；浴缸支座和浴缸周边的砌砖、瓷砖粘贴，应按《房屋建筑与装饰工程工程量计算规范》GB 50854—2013相关项目编码列项；功能性浴缸不含电机接线和调试，应按电气设备安装工程相关项目编码列项。

3）洗脸盆适用于洗脸盆、洗发盆、洗手盆安装。

4）器具安装中若采用混凝土或砖基础，应按《房屋建筑与装饰工程工程量计算规范》GB 50854—2013相关项目编码列项。

5）给水、排水附（配）件是指独立安装的水嘴、地漏、地面扫出口等。

（5）供暖器具

该部分包括铸铁散热器、钢制散热器、其他成品散热器、光排管散热器制作安装、暖风机、地板辐射采暖、热媒集配装置制作安装、集气罐制作安装等共8个分项工程。

铸铁散热器、钢制散热器和其他成品散热器3个分项工程清单项目，按设计图示数量以"组"或"片"计算。

光排管散热器制作安装，按设计图示排管长度以"m"计算。

地板辐射采暖，一是按设计图示采暖房间净面积以"m²"计算；二是按设计图示管道长度以"m"计算。

暖风机、热媒集配装置及集气罐制作安装，按设计图示数量分别以"台"或"个"计算。

在本部分进行工程计量时，需注意以下问题：

1）铸铁散热器，包括拉条制作安装。一般铸铁柱式散热器安装每组超过 20 片时，为增加稳定性，要在柱间穿圆钢并与墙固定（俗称"拉条"）。

2）钢制散热器结构形式，包括钢制闭式、板式、壁板式、扁管式及柱式散热器等，应分别列项计算。

3）其他成品散热器，用于其他材质或形式散热器安装。

4）光排管散热器，包括联管或支撑管的制作安装。

5）地板辐射采暖，管道固定方式包括固定卡、绑扎等方式；工作内容包括与分集水器连接，保温层及钢丝网铺设以及保温层上反射膜铺设和配合地面浇筑用工。

（6）采暖、给水排水设备

本部分主要包括变频给水设备，稳压给水设备，无负压给水设备，气压罐，太阳能集热装置，地源（水源、气源）热泵机组，除砂器，水处理器，超声波灭藻设备，水质净化器，紫外线杀菌设备，热水器、开水炉，消毒器、消毒锅，直饮水设备，水箱制作安装等共 15 个分项工程。

该部分清单项目的计量均按设计图示数量计算，分别以"套"、"组"或"台"计算。

在本部分进行工程计量时，需注意以下问题：

1）变频给水设备、稳压给水设备、无负压给水设备项目，使用说明：

① 压力容器包括气压罐、稳压罐、无负压罐。

② 变频给水设备、稳压给水设备、无负压给水设备项目，项目特征中应描述主泵及备用泵主要技术参数并注明数量。

③ 变频给水设备、稳压给水设备、无负压给水设备项目，项目特征中的附件包括给水装置中配备的阀门、仪表、软接头，应注明数量，并含设备、附件之间管路连接。

④ 泵组底座安装，不包括基础砌（浇）筑，应按《房屋建筑与装饰工程工程量计算规范》GB 50854—2013 相关项目编码列项。

⑤ 控制柜安装及电气接线、调试应按电气设备安装工程相关项目编码列项。

2）地源热泵机组计量时，接管以及接管上的阀门、软接头、减震装置和基础另行计算，应按相关项目编码列项。

（7）燃气器具及其他

本部分包括燃气开水炉，燃气采暖炉，燃气沸水器、消毒器，燃气热水器，燃气表，燃气灶具，气嘴，调压器，燃气抽水缸，燃气管道调长器，调长器与阀门连接，调压箱、调压装置及引入口砌筑等，共计 12 个分项工程。

该部分分项工程清单项目计量时，引入口砌筑项目按设计图示数量以"处"计算；其他项目均按设计图示数量分别以"台"、"个"或"组"计算。

在本部分进行工程计量时，需注意以下问题：

1）沸水器、消毒器适用于容积式沸水器、自动沸水器、燃气消毒器等。

2）燃气灶具适用于人工煤气灶具、液化石油气灶具、天然气燃气灶具等。项目特征中用途应描述民用或公用，类型应描述所采用气源。

3）调压箱、调压装置安装部位应区分室内、室外。

4）引入口砌筑形式，应注明地上、地下。

（8）采暖、空调水工程系统调试

该部分包括采暖工程系统调试、空调水工程系统调试两个分项工程。

采暖工程系统由采暖管道、阀门及供暖器具组成。空调水工程系统由空调水管道、阀门及冷水机组组成。

在进行采暖工程系统调试或空调水工程系统调试的计量时，分别按采暖或空调水工程系统计算，计量单位均为"系统"。

当采暖工程、空调水工程系统中管道工程量发生变化时，系统调试费用应作相应调整。

第3节 安装工程工程量清单的编制

2.3.1 安装工程工程量清单的编制概述

1. 安装工程工程量清单编制的依据

（1）《建设工程工程量清单计价规范》GB 50500—2013 和《通用安装工程工程量计算规范》GB 50856—2013；

（2）国家或省级、行业建设主管部门颁发的计价定额和办法；

（3）建设工程设计文件及相关资料；

（4）与建设工程有关的标准、规范、技术资料；

（5）拟定的招标文件；

（6）施工现场情况、地勘水文资料、工程特点及常规施工方案；

（7）其他相关资料。

2. 安装工程工程量清单编制的流程

为使得工程量清单更加合理并具有公平性，通常安装工程工程量清单的编制应遵循一定的程序，如图 2-7 所示。

（1）准备工作

1）初步研究。对各种资料进行认真研究，为工程量清单的编制做准备。

① 熟悉《建设工程工程量清单计价规范》GB 50500—2013 和《通用安装工程工程量计算规范》GB 50856—2013、当地规定及相关文件。

② 熟悉招标文件和图纸。

2）现场踏勘。为了选用合理的施工组织设计和施工技术方案，需进行现场踏勘，以充分了解施工现场情况及工程特点。

3）拟定常规施工组织设计。根据项目的具体情况编制施工组织设计，拟定工程的施工方案、施工顺序、施工方法等，便于工程量清单的编制及准确计算，特别是工程量清单中的措施项目。

（2）计算工程量

1）划分项目、确定清单项目名称、编码。

2）根据《通用安装工程工程量计算规范》GB 50856—2013 的计算规则计算工程量。

（3）编制工程量清单

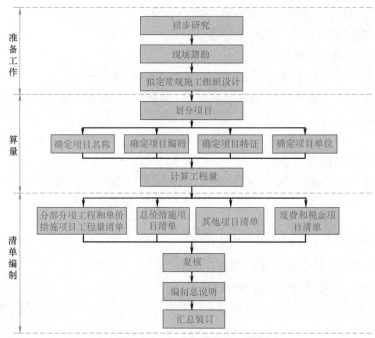

图 2-7　工程量清单编制流程图

1）编制分部分项工程和单价措施项目工程量清单，填写分部分项工程和单价措施项目清单与计价表。

2）编制总价措施项目清单，填写总价措施项目清单与计价表。

3）编制其他项目清单，填写其他项目清单与计价汇总表等。

4）编制规费和税金项目清单，填写规费、税金项目计价表。

5）复核、编写总说明。

6）汇总并装订，形成完整的工程量清单文件。

3. 安装工程工程量清单的装订顺序

（1）封面；

（2）扉页；

（3）总说明；

（4）分部分项工程和单价措施项目清单与计价表；

（5）总价措施项目清单与计价表；

（6）其他项目清单与计价汇总表（暂列金额明细表、材料（工程设备）暂估单价及调整表、专业工程暂估价及结算价表、计日工表、总承包服务费计价表）；

（7）规费、税金项目计价表；

（8）发包人提供材料和工程设备一览表；

（9）承包人提供主要材料和工程设备一览表。

2.3.2　安装工程工程量清单编制示例

2.3.2

1. "电气照明及动力设备工程"工程量清单编制示例【示例一】

（1）背景资料

1）某市公共厕所电气照明工程图纸

某市公共厕所电气照明工程平面图和系统图，如图2-8、图2-9所示；图例如表2-22所示。

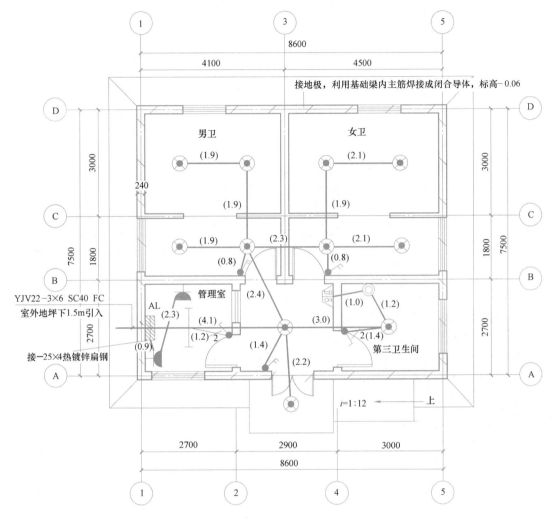

图 2-8　照明工程平面图

图 2-9　照明工程系统图

图例表   表 2-22

序号	图例	名称	型号及规格	备注
1		照明配电箱	见系统图	底距地 1.5m 暗装
2		防水防尘灯	60W 节能灯	吸顶安装
3		单管荧光灯	36W	吸顶安装
4		暗装单联单控开关	10A 250V	底距地 1.3m 暗装
5		暗装双联单控开关	10A 250V	底距地 1.3m 暗装
6		安全型五孔插座	15A 250V	底距地 0.3m 暗装
7		求助按钮	自带 24V 电源	底距地 1m 暗装
8		声光求助器	—	底距地 2.5m 暗装

2）说明

① 某公共厕所净高 3.6m，建筑物室内外高差 0.15m。

② 配电箱 AL 为成套产品，嵌入式安装。

③ 进户配管出外墙 1.5m。

④ 电气水平配管进入地坪或顶板的深度均按 0.1m 计算。

⑤ 配管水平长度在平面图中括号内标注，以 m 为单位。

⑥ 不计算进户电缆工程量。

⑦ 不计算焊接钢管防腐工程量。

⑧ 不计算土方工程量。

3）清单项目编码

根据《通用安装工程工程量计算规范》GB 50856—2013，查得清单项目编码，如表 2-23 所示。

分部分项工程项目统一编码   表 2-23

项目编码	项目名称	项目编码	项目名称
030404017	配电箱	030411006	接线盒
030412001	普通灯具	030411001	配管
030412005	荧光灯	030411004	配线
030404034	照明开关	030409002	接地母线
030404035	插座	030409004	均压环
030904003	按钮	030414011	接地调试
030904005	声光报警器	—	—

4）其他项目

暂列金额：工程量偏差和设计变更为 1000.00 元。

材料暂估价：照明配电箱 AL，除税价 500 元/台。

专业工程暂估价：电热膜工程的供电和安装为 2500.00 元。

计日工：详见下表"计日工表"。

总承包服务费：发包人发包专业工程，需总包为分包提供施工工作面和整理竣工资料。

（2）计算工程量

根据上述背景资料，按《通用安装工程工程量计算规范》GB 50856—2013 中的计算规则计算本工程工程量，如表 2-24 所示。

清单工程量计算表　　　　　　　　　　　　　　表 2-24

序号	项目名称	型号及规格	单位	工程量	计算过程
1	照明配电箱	AL(400mm×300mm×140mm)	台	1	1
2	防水防尘灯	60W 节能灯	套	11	11
3	单管荧光灯	36W	套	1	1
4	单联单控开关	10A 250V	个	2	2
5	双联单控开关	10A 250V	个	3	3
6	安全型五孔插座	15A 250V	个	2	2
7	求助按钮	自带 24V 电源	个	1	1
8	声光求助器	—	个	1	1
9	灯头盒	86 型	个	12	11+1=12
10	接线盒	86 型	个	9	2+3+2+1+1=9
11	焊接钢管	SC15	m	54.10	穿三根导线 (4.1+3+1.2+1+2.2+1.4+2.4+0.8+1.9×3+2.3+0.8+2.1×2+1.9)(水平)+ (3.6-1.5-0.3+0.1)(配电箱垂直)+ (3.6-1.3+0.1)×3(开关垂直)+(3.6-1+0.1)×2(按钮垂直)+(3.6-2.5+0.1)(求助器垂直)=46.7 穿两根导线 (1.2+1.4)(水平)+(3.6-1.3+0.1)×2(垂直)=7.4
12	焊接钢管	SC20	m	6.00	(0.9+2.3)(水平)+(1.5+0.1)(配电箱垂直)+(0.3+0.1)×3(插座垂直)=6
13	焊接钢管	SC40	m	4.82	1.5(外墙皮以外)+(0.1+0.14/2)(墙体内水平)+(1.5+0.15+1.5)(配电箱垂直)=4.82
14	绝缘导线	BV-2.5mm²	m	157.00	(46.7×3+7.4×2)(管长)+(0.4+0.3)×3(预留)=157
15	绝缘导线	BV-4mm²	m	20.10	6×3(管长)+(0.4+0.3)×3(预留)=20.1
16	均压环	利用基础梁	m	32.20	(8.6+7.5)×2=32.2
17	接地母线	热镀锌扁钢—25×4	m	1.62	(1.5+0.06)×1.039=1.62 (考虑 3.9%的附加长度)
18	接地调试	—	系统	1	1

（3）编制工程量清单

根据上述背景资料，按《建设工程工程量清单计价规范》GB 50500—2013 和《通用安装工程工程量计算规范》GB 50856—2013 编制本工程工程量清单。

_____某市公共厕所电气照明_____工程

招 标 工 程 量 清 单

招　标　人：_____×××公司_____

（单位公章）

造价咨询人：_____×××造价咨询公司_____

（单位公章）

××年×月×日

<u>　　　　　　　某市公共厕所电气照明　　　　　　　</u>工程

招 标 工 程 量 清 单

招标人：<u>　　××公司　　</u>　　　　　造价咨询人：<u>　　××造价咨询公司　　</u>

　　　　　（单位盖章）　　　　　　　　　　　　（单位资质专用章）

法定代表人　　　　　　　　　　　　　法定代表人

或其授权人：<u>　　×××　　</u>　　　或其授权人：<u>　　×××　　</u>

　　　　　（签字或盖章）　　　　　　　　　　（签字或盖章）

　　　　　×××签字，盖造价师　　　　　　　×××签字

编制人：<u>　　或造价员专用章　　</u>　复核人：<u>　　盖造价师专用章　　</u>

　　　　（造价人员签字，盖专用章）　　　　（造价工程师签字，盖专用章）

编制时间：××年×月×日　　　　　复核时间：××年×月×日

总说明

项目名称：某市公共厕所电气照明工程 第 1 页 共 1 页

1. 工程概况

(1)本工程为某市汽车站对面公共厕所,地上一层,总建筑面积 71.8m²,建筑高度 4.35m。

(2)建筑耐火等级为地上二级。

(3)建筑结构形式为砖混,主体结构合理使用年限为 50 年。

2. 工程招标范围为设计图纸范围内电气照明工程,具体详见工程量清单。

3. 工程量清单编制依据

(1)《建设工程工程量清单计价规范》GB 50500—2013 和《通用安装工程工程量计算规范》GB 50856—2013、《省住房城乡建设厅关于〈建设工程工程量清单计价规范〉GB 50500—2013 及其 9 本工程量计算规范的贯彻意见》(苏建价〔2014〕448 号)。

(2)本工程设计文件。

(3)本工程招标文件。

(4)施工现场情况、工程特点及常规施工方案等。

(5)其他江苏省、某市相关文件或规定。

4. 其他需说明的问题

(1)施工现场情况(略)。

(2)交通运输情况(略)。

(3)自然地理条件(略)。

(4)环境保护要求:满足江苏省某市及当地政府对环境保护的相关要求和规定。

(5)本工程投标报价按相关规定和要求使用表格及格式。

(6)工程量清单中每一个项目,都需要填入综合单价及合价。

(7)项目特征只作重点描述,详细情况见施工图纸及相关标准图集。

(8)暂列金额:1000.00 元。

(9)专业工程暂估价:电热膜工程的供电和安装为 2500.00 元。

(10)本说明未尽事宜,以计价规范、计价管理办法、计算规范、招标文件以及有关的法律、法规、建设行政主管部门颁发的文件为准。

分部分项工程和单价措施项目清单与计价表

工程名称:某市公共厕所电气照明工程　　　　标段:　　　　　　　　　第1页　共2页

序号	项目编码	项目名称	项目特征描述	计量单位	工程量	金额(元)		
						综合单价	综合合价	其中暂估价
		分部分项						
1	030404017001	配电箱	1. 名称:照明配电箱 AL 2. 规格:400mm×300mm×140mm 3. 接线端子材质、规格:无端子接线 2.5 和 4mm² 4. 安装方式:底距地 1.5m 嵌入式暗装	台	1			
2	030412001001	普通灯具	1. 名称:防水防尘灯 2. 规格:60W 节能灯	套	11			
3	030412005001	荧光灯	1. 名称:单管荧光灯 2. 规格:36W	套	1			
4	030404034001	照明开关	1. 名称:单联单控开关 2. 规格:10A 250V 3. 安装方式:底距地 1.3m 暗装	个	2			
5	030404034002	照明开关	1. 名称:双联单控开关 2. 规格:10A 250V 3. 安装方式:底距地 1.3m 暗装	个	3			
6	030404035001	插座	1. 名称:安全型五孔插座 2. 规格:15A 250V 3. 安装方式:底距地 0.3m 暗装	个	2			
7	030904003001	按钮	1. 名称:求助按钮 2. 规格:自带 24V 电源	个	1			
8	030904005001	声光报警器	名称:声光求助器	个	1			
9	030411006001	接线盒	1. 名称:灯头盒 2. 规格:86 型 3. 安装形式:暗装	个	12			
10	030411006002	接线盒	1. 名称:开关盒、插座盒、按钮盒、报警器盒 2. 规格:86 型 3. 安装形式:暗装	个	9			
11	030411001001	配管	1. 名称:焊接钢管 2. 规格:DN15mm 3. 配置形式:暗配	m	54.10			
			本页小计					

分部分项工程和单价措施项目清单与计价表

工程名称：某市公共厕所电气照明工程　　　　　　　标段：　　　　　　　　　第2页　共2页

序号	项目编码	项目名称	项目特征描述	计量单位	工程量	金额(元)		
						综合单价	综合合价	其中
								暂估价
12	030411001002	配管	1. 名称:焊接钢管 2. 规格:DN20mm 3. 配置形式:暗配	m	6.00			
13	030411001003	配管	1. 名称:焊接钢管 2. 规格:DN40mm 3. 配置形式:暗配	m	4.82			
14	030411004001	配线	1. 名称:管内穿线 2. 配线形式:照明线路 3. 型号:BV 4. 规格:2.5mm^2	m	157.00			
15	030411004002	配线	1. 名称:管内穿线 2. 配线形式:照明线路 3. 型号:BV 4. 规格:4mm^2	m	20.10			
16	030409004001	均压环	名称:基础梁接地	m	32.20			
17	030409002001	接地母线	1. 名称:户内接地母线 2. 材质:热镀锌扁钢 3. 规格:—25×4	m	1.62			
18	030414011001	接地装置	1. 名称:接地装置调试 2. 类别:接地网	系统	1			
			分部分项合计					
		措施项目						
19	031301017001	脚手架搭拆	脚手架搭设和拆除	项	1			
			单价措施合计					
			本页小计					
			合　计					

总价措施项目清单与计价表

工程名称：某市公共厕所电气照明工程　　　　标段：　　　　　　　　　第1页　共1页

序号	项目编码	项目名称	计算基础	费率(%)	金额(元)	调整费率(%)	调整后金额(元)	备注
1	031302001001	安全文明施工费						
1.1		基本费						
1.2		扬尘污染防治增加费						
2	031302002001	夜间施工						
3	031302005001	冬雨期施工						
4	031302006001	已完工程及设备保护						
5	031302008001	临时设施						
合　计								

编制人（造价人员）：　　　　　　　　　　　复核人（造价工程师）：

其他项目清单与计价汇总表

工程名称：某市公共厕所电气照明工程　　　　标段：　　　　　　　　　第1页　共1页

序号	项目名称	金额(元)	结算金额(元)	备注
1	暂列金额	1000.00		详见明细表
2	暂估价	2500.00		
2.1	材料(工程设备)暂估价			详见明细表
2.2	专业工程暂估价	2500.00		详见明细表
3	计日工			详见明细表
4	总承包服务费			详见明细表
合　计		3500.00		

暂列金额明细表

工程名称：某市公共厕所电气照明工程　　　　标段：　　　　　　　　　第1页　共1页

序号	项目名称	计量单位	暂定金额(元)	备注
1	工程量偏差和设计变更	项	1000.00	
合　计			1000.00	

材料（工程设备）暂估单价及调整表

工程名称：某市公共厕所电气照明工程　　　　标段：　　　　　　　　　第1页　共1页

序号	材料编码	材料(工程设备)名称、规格、型号	计量单位	数量		暂估(元)		确认(元)		差额土(元)		备注
				暂估	确认	单价	合价	单价	合价	单价	合价	
1	55090108	照明配电箱 AL（400mm×300mm×140mm）	台			500.00						
合计												

专业工程暂估价及结算价表

工程名称：某市公共厕所电气照明工程　　　　标段：　　　　　　第1页　共1页

序号	工程名称	工程内容	暂估金额(元)	结算金额(元)	差额±(元)	备注
1	电热膜工程	供电和安装	2500.00			
	合　　计		2500.00			

计日工表

工程名称：某市公共厕所电气照明工程　　　　标段：　　　　　　第1页　共1页

编号	项目名称	单位	暂定数量	实际数量	单价(元)	合价(元) 暂定	合价(元) 实际
1	人工						
1.1	技工	工日	10.00				
	人工小计						
2	材料						
2.1	φ10 热镀锌圆钢	m	30.00				
2.2	电焊条 J422 φ3.2	kg	3.00				
2.3	镀锌扁钢支架－40×4	kg	8.00				
	材料小计						
3	施工机械						
3.1	交流弧焊机	台班	1				
	机械小计						
4	企业管理费和利润						
	总计						

总承包服务费计价表

工程名称：某市公共厕所电气照明工程　　　　标段：　　　　　　第1页　共1页

序号	项目名称	项目价值(元)	服务内容	计算基础	费率(%)	金额(元)
1	发包人发包专业工程	2500.00	提供施工作业面、竣工资料统一整理			
	合　　计					

规费、税金项目清单与计价表

工程名称：某市公共厕所电气照明工程　　　　标段：　　　　　　第1页　共1页

序号	项目名称	计算基础	计算基数	计算费率(%)	金额(元)
1	规费	社会保险费＋住房公积金＋环境保护税			
1.1	社会保险费				
1.2	住房公积金	分部分项工程＋措施项目＋其他项目－分部分项设备费－技术措施项目设备费－税后独立费			
1.3	环境保护税				
2	税金	分部分项工程＋措施项目＋其他项目＋规费－(甲供材料费＋甲供主材费＋甲供设备费)/1.01－税后独立费			
	合　　计				

发包人提供材料和工程设备一览表

工程名称：某市公共厕所电气照明工程　　　　　标段：　　　　　第1页　共1页

序号	材料(工程设备)名称、规格、型号	单位	数量	单价(元)	合价(元)	交货方式	送达地点	备注

承包人提供主要材料和工程设备一览表

(适用造价信息差额调整法)

工程名称：某市公共厕所电气照明工程　　　　　标段：　　　　　第1页　共1页

序号	材料编码	名称、规格、型号	单位	数量	风险系数%	基准单价(元)	投标单价(元)	发承包人确认单价(元)	备注

2. "通风空调工程"工程量清单编制示例【示例二】

(1) 背景资料

1) 某学院学生服务中心首层通风空调工程图纸

某学院学生服务中心首层通风空调工程平面图、风机盘管安装图和剖面图，如图 2-10～图 2-12 所示；风机盘管送回风管及送回风口一览表和图例及型号规格表，如表 2-25、表 2-26 所示。

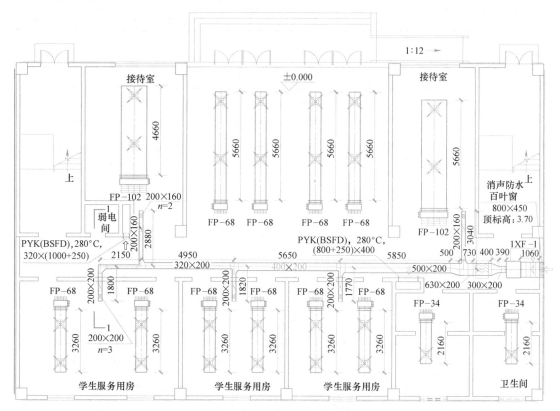

图 2-10　通风空调工程平面图

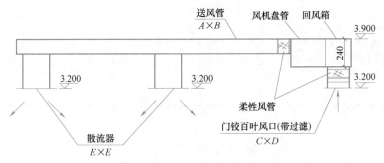

图 2-11　风机盘管风管安装图

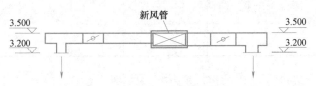

图 2-12　剖面图

风机盘管送回风管及送回风口一览表　　　　　　　　　　　　表 2-25

序号	风机盘管型号	送风管尺寸 $A \times B$	回风口尺寸 $C \times D$	送风口尺寸 $E \times E$
1	FP-102	905mm×140mm	905mm×180mm	240mm×240mm
2	FP-68	685mm×140mm	685mm×180mm	240mm×240mm
3	FP-34	485mm×140mm	485mm×180mm	240mm×240mm

图例及型号规格表　　　　　　　　　　　　表 2-26

序号	图例	名称	型号规格
1		风管蝶阀	钢制，$L=150mm$
2		密闭对开多叶调节阀(电动)	800mm×200mm，$L=210mm$
3		风管软接	帆布，$L=200mm$
4		方形散流器	240×240mm
5		消声器	折板式
6		风机盘管	卧式吊装
7		单层百叶风口	规格见平面图标注
8		远控多叶防火排烟口(常闭)	PYK(BSFD)280℃

2）说明

① 本工程采用风机盘管加新风系统；首层在吊顶内设新风机组；走廊设机械排烟系统。

② 通风空调管道采用镀锌薄钢板，法兰咬口连接。

③ 风管长度计算，以图示中心线长度为准，支管长度以支管中心线与主管中心线交接点为分界点。风管长度包括管件长度，不包括部件长度。

④ 新风机组和风机盘管与风管连接处设置隔振帆布软接头。

⑤ 不计算支架、刷油、防腐和绝热工程量。

⑥ 新风机组 1XF-1 为甲供，除税单价为 8000 元/台。

⑦ 通风管道镀锌钢板厚度，查《通风与空调工程施工质量验收规范》GB 50243—2016，如表 2-27 所示。

通风管道镀锌钢板厚度表　　　　　　　　　　　　　表 2-27

序号	风管长边尺寸 b	镀锌钢板厚度（mm）
1	$b \leqslant 320$	0.5
2	$320 < b \leqslant 450$	0.5
3	$450 < b \leqslant 630$	0.6
4	$630 < b \leqslant 1000$	0.75

3）清单项目编码

根据《通用安装工程工程量计算规范》GB 50856—2013，查得清单项目编码，如表 2-28 所示。

分部分项工程项目统一编码　　　　　　　　　　　　　表 2-28

项目编码	项目名称	项目编码	项目名称
030702001	碳钢通风管道	030703007	碳钢风口
030703019	柔性接口	030703020	消声器
030703007	百叶窗	030701003	空调器
030703001	碳钢阀门	030701004	风机盘管
030704001	通风工程检测、调试	—	—

4）其他项目

暂估价：风机盘管暂估除税价，FP-102 为 900 元/台，FP-68 为 800 元/台，FP-34 为 700 元/台。

（2）计算工程量

根据上述背景资料，按《通用安装工程工程量计算规范》GB 50856—2013 中的计算规则计算本工程工程量，如表 2-29 所示。

清单工程量计算表　　　　　　　　　　　　　表 2-29

序号	项目名称	型号及规格	单位	工程量	计算过程
1	新风系统				
1.1	热镀锌钢板	800mm×450mm $\delta = 0.75$mm	m²	1.63	长度：1.06−0.21−0.2＝0.65 工程量：(0.8+0.45)×2×0.65＝1.625

序号	项目名称	型号及规格	单位	工程量	计算过程
1.2	热镀锌钢板	630mm×200mm δ=0.6mm	m²	1.96	长度:0.2+0.73+0.25=1.18 工程量:(0.63+0.2)×2×1.18=1.9588
1.3	热镀锌钢板	500mm×200mm δ=0.6mm	m²	8.54	长度:5.85+0.25=6.1 工程量:(0.5+0.2)×2×6.1=8.54
1.4	热镀锌钢板	400mm×200mm δ=0.5mm	m²	6.78	长度:5.65 工程量:(0.4+0.2)×2×5.65=6.78
1.5	热镀锌钢板	320mm×200mm δ=0.5mm	m²	5.15	长度:4.95 工程量:(0.32+0.2)×2×4.95=5.148
1.6	热镀锌钢板	300mm×200mm δ=0.5mm	m²	0.59	长度:0.39+0.2=0.59 工程量:(0.3+0.2)×2×0.59=0.59
1.7	热镀锌钢板	200mm×200mm δ=0.5mm	m²	6.27	长度:2.15+1.8+1.82+1.77+(3.5−3.2−0.1)×3−0.15×3=7.69 工程量:(0.2+0.2)×2×7.69+0.2×0.2×3(端头堵板)=6.27
1.8	热镀锌钢板	200mm×160mm δ=0.5mm	m²	4.45	长度:2.88+3.04+(3.5−3.2−0.08)×2−0.15×2=6.06 工程量:(0.2+0.16)×2×6.06+0.2×0.16×3(端头堵板)=4.45
1.9	软接头	L=200mm	m²	0.70	800mm×450mm:(0.8+0.45)×2×0.2=0.5 300mm×200mm:(0.3+0.2)×2×0.2=0.2 合计:0.5+0.2=0.7
1.10	消声防水百叶窗	800mm×450mm	个	1	1
1.11	对开多叶调节阀	电动	个	1	1
1.12	风管蝶阀	200mm×200mm	个	3	3
1.13	风管蝶阀	200mm×160mm	个	2	2
1.14	单层百叶风口	200mm×200mm	个	3	3
1.15	单层百叶风口	200mm×160mm	个	2	2
1.16	折板式消声器	630mm×200mm	个	1	1
1.17	新风机组 1XF-1	MKS02D6 0.95kg 870mm×750mm×555mm	台	1	1
2	空调系统				
2.1	热镀锌钢板	905mm×140mm δ=0.75mm	m²	21.82	长度:5.66+4.66=10.32 工程量:(0.905+0.14)×2×10.32+0.905×0.14×2(端头堵板)=21.82
2.2	热镀锌钢板	685mm×140mm δ=0.75mm	m²	70.59	长度:5.66×4+3.26×6=42.20 工程量:(0.685+0.14)×2×42.2+0.685×0.14×10(端头堵板)=70.589
2.3	热镀锌钢板	485mm×140mm δ=0.6mm	m²	5.54	长度:2.16×2=4.32 工程量:(0.485+0.14)×2×4.32+0.485×0.14×2(端头堵板)=5.5358
2.4	热镀锌钢板	240mm×240mm δ=0.5mm	m²	15.72	长度:(3.9−3.2−0.07)×26=16.38 工程量:(0.24+0.24)×2×16.38=15.7248

续表

序号	项目名称	型号及规格	单位	工程量	计算过程
2.5	热镀锌钢板	905mm×180mm δ=0.75mm	m²	1.13	长度：(3.9−3.2−0.24−0.2)×2=0.52 工程量：(0.905+0.18)×2×0.52=1.1284
2.6	热镀锌钢板	685mm×180mm δ=0.75mm	m²	4.50	长度：(3.9−3.2−0.24−0.2)×10=2.6 工程量：(0.685+0.18)×2×2.6=4.498
2.7	热镀锌钢板	485mm×180mm δ=0.6mm	m²	0.69	长度：(3.9−3.2−0.24−0.2)×2=0.52 工程量：(0.485+0.18)×2×0.52=0.6916
2.8	软接头	L=200mm	m²	9.50	905mm×140mm： (0.905+0.14)×2×0.2×2=0.836 685×140mm： (0.685+0.14)×2×0.2×10=3.30 485×140mm： (0.485+0.14)×2×0.2×2=0.50 905×180mm： (0.905+0.18)×2×0.2×2=0.868 685×180mm： (0.685+0.18)×2×0.2×10=3.46 485×180mm： (0.485+0.18)×2×0.2×2=0.532 合计： 0.836+3.30+0.50+0.868+3.46+0.532=9.496
2.9	风机盘管	FP-102	台	2	2
2.10	风机盘管	FP-68	台	10	10
2.11	风机盘管	FP-34	台	2	2
2.12	散流器	240mm×240mm	个	26	2×2+10×2+2=26
2.13	门铰式百叶风口(带过滤)	905mm×180mm	个	2	2
2.14	门铰式百叶风口(带过滤)	685mm×180mm	个	10	10
2.15	门铰式百叶风口(带过滤)	485mm×180mm	个	2	2
3	排烟系统				
3.1	排烟风口	PYK(BSFD)280℃ 320mm×(1000+250)mm	个	1	1
3.2	排烟风口	PYK(BSFD)280℃ 400mm×(800+250)mm	个	1	1
4	通风工程检测、调试	风管工程量：156.65m²	系统	1	1

（3）编制工程量清单

根据上述背景资料，按《建设工程工程量清单计价规范》GB 50500—2013 和《通用安装工程工程量计算规范》GB 50856—2013 编制本工程工程量清单。

_____某学院学生活动中心通风空调_____工程

招 标 工 程 量 清 单

招 标 人： _____××公司_____

(单位公章)

造价咨询人： _____××造价咨询公司_____

(单位公章)

××年×月×日

_____某学院学生活动中心通风空调_____ 工程

招 标 工 程 量 清 单

招标人：_____××公司_____　　　造价咨询人：_____××造价咨询公司_____
　　　　　　（单位盖章）　　　　　　　　　　　　（单位资质专用章）

法定代表人　　　　　　　　　　　　法定代表人
或其授权人：_____×××_____　　　或其授权人：_____×××_____
　　　　　　（签字或盖章）　　　　　　　　　（签字或盖章）

　　　　　　×××签字，盖造价师　　　　　　　×××签字
编制人：_____或造价员专用章_____　复核人：_____盖造价师专用章_____
　　　　（造价人员签字，盖专用章）　　　　（造价工程师签字，盖专用章）

编制时间：××年×月×日　　　　复核时间：××年×月×日

145

总说明

项目名称：某学院学生活动中心通风空调工程　　　　　　　　　　　　　第 1 页　共 1 页

　　1. 工程概况

　　(1)本建筑物为某学院新校区一期项目学生会堂,地下一层,地上四层,总建筑面积 23032m², 体育馆建筑高度 21.4m,学生活动中心高度 19m,学生会堂高度 20.65m,本示例工程图纸为学生活动中心首层通风空调工程。

　　(2)本建筑物通风空调系统采用风机盘管加新风系统;首层在吊顶内设新风机组;走廊设机械排烟系统。

　　2. 工程招标范围为设计图纸范围内通风空调工程,具体详见工程量清单。

　　3. 工程量清单编制依据

　　(1)《建设工程工程量清单计价规范》GB 50500—2013 和《通用安装工程工程量计算规范》GB 50856—2013、《省住房城乡建设厅关于〈建设工程工程量清单计价规范〉GB 50500—2013 及其 9 本工程量计算规范的贯彻意见》(苏建价〔2014〕448 号)。

　　(2)本工程设计文件。

　　(3)本工程招标文件。

　　(4)施工现场情况、工程特点及常规施工方案等。

　　(5)其他江苏省、某市相关文件或规定。

　　4. 其他需说明的问题

　　(1)施工现场情况(略)。

　　(2)交通运输情况(略)。

　　(3)自然地理条件(略)。

　　(4)环境保护要求:满足江苏省某市及当地政府对环境保护的相关要求和规定。

　　(5)本工程投标报价按相关规定和要求使用表格及格式。

　　(6)工程量清单中每一个项目,都需要填入综合单价及合价。

　　(7)项目特征只做重点描述,详细情况见施工图纸及相关标准图集。

　　(8)新风机组 1XF-1 为甲供,除税单价为 8000 元/台。

　　(9)风机盘管暂估除税价,FP-102 为 900 元/台,FP-68 为 800 元/台,FP-34 为 700 元/台。

　　(10)本说明未尽事宜,以计价规范、计价管理办法、计算规范、招标文件以及有关的法律、法规、建设行政主管部门颁发的文件为准。

分部分项工程和单价措施项目清单与计价表

工程名称：某学院学生活动中心通风空调工程　标段：　　　　　　　　　　　　第 1 页　共 5 页

序号	项目编码	项目名称	项目特征描述	计量单位	工程量	综合单价	综合合价	其中暂估价
	1	新风系统						
1	030702001001	碳钢通风管道	1. 名称:通风管道 2. 材质:镀锌薄钢板 3. 形状:矩形 4. 规格:800mm×450mm 5. 板材厚度:$\delta=0.75$mm 6. 接口形式:法兰咬口连接	m²	1.63			
2	030702001002	碳钢通风管道	1. 名称:通风管道 2. 材质:镀锌薄钢板 3. 形状:矩形 4. 规格:630mm×200mm 5. 板材厚度:$\delta=0.6$mm 6. 接口形式:法兰咬口连接	m²	1.96			
3	030702001003	碳钢通风管道	1. 名称:通风管道 2. 材质:镀锌薄钢板 3. 形状:矩形 4. 规格:500mm×200mm 5. 板材厚度:$\delta=0.6$mm 6. 接口形式:法兰咬口连接	m²	8.54			
4	030702001004	碳钢通风管道	1. 名称:通风管道 2. 材质:镀锌薄钢板 3. 形状:矩形 4. 规格:400mm×200mm 5. 板材厚度:$\delta=0.5$mm 6. 接口形式:法兰咬口连接	m²	6.78			
5	030702001005	碳钢通风管道	1. 名称:通风管道 2. 材质:镀锌薄钢板 3. 形状:矩形 4. 规格:320mm×200mm 5. 板材厚度:$\delta=0.5$mm 6. 接口形式:法兰咬口连接	m²	5.15			
6	030702001006	碳钢通风管道	1. 名称:通风管道 2. 材质:镀锌薄钢板 3. 形状:矩形 4. 规格:300mm×200mm 5. 板材厚度:$\delta=0.5$mm 6. 接口形式:法兰咬口连接	m²	0.59			
			本页小计					

分部分项工程和单价措施项目清单与计价表

工程名称：某学院学生活动中心通风空调工程　标段：　　　　　　　　　　　　　　　　　第2页 共5页

序号	项目编码	项目名称	项目特征描述	计量单位	工程量	金额（元）		
						综合单价	综合合价	其中暂估价
7	030702001007	碳钢通风管道	1. 名称：通风管道 2. 材质：镀锌薄钢板 3. 形状：矩形 4. 规格：200mm×200mm 5. 板材厚度：$\delta=0.5mm$ 6. 接口形式：法兰咬口连接	m²	6.27			
8	030702001008	碳钢通风管道	1. 名称：通风管道 2. 材质：镀锌薄钢板 3. 形状：矩形 4. 规格：200mm×160mm 5. 板材厚度：$\delta=0.5mm$ 6. 接口形式：法兰咬口连接	m²	4.45			
9	030703019001	柔性接口	1. 名称：软接头 2. 规格：800mm×450mm 3. 材质：帆布 4. 类型：矩形	m²	0.70			
10	030703007001	百叶窗	1. 名称：消声防水百叶窗 2. 规格：800mm×450mm	个	1			
11	030703001001	碳钢阀门	1. 名称：对开多叶调节阀(电动) 2. 规格：800mm×450mm	个	1			
12	030703001002	碳钢阀门	1. 名称：风管蝶阀 2. 规格：200mm×200mm	个	3			
13	030703001003	碳钢阀门	1. 名称：风管蝶阀 2. 规格：200mm×160mm	个	2			
14	030703007002	碳钢风口	1. 名称：单层百叶风口 2. 规格：200mm×200mm	个	3			
15	030703007003	碳钢风口	1. 名称：单层百叶风口 2. 规格：200mm×160mm	个	2			
16	030703020001	消声器	1. 名称：折板式消声器 2. 规格：630mm×200mm	个	1			
17	030701003001	空调器	1. 名称：新风机组 1XF-1 2. 型号：MKS02D6 0.95kg 3. 规格：870mm×750mm×555mm 4. 安装形式：吊顶式 5. 支架形式、材质：成品支架安装	台	1			
			本页小计					

分部分项工程和单价措施项目清单与计价表

工程名称：某学院学生活动中心通风空调工程　标段：　　　　　　　第3页　共5页

序号	项目编码	项目名称	项目特征描述	计量单位	工程量	金额(元)		
						综合单价	综合合价	其中暂估价
18	030704001001	通风工程检测、调试		系统	1			
	2	空调(风机盘管)系统						
19	030702001009	碳钢通风管道	1. 名称:风机盘管管道 2. 材质:镀锌薄钢板 3. 形状:矩形 4. 规格:905mm×140mm 5. 板材厚度:$\delta=0.75$mm 6. 接口形式:法兰咬口连接	m²	21.82			
20	030702001010	碳钢通风管道	1. 名称:风机盘管管道 2. 材质:镀锌薄钢板 3. 形状:矩形 4. 规格:685mm×140mm 5. 板材厚度:$\delta=0.75$mm 6. 接口形式:法兰咬口连接	m²	70.59			
21	030702001011	碳钢通风管道	1. 名称:风机盘管管道 2. 材质:镀锌薄钢板 3. 形状:矩形 4. 规格:485mm×140mm 5. 板材厚度:$\delta=0.6$mm 6. 接口形式:法兰咬口连接	m²	5.54			
22	030702001012	碳钢通风管道	1. 名称:风机盘管管道 2. 材质:镀锌薄钢板 3. 形状:矩形 4. 规格:240mm×240mm 5. 板材厚度:$\delta=0.5$mm 6. 接口形式:法兰咬口连接	m²	15.72			
23	030702001013	碳钢通风管道	1. 名称:风机盘管管道 2. 材质:镀锌薄钢板 3. 形状:矩形 4. 规格:905mm×180mm 5. 板材厚度:$\delta=0.75$mm 6. 接口形式:法兰咬口连接	m²	1.13			
			本页小计					

分部分项工程和单价措施项目清单与计价表

工程名称：某学院学生活动中心通风空调工程　　标段：　　　　　　　　　　第 4 页　共 5 页

序号	项目编码	项目名称	项目特征描述	计量单位	工程量	金额(元)		
						综合单价	综合合价	其中暂估价
24	030702001014	碳钢通风管道	1.名称:风机盘管管道 2.材质:镀锌薄钢板 3.形状:矩形 4.规格:685mm×180mm 5.板材厚度:$\delta=0.75$mm 6.接口形式:法兰咬口连接	m²	4.50			
25	030702001015	碳钢通风管道	1.名称:风机盘管管道 2.材质:镀锌薄钢板 3.形状:矩形 4.规格:485mm×180mm 5.板材厚度:$\delta=0.6$mm 6.接口形式:法兰咬口连接	m²	0.69			
26	030703019002	柔性接口	1.名称:软接口 2.规格:$L=200$mm 3.材质:帆布 4.类型:矩形	m²	9.50			
27	030701004001	风机盘管	1.名称:风机盘管 2.型号:FP-102 3.安装形式:吊顶式 4.支架形式、材质:减震吊架	台	2			
28	030701004002	风机盘管	1.名称:风机盘管 2.型号:FP-68 3.安装形式:吊顶式 4.支架形式、材质:减震吊架	台	10			
29	030701004003	风机盘管	1.名称:风机盘管 2.型号:FP-34 3.安装形式:吊顶式 4.支架形式、材质:减震吊架	台	2			
30	030703007004	散流器	1.名称:方形散流器 2.规格:240mm×240mm	个	26			
31	030703007005	碳钢风口	1.名称:百叶风口 2.型号:门铰型(带过滤) 3.规格:905mm×180mm 4.形式:矩形	个	2			
			本页小计					

分部分项工程和单价措施项目清单与计价表

工程名称：某学院学生活动中心通风空调工程　标段：　　　　　　　　　　　　　　　第 5 页　共 5 页

序号	项目编码	项目名称	项目特征描述	计量单位	工程量	综合单价	综合合价	其中暂估价
32	030703007006	碳钢风口	1. 名称:百叶风口 2. 型号:门铰型(带过滤) 3. 规格:685mm×180mm 4. 形式:矩形	个	10			
33	030703007007	碳钢风口	1. 名称:百叶风口 2. 型号:门铰型(带过滤) 3. 规格:485mm×180mm 4. 形式:矩形	个	2			
34	030704001002	通风工程检测、调试		系统	1			
	3	排烟系统						
35	030703007008	碳钢风口	1. 名称:排烟风口 2. 型号:PYK(BSFD)280℃ 3. 规格:320mm×(1000+250)mm	个	1			
36	030703007009	碳钢风口	1. 名称:排烟风口 2. 型号:PYK(BSFD)280℃ 3. 规格:400mm×(800+250)mm	个	1			
37	030704001003	通风工程检测、调试		系统	1			
			分部分项合计					
38	031301017001	脚手架搭拆	脚手架搭设和拆除	项	1			
			单价措施合计					
			本页小计					
			合　计					

总价措施项目清单与计价表

工程名称：某学院学生活动中心通风空调工程　　　　标段：　　　　　　　　　第1页　共1页

序号	项目编码	项目名称	计算基础	费率(%)	金额(元)	调整费率(%)	调整后金额(元)	备注
1	031302001001	安全文明施工费						
1.1		基本费						
1.2		扬尘污染防治增加费						
2	031302002001	夜间施工						
3	031302005001	冬雨期施工						
4	031302006001	已完工程及设备保护						
5	031302008001	临时设施						
合　计								

编制人（造价人员）：　　　　　　　　　　　复核人（造价工程师）：

其他项目清单与计价汇总表

工程名称：某学院学生活动中心通风空调工程　　　　标段：　　　　　　　　　第1页　共1页

序号	项目名称	金额(元)	结算金额(元)	备注
1	暂列金额			
2	暂估价			
2.1	材料(工程设备)暂估价			详见明细表
2.2	专业工程暂估价			
3	计日工			
4	总承包服务费			
合　计				

暂列金额明细表

工程名称：某学院学生活动中心通风空调工程　　　　标段：　　　　　　　　　第1页　共1页

序号	项目名称	计量单位	暂定金额(元)	备注
合　计				

材料（工程设备）暂估单价及调整表

工程名称：某学院学生活动中心通风空调工程　　　　标段：　　　　　　　　　第1页　共1页

序号	材料编码	材料(工程设备)名称、规格、型号	计量单位	数量		暂估(元)		确认(元)		差额土(元)		备注
				暂估	确认	单价	合价	单价	合价	单价	合价	
1	19400101	风机盘管 FP-34	台			700.00						
2	19400101@1	风机盘管 FP-68	台			800.00						
3	19400101@2	风机盘管 FP-102	台			900.00						
		合计										

专业工程暂估价及结算价表

工程名称：某学院学生活动中心通风空调工程　　标段：　　　　　　　第1页　共1页

序号	工程名称	工程内容	暂估金额(元)	结算金额(元)	差额±(元)	备注
	合　计					

计日工表

工程名称：某学院学生活动中心通风空调工程　　标段：　　　　　　　第1页　共1页

编号	项目名称	单位	暂定数量	实际数量	单价(元)	合价(元) 暂定	合价(元) 实际
1	人工						
	人工小计						
2	材料						
	材料小计						
3	施工机械						
	机械小计						
4	企业管理费和利润						
	总计						

总承包服务费计价表

工程名称：某学院学生活动中心通风空调工程　　标段：　　　　　　　第1页　共1页

序号	项目名称	项目价值(元)	服务内容	计算基础	费率(%)	金额(元)
	合　计					

规费、税金项目清单与计价表

工程名称：某学院学生活动中心通风空调工程　　标段：　　　　　　　第1页　共1页

序号	项目名称	计算基础	计算基数	计算费率(%)	金额(元)
1	规费	社会保险费＋住房公积金＋环境保护税			
1.1	社会保险费	分部分项工程＋措施项目＋其他项目－分部分项设备费－技术措施项目设备费－税后独立费			
1.2	住房公积金				
1.3	环境保护税				
2	税金	分部分项工程＋措施项目＋其他项目＋规费－(甲供材料费＋甲供主材费＋甲供设备费)/1.01－税后独立费			
	合　计				

发包人提供材料和工程设备一览表

工程名称：某学院学生活动中心通风空调工程　　　标段：　　　　　　　　　　第1页 共1页

序号	材料(工程设备) 名称、规格、型号	单位	数量	单价(元)	合价(元)	交货方式	送达地点	备注
1	新风机组 1XF-1 MKS02D6 0.95kg	台		8000.00				

承包人提供主要材料和工程设备一览表
（适用造价信息差额调整法）

工程名称：某学院学生活动中心通风空调工程　　　标段：　　　　　　　　　　第1页 共1页

序号	材料 编码	名称、规格、 型号	单位	数量	风险系数%	基准 单价 (元)	投标 单价 (元)	发底包人 确认单价 (元)	备注

3. "消防工程"工程量清单编制示例【示例三】

（1）背景资料

1）某学院学生活动中心首层消防工程图纸

某学院学生服务中心首层自喷工程平面图和系统图，如图 2-13、图 2-14 所示；图例及型号规格表，如表 2-30 所示。

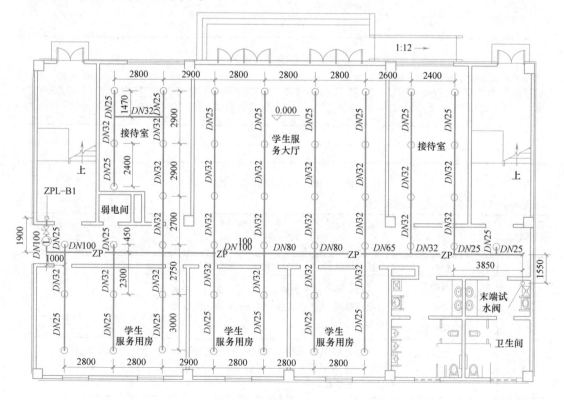

图 2-13　自喷工程平面图

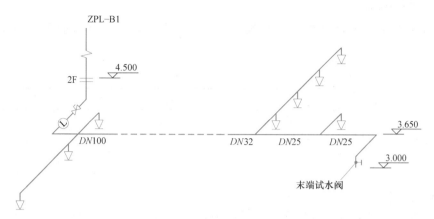

图 2-14　自喷工程系统图

图例及型号规格表　　　　　　　　　　　　　　　　　　　表 2-30

序号	图例	名称	型号规格
1	— ZP —○ ZPL— 平面　　　ZPL｜ZP 系统	自喷水平管及立管	热镀锌钢管
2	○ 平面　　▽ 系统	喷淋头	玻璃球直立闭式下垂喷淋头 ZSTX 15/68
3	▷◁	信号蝶阀	ZSFD-100-16Z
4	—Ⓛ—	水流指示器	ZSJZ100·F
5	⊢†⊣	截止阀(末端试水阀)	J11W-16T

2) 说明

① 本示例工程为自动喷水灭火系统（以下简称自喷），层高为 4.5m，ZPL-B1 用水引自相邻建筑物自喷系统。

② 自喷管道采用热镀锌钢管，DN 小于 100 螺纹连接，DN 大于或等于 100 沟槽连接。

③ 自喷水平管沿梁底走，标高为 3.65m，管径见平面图；连接喷头的短立管底标高 3.4m，管径为 DN25。

④ 自喷管道在交付使用前须做冲洗和调试。

⑤ 管道变径点在三通或四通分支处。

⑥ 不计算 ZPL-B1 立管，不计算管道支架及其除锈刷油，不计算套管。

3）清单项目编码

根据《通用安装工程工程量计算规范》GB 50856—2013，查得清单项目编码，如表 2-31 所示。

分部分项工程项目统一编码　　　　　　　　表 2-31

项目编码	项目名称	项目编码	项目名称
030901001	水喷淋钢管	031003003	焊接法兰阀门
030901003	水喷淋喷头	031003001	螺纹阀门
030901006	水流指示器	030905002	水灭火控制装置调试

4）其他项目

暂列金额：工程量偏差和设计变更为 10000.00 元。

暂估价：喷淋头暂估除税价 8.62 元/个。

（2）计算工程量

根据上述背景资料，按《通用安装工程工程量计算规范》GB 50856—2013 中的计算规则计算本工程工程量，如表 2-32 所示。

清单工程量计算表　　　　　　　　表 2-32

序号	项目名称	型号及规格	单位	工程量	计算过程
1	热镀锌钢管	DN100	m	14.20	$1.9+1+2.8\times3+2.9=14.2$
2	热镀锌钢管	DN80	m	5.60	$2.8\times2=5.6$
3	热镀锌钢管	DN65	m	2.60	2.6
4	热镀锌钢管	DN32	m	66.51	$2.4+(2.9+2.7+2.75)\times5+(2.9+2.7+0.45)\times2+(2.9-1.47)\times2+2.8+2.3\times2=66.51$
5	热镀锌钢管	DN25	m	63.14	$(3.85+1.55+2.9\times6+3\times7+0.45\times3+1.47\times2+2.4)$（水平）$+(3.65-3)$（试水阀立管）$+(3.65-3.4)\times48$（喷头短立管）$=63.14$
6	水喷淋喷头	闭式下垂 ZSTX 15/68	个	48	48
7	水流指示器	DN80	个	1	1
8	信号蝶阀	DN80	个	1	1
9	截止阀	DN25	个	1	1
10	水灭火控制装置调试	—	点	1	1

（3）编制工程量清单

根据上述背景资料，按《建设工程工程量清单计价规范》GB 50500—2013 和《通用安装工程工程量计算规范》GB 50856—2013 编制本工程工程量清单。

　　　　某学院学生活动中心消防　　　工程

招 标 工 程 量 清 单

招　标　人：　　　　×××公司

（单位公章）

造价咨询人：　　　　×××造价咨询公司

（单位公章）

××年×月×日

<u>　　　　某学院学生活动中心消防　　　　　</u>工程

招 标 工 程 量 清 单

招标人：<u>　　××公司　　</u>　　　　造价咨询人：<u>　××造价咨询公司　</u>
　　　　　　（单位盖章）　　　　　　　　　　　　（单位资质专用章）

法定代表人　　　　　　　　　　　　法定代表人
或其授权人：<u>　　×××　　</u>　　或其授权人：<u>　　×××　　</u>
　　　　　　（签字或盖章）　　　　　　　　　　　（签字或盖章）

　　　　　×××签字，盖造价师　　　　　　　　×××签字
编制人：<u>　或造价员专用章　</u>　复核人：<u>　盖造价师专用章　</u>
　　　（造价人员签字，盖专用章）　　　　（造价工程师签字，盖专用章）

编制时间：××年×月×日　　　　　复核时间：××年×月×日

总说明

项目名称：某学院学生活动中心消防工程　　　　　　　　第 1 页　共 1 页

1. 工程概况

(1)本建筑物为某学院新校区一期项目学生会堂,地下一层,地上四层,总建筑面积23032m²,体育馆建筑高度21.4m,学生活动中心高度19m,学生会堂高度20.65m,本示例工程图纸为学生活动中心首层消防工程。

(2)本建筑物消防系统采用自动喷水灭火系统。

2. 工程招标范围为设计图纸范围内消防工程,具体详见工程量清单。

3. 工程量清单编制依据

(1)《建设工程工程量清单计价规范》GB 50500—2013 和《通用安装工程工程量计算规范》GB 50856—2013、《省住房城乡建设厅关于〈建设工程工程量清单计价规范〉GB 50500—2013 及其 9 本工程量计算规范的贯彻意见》(苏建价〔2014〕448 号)。

(2)本工程设计文件。

(3)本工程招标文件。

(4)施工现场情况、工程特点及常规施工方案等。

(5)其他江苏省、某市相关文件或规定。

4. 其他需说明的问题

(1)施工现场情况(略)。

(2)交通运输情况(略)。

(3)自然地理条件(略)。

(4)环境保护要求:满足江苏省某市及当地政府对环境保护的相关要求和规定。

(5)本工程投标报价按相关规定和要求使用表格及格式。

(6)工程量清单中每一个项目,都需要填入综合单价及合价。

(7)项目特征只做重点描述,详细情况见施工图纸及相关标准图集。

(8)暂列金额:10000.00 元。

(9)暂估价:喷淋头暂估除税价 8.62 元。

(10)本说明未尽事宜,以计价规范、计价管理办法、计算规范、招标文件以及有关的法律、法规、建设行政主管部门颁发的文件为准。

分部分项工程和单价措施项目清单与计价表

工程名称：某学院学生活动中心消防工程　标段：　　　　　　　　　　　　　　　　　　　第1页　共2页

序号	项目编码	项目名称	项目特征描述	计量单位	工程量	金额(元)		
						综合单价	综合合价	其中 暂估价
1	030901001001	水喷淋钢管	1. 安装部位:室内 2. 材质、规格:热镀锌钢管DN100 3. 连接形式:沟槽式连接 4. 压力试验及冲洗设计要求:水冲洗	m	14.20			
2	030901001002	水喷淋钢管	1. 安装部位:室内 2. 材质、规格:热镀锌钢管DN80 3. 连接形式:螺纹连接 4. 压力试验及冲洗设计要求:水冲洗	m	5.60			
3	030901001003	水喷淋钢管	1. 安装部位:室内 2. 材质、规格:热镀锌钢管DN65 3. 连接形式:螺纹连接 4. 压力试验及冲洗设计要求:水冲洗	m	2.60			
4	030901001005	水喷淋钢管	1. 安装部位:室内 2. 材质、规格:热镀锌钢管DN32 3. 连接形式:螺纹连接 4. 压力试验及冲洗设计要求:水冲洗	m	66.51			
5	030901001006	水喷淋钢管	1. 安装部位:室内 2. 材质、规格:热镀锌钢管DN25 3. 连接形式:螺纹连接 4. 压力试验及冲洗设计要求:水冲洗	m	63.14			
6	030901003001	水喷淋喷头	1. 安装部位:吊顶下外露 2. 材质、型号、规格:闭式下垂 ZSTX15/68 3. 连接形式:螺纹连接	个	48			
7	030901006001	水流指示器	1. 规格、型号:DN100 2. 连接形式:法兰连接	个	1			
8	031003003001	焊接法兰阀门	1. 类型:信号蝶阀 2. 规格、压力等级:DN100 3. 连接形式:法兰连接	个	1			
9	031003001001	螺纹阀门	1. 类型:截止阀J11W-16T 2. 规格、压力等级:DN25 3. 连接形式:丝接	个	1			
			本页小计					

分部分项工程和单价措施项目清单与计价表

工程名称：某学院学生活动中心消防工程　　标段：　　　　　　　　　　　　　　　第2页　共2页

序号	项目编码	项目名称	项目特征描述	计量单位	工程量	金额(元)		
						综合单价	综合合价	其中暂估价
10	030905002001	水灭火控制装置调试	系统形式:50点以下	点	1			
			分部分项合计					
11	031301017001	脚手架搭拆	脚手架搭设和拆除	项	1			
			单价措施合计					
			本页小计					
			合　计					

总价措施项目清单与计价表

工程名称：某学院学生活动中心消防工程　　　标段：　　　　　　　　　　　　　　第1页　共1页

序号	项目编码	项目名称	计算基础	费率(%)	金额(元)	调整费率(%)	调整后金额(元)	备注
1	031302001001	安全文明施工费						
1.1		基本费						
1.2		扬尘污染防治增加费						
2	031302002001	夜间施工						
3	031302005001	冬雨期施工						
4	031302006001	已完工程及设备保护						
5	031302008001	临时设施						
		合　计						

编制人（造价人员）：　　　　　　　　　　复核人（造价工程师）：

其他项目清单与计价汇总表

工程名称：某学院学生活动中心消防工程　　　标段：　　　　　　　　　　　　　　第1页　共1页

序号	项目名称	金额(元)	结算金额(元)	备注
1	暂列金额	10000.00		详见明细表
2	暂估价			
2.1	材料(工程设备)暂估价	—		详见明细表
2.2	专业工程暂估价			
3	计日工			
4	总承包服务费			
	合　计	10000.00		

暂列金额明细表

工程名称：某学院学生活动中心消防工程　　　　标段：　　　　　　　　第1页　共1页

序号	项目名称	计量单位	暂定金额（元）	备注
1	工程量偏差和设计变更	项	10000.00	
	合　计		10000.00	

材料（工程设备）暂估单价及调整表

工程名称：某学院学生活动中心消防工程　　　　标段：　　　　　　　　第1页　共1页

序号	材料编码	材料（工程设备）名称、规格、型号	计量单位	数量		暂估（元）		确认（元）		差额±（元）		备注
				暂估	确认	单价	合价	单价	合价	单价	合价	
1	20210101	闭式下垂 ZSTX 15/68				8.62						
	合计											

专业工程暂估价及结算价表

工程名称：某学院学生活动中心消防工程　　　　标段：　　　　　　　　第1页　共1页

序号	工程名称	工程内容	暂估金额（元）	结算金额（元）	差额±（元）	备注
	合计					

计日工表

工程名称：某学院学生活动中心消防工程　　　　标段：　　　　　　　　第1页　共1页

编号	项目名称	单位	暂定数量	实际数量	单价（元）	合价（元）	
						暂定	实际
1	人工						
	人工小计						
2	材料						
	材料小计						
3	施工机械						
	机械小计						
4	企业管理费和利润						
	总计						

总承包服务费计价表

工程名称：某学院学生活动中心消防工程　　　　标段：　　　　　　　　　　　　第 1 页　共 1 页

序号	项目名称	项目价值(元)	服务内容	计算基础	费率(%)	金额(元)
合　计						

规费、税金项目清单与计价表

工程名称：某学院学生活动中心消防工程　　　　标段：　　　　　　　　　　　　第 1 页　共 1 页

序号	项目名称	计算基础	计算基数	计算费率(%)	金额(元)
1	规费	社会保险费＋住房公积金＋环境保护税			
1.1	社会保险费	分部分项工程＋措施项目＋其他项目－分部分项设备费－技术措施项目设备费－税后独立费			
1.2	住房公积金				
1.3	环境保护税				
2	税金	分部分项工程＋措施项目＋其他项目＋规费－(甲供材料费＋甲供主材费＋甲供设备费)/1.01－税后独立费			
合　计					

发包人提供材料和工程设备一览表

工程名称：某学院学生活动中心消防工程　　　　标段：　　　　　　　　　　　　第 1 页　共 1 页

序号	材料(工程设备)名称、规格、型号	单位	数量	单价(元)	合价(元)	交货方式	送达地点	备注

承包人提供主要材料和工程设备一览表

(适用造价信息差额调整法)

工程名称：某学院学生活动中心消防工程　　　　标段：　　　　　　　　　　　　第 1 页　共 1 页

序号	材料编码	名称、规格、型号	单位	数量	风险系数%	基准单价(元)	投标单价(元)	发承包人确认单价(元)	备注

4. "给水排水、采暖、燃气工程"工程量清单编制示例【示例四】

(1)背景资料

1)某市公共厕所室内给水排水工程图纸

某市公共厕所给水排水工程平面图和系统图，如图 2-15～图 2-17 所示；图例如表 2-33 所示。

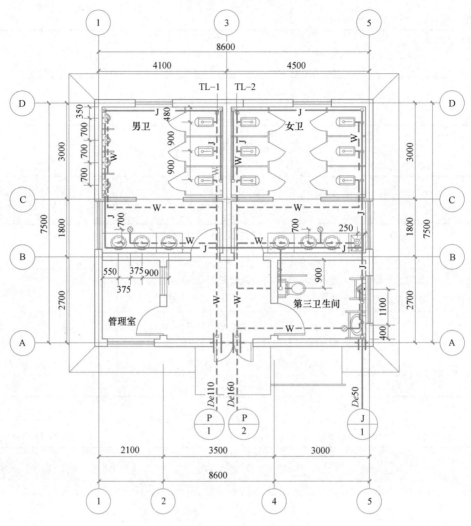

图 2-15　给水排水工程平面图

2）说明

① 给水管道采用钢塑复合管，螺纹连接；排水管道采用 UPVC 管，粘接。

② 给水管上的阀门采用铜截止阀，螺纹连接。

③ 给水管道在交付使用前须做消毒冲洗。

④ 给水立支管管径为 De20，计算至进水阀门处；排水立支管管径同与其相连接的横支管，计算至出地面 100mm 处。

⑤ 给水立管管中距墙 60mm，排水立管管中距墙 130mm。

⑥ 管道变径点在三通分支处。

⑦ 台式洗脸盆水嘴为扳把式脸盆水嘴，立式洗脸盆水嘴为立式水嘴，小便器阀门为红外感应式阀门。

⑧ 坐便器为连体式坐便器，排水接口距背墙距离为 400mm；蹲便器排水接口距背墙距离为 640mm。

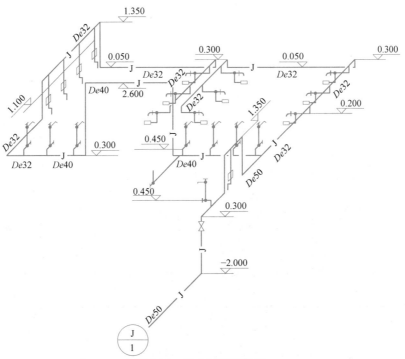

图 2-16　给水工程系统图

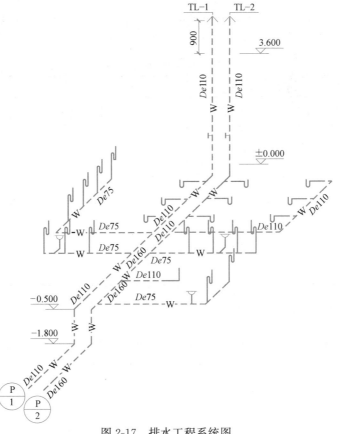

图 2-17　排水工程系统图

图例表   表 2-33

序号	图例	名称	序号	图例	名称
1	—— J ——	给水管道	8		水嘴
2	—— W ——	排水管道	9		地漏
3		截止阀	10		立式洗脸盆
4		脚踏阀	11		台式洗脸盆
5		角阀	12		立式小便器
6		刚性防水套管	13		蹲式大便器
7		小便器感应式冲洗阀	14		坐式大便器

⑨ 管道支架为角钢L40×4，重量 2.5kg，只计算制作安装，不计算除锈刷油。

⑩ 内外墙厚均为 240mm，轴线居中，不考虑墙体抹灰层厚度。

3）清单项目编码

根据《通用安装工程工程量计算规范》GB 50856—2013，查得清单项目编码，如表 2-34 所示。

分部分项工程项目统一编码   表 2-34

项目编码	项目名称	项目编码	项目名称
031001007	复合管	031004003	洗脸盆
031001006	塑料管	031004006	大便器
031002003	钢套管	031004007	小便器
031002001	管道支架	031004014	给、排水附(配)件
031003001	螺纹阀门	031004008	其他成品卫生器具

4）其他项目

暂列金额：工程量偏差和设计变更为 500.00 元。

（2）计算工程量

根据上述背景资料，按《通用安装工程工程量计算规范》GB 50856—2013 中的计算规则计算本工程工程量，如表 2-35 所示。

清单工程量计算表   表 2-35

序号	项目名称	型号及规格	单位	工程量	计算过程
1	钢塑复合管	$De50$	m	8.90	（1.5＋0.24＋0.06）(进户水平管)＋（0.3＋2)(立管)＋2.7(5 轴水平支管)＋（1.35－0.3）×2(5 轴立支管)＝8.9

续表

序号	项目名称	型号及规格	单位	工程量	计算过程
2	钢塑复合管	$De40$	m	12.80	（8.6－0.12×2－0.06－1.3）（B轴水平支管）＋（2.6－0.3）×2（B轴立支管）＋（0.9＋0.24＋0.06）＝12.8
3	钢塑复合管	$De32$	m	25.54	（4.8－0.12×2－0.06×2）（5轴水平支管）＋（4.5－0.12×2－0.06×2＋4.1－0.12×2－0.06×2）（D轴水平支管）＋（2.28－0.06）×2（3轴水平支管）＋（0.3－0.05）×3（D轴立支管）＋（1.3－0.06）（B轴水平支管）＋（4.8－0.12×2－0.06×2）（1轴水平支管）＋（1.35－0.3＋1.35－0.05）（1轴立支管）＝25.54
4	钢塑复合管	$De20$	m	3.35	（0.45－0.3）×7（洗脸盆立支管）＋（1.35－1.1）×5（小便器立支管）＋（0.3－0.2）×9（蹲便器立支管）＋（0.45－0.3）（拖把池立支管）＝3.35
5	管道支架	角钢-40×4	kg	2.50	2.5
6	套管	刚性防水套管$De50$	个	1	1
7	螺纹阀门	截止阀$De50$	个	1	1
8	塑料管	UPVC排水管$De160$	m	5.87	（1.5＋0.24＋0.13）（P/2排出管）＋（－0.5＋1.8）（P/2立管）＋2.7（P/2的3轴水平支管）＝5.87
9	塑料管	UPVC排水管$De110$	m	43.48	（1.5＋0.24＋0.13）（P/1排出管）＋（－0.5＋1.8）（P/1立管）＋（4.8－0.12×2－0.13×2）（P/2的3轴水平支管）＋（7.5－0.12×2－0.13×2）（P/1的3轴水平支管）＋（3.6＋0.5＋0.9）×2（TL1和TL2）＋（4.5－3－0.13＋0.4）（坐便器水平支管）＋（0.64－0.13）×9（蹲便器水平支管）＋（4.5－0.12×2－0.13×2）（P/2的C轴水平支管）＋（3＋0.13－0.48）（P/2的5轴水平支管）＋（0.5＋0.1）×10（立管）＝43.48
10	塑料管	UPVC排水管$De75$	m	29.81	（4.1－0.12×2－0.13－0.55＋0.7）（P/1的B轴水平支管）＋（4.1－0.12×2－0.13×2）（P/1的C轴水平支管）＋（3＋0.13－0.35）（P/1的1轴水平支管）＋（4.5－0.12×2－0.13×2）（P/2的A轴水平支管）＋（0.4＋1.1－0.13）（P/2的5轴水平支管）＋（4.5－0.12×2－0.13－0.25＋0.7）（P/2的B轴水平支管）＋（0.5＋0.1）×16（立支管）＝29.81
11	套管	刚性防水套管$De110$	个	1	1
12	套管	刚性防水套管$De160$	个	1	1
13	洗脸盆	台下式洗脸盆	组	6	6
14	洗脸盆	立式洗脸盆 冷水	组	1	1
15	大便器	连体式坐便器	组	1	1
16	大便器	脚踏阀冲洗式蹲便器	组	9	9
17	小便器	感应式明装立式小便器	组	5	5
18	拖布池	陶瓷成品$500×600$	组	1	1
19	地漏	高水封塑料地漏	个	3	3

（3）编制工程量清单

根据上述背景资料，按《建设工程工程量清单计价规范》GB 50500—2013和《通用安装工程工程量计算规范》GB 50856—2013编制本工程工程量清单。

_____某市公共厕所给水排水_____工程

招 标 工 程 量 清 单

招　标　人：_____×× 公司_____
（单位公章）

造价咨询人：_____××造价咨询公司_____
（单位公章）

××年×月×日

　　　　<u>　　　某市公共厕所给水排水　　　</u>　　　　工程

招 标 工 程 量 清 单

招标人：<u>　　×× 公司　　　</u>　　　　造价咨询人：<u>　　×× 造价咨询公司　</u>
　　　　　（单位盖章）　　　　　　　　　　　　　（单位资质专用章）

法定代表人　　　　　　　　　　　　　　法定代表人
或其授权人：<u>　　×××　　　</u>　　　或其授权人：<u>　　×××　　　</u>
　　　　　（签字或盖章）　　　　　　　　　　　（签字或盖章）

　　　　　　×××签字，盖造价师　　　　　　　　×××签字
编制人：<u>　　或造价员专用章　　</u>　复核人：<u>　　盖造价师专用章　　</u>
　　　（造价人员签字，盖专用章）　　　　（造价工程师签字，盖专用章）

编制时间：××年×月×日　　　　　复核时间：××年×月×日

总说明

项目名称：某市公共厕所给水排水工程　　　　　　　　　　　　　　　　　　第 1 页　共 1 页

　　1. 工程概况

　　(1)本工程为某市汽车站对面公共厕所,地上一层,总建筑面积 71.8m^2,建筑高度 4.35m。

　　(2)建筑耐火等级为地上二级。

　　(3)建筑结构形式为砖混,主体结构合理使用年限为 50 年。

　　2. 工程招标范围为设计图纸范围内给水排水工程,具体详见工程量清单。

　　3. 工程量清单编制依据:

　　(1)《建设工程工程量清单计价规范》GB 50500—2013 和《通用安装工程工程量计算规范》GB 50856—2013、《省住房城乡建设厅关于〈建设工程工程量清单计价规范〉GB 50500—2013 及其 9 本工程量计算规范的贯彻意见》苏建价〔2014〕448 号。

　　(2)本工程设计文件。

　　(3)本工程招标文件。

　　(4)施工现场情况、工程特点及常规施工方案等。

　　(5)其他江苏省、某市相关文件或规定。

　　4. 其他需说明的问题

　　(1)施工现场情况(略)。

　　(2)交通运输情况(略)。

　　(3)自然地理条件(略)。

　　(4)环境保护要求;满足江苏省某市及当地政府对环境保护的相关要求和规定。

　　(5)本工程投标报价按相关规定和要求使用表格及格式。

　　(6)工程量清单中每一个项目,都需要填入综合单价及合价。

　　(7)项目特征只做重点描述,详细情况见施工图纸及相关标准图集。

　　(8)暂列金额:500.00 元

　　(9)本说明未尽事宜,以计价规范、计价管理办法、计算规范、招标文件以及有关的法律、法规、建设行政主管部门颁发的文件为准。

分部分项工程和单价措施项目清单与计价表

工程名称：某市公共厕所给水排水工程　标段：　　　　　　　　　　　　第1页　共3页

序号	项目编码	项目名称	项目特征描述	计量单位	工程量	金额（元）		
						综合单价	综合合价	其中
								暂估价
		给水						
1	031001007001	复合管	1. 安装部位：室内 2. 介质：给水 3. 材质、规格：钢塑复合管De50 4. 连接形式：丝接 5. 压力试验及吹、洗设计要求：水压试验、水冲洗、消毒	m	8.90			
2	031001007002	复合管	1. 安装部位：室内 2. 介质：给水 3. 材质、规格：钢塑复合管De40 4. 连接形式：丝接 5. 压力试验及吹、洗设计要求：水压试验、水冲洗、消毒	m	12.80			
3	031001007003	复合管	1. 安装部位：室内 2. 介质：给水 3. 材质、规格：钢塑复合管De32 4. 连接形式：丝接 5. 压力试验及吹、洗设计要求：水压试验、水冲洗、消毒	m	25.54			
4	031001007004	复合管	1. 安装部位：室内 2. 介质：给水 3. 材质、规格：钢塑复合管De20 4. 连接形式：丝接 5. 压力试验及吹、洗设计要求：水压试验、水冲洗、消毒	m	3.35			
5	031002001001	管道支架	1. 材质：角钢L40×4 2. 管架形式：非保温管架	kg	2.50			
6	031002003001	套管	1. 名称、类型：穿基础刚性防水套管 2. 规格：DN65	个	1			
7	031003001001	螺纹阀门	1. 类型：截止阀J11W-16 2. 材质：铜 3. 规格：DN40 4. 连接形式：丝接	个	1			
			本页小计					

分部分项工程和单价措施项目清单与计价表

工程名称：某市公共厕所给水排水工程　标段：　　　　　　　　　第2页　共3页

序号	项目编码	项目名称	项目特征描述	计量单位	工程量	金额(元)		
						综合单价	综合合价	其中
								暂估价
		排水						
8	031001006001	塑料管	1. 安装部位:室内 2. 介质:排水 3. 材质、规格:De160 4. 连接形式:粘接	m	5.87			
9	031001006002	塑料管	1. 安装部位:室内 2. 介质:排水 3. 材质、规格:De110 4. 连接形式:粘接	m	43.48			
10	031001006003	塑料管	1. 安装部位:室内 2. 介质:排水 3. 材质、规格:De75 4. 连接形式:粘接	m	29.81			
11	031002003002	套管	1. 名称、类型:穿基础刚性防水套管 2. 规格:DN250	个	1			
12	031002003003	套管	1. 名称、类型:穿基础刚性防水套管 2. 规格:DN200	个	1			
13	031004003001	洗脸盆	1. 材质:陶瓷 2. 规格、类型:台式 3. 组装形式:冷水	组	6			
14	031004003002	洗脸盆	1. 材质:陶瓷 2. 规格、类型:立式 3. 组装形式:冷水	组	1			
15	031004006001	大便器	1. 材质:陶瓷 2. 规格、类型:连体坐式	组	1			
16	031004006002	大便器	1. 材质:陶瓷 2. 规格、类型:蹲式脚踏冲洗	组	9			
17	031004007001	小便器	1. 材质:陶瓷 2. 规格、类型:红外感应立式	组	5			
18	031004008001	其他成品卫生器具	1. 材质:陶瓷成品拖布池 2. 规格、类型:500mm×600mm	组	1			
		本页小计						

分部分项工程和单价措施项目清单与计价表

工程名称：某市公共厕所给水排水工程　　标段：　　　　　　　　　　　　　　　　第 3 页　共 3 页

序号	项目编码	项目名称	项目特征描述	计量单位	工程量	金额(元)		
						综合单价	综合合价	其中暂估价
19	031004014001	给水、排水附(配)件	1. 高水封塑料地漏 2. 型号、规格：DN75	个	3			
			分部分项合计					
20	031301017001	脚手架搭拆	脚手架搭设和拆除	项	1			
			单价措施合计					
			本页小计					
			合　计					

总价措施项目清单与计价表

工程名称：某市公共厕所给水排水工程　　　　标段：　　　　　　　　　　　　　　第 1 页　共 1 页

序号	项目编码	项目名称	计算基础	费率(%)	金额(元)	调整费率(%)	调整后金额(元)	备注
1	031302001001	安全文明施工费						
1.1		基本费						
1.2		扬尘污染防治增加费						
2	031302002001	夜间施工						
3	031302005001	冬雨期施工						
4	031302006001	已完工程及设备保护						
5	031302008001	临时设施						
		合　计						

编制人（造价人员）：　　　　　　　　　　　　复核人（造价工程师）：

其他项目清单与计价汇总表

工程名称：某市公共厕所给水排水工程　　　　标段：　　　　　　　　　　　　　　第 1 页　共 1 页

序号	项目名称	金额(元)	结算金额(元)	备注
1	暂列金额	500.00		详见明细表
2	暂估价			
2.1	材料(工程设备)暂估价	—		
2.2	专业工程暂估价			
3	计日工			
4	总承包服务费			
	合　计	500.00		

暂列金额明细表

工程名称：某市公共厕所给水排水工程　　　　标段：　　　　　　　　第1页　共1页

序号	项目名称	计量单位	暂定金额(元)	备注
1	工程量偏差和设计变更	项	500.00	
	合　计		500.00	

材料（工程设备）暂估单价及调整表

工程名称：某市公共厕所给水排水工程　　　　标段：　　　　　　　　第1页　共1页

序号	材料编码	材料（工程设备）名称、规格、型号	计量单位	数量		暂估(元)		确认(元)		差额±(元)		备注
				暂估	确认	单价	合价	单价	合价	单价	合价	
	合　计											

专业工程暂估价及结算价表

工程名称：某市公共厕所给水排水工程　　　　标段：　　　　　　　　第1页　共1页

序号	工程名称	工程内容	暂估金额(元)	结算金额(元)	差额±(元)	备注
	合　计					

计日工表

工程名称：某市公共厕所给水排水工程　　　　标段：　　　　　　　　第1页　共1页

编号	项目名称	单位	暂定数量	实际数量	单价(元)	合价(元)	
						暂定	实际
1	人工						
	人工小计						
2	材料						
	材料小计						
3	施工机械						
	机械小计						
4	企业管理费和利润						
	总计						

总承包服务费计价表

工程名称：某市公共厕所给水排水工程　　　　标段：　　　　　　　　第1页　共1页

序号	项目名称	项目价值(元)	服务内容	计算基础	费率(%)	金额(元)
	合　计					

规费、税金项目清单与计价表

工程名称：某市公共厕所给水排水工程　　　　标段：　　　　　　　　　　　　　　第 1 页　共 1 页

序号	项目名称	计算基础	计算基数	计算费率(%)	金额(元)
1	规费	社会保险费＋住房公积金＋环境保护税			
1.1	社会保险费	分部分项工程＋措施项目＋其他项目－分部分项设备费－技术措施项目设备费－税后独立费			
1.2	住房公积金				
1.3	环境保护税				
2	税金	分部分项工程＋措施项目＋其他项目＋规费－(甲供材料费＋甲供主材费＋甲供设备费)/1.01－税后独立费			
合　　计					

发包人提供材料和工程设备一览表

工程名称：某市公共厕所给水排水工程　　　　标段：　　　　　　　　　　　　　　第 1 页　共 1 页

序号	材料(工程设备)名称、规格、型号	单位	数量	单价(元)	合价(元)	交货方式	送达地点	备注

承包人提供主要材料和工程设备一览表

(适用造价信息差额调整法)

工程名称：某市公共厕所给水排水工程　　　　标段：　　　　　　　　　　　　　　第 1 页　共 1 页

序号	材料编码	名称、规格、型号	单位	数量	风险系数%	基准单价(元)	投标单价(元)	发承包人确认单价(元)	备注

第4节　计算机辅助工程量计算

2.4.1　安装工程图形算量

2.4.1

现阶段的安装工程图形算量已进入全面应用阶段，面对市面上多家软件厂商，多款算量软件，总是会无从下手，难以选择。实际各家在算量的流程和应用上都是一致的，就整体的算量应用流程来看，可分为两大类，一类是数个数的数量级工程量，一类是量长度的长度级工程量，具体的操作流程如图 2-18 所示。

建筑安装工程包含电气安装工程、给水排水、采暖、燃气工程、通风空调工程、消防工程等。以电气照明及动力工程为例，电气照明及动力工程包含电气照明工程和动力工程等；以电气照明工程为例，包含照明灯具、开关、插座、配电箱、桥架、电线、电管等工程内容，最终套取江苏地区清单和定额内容。

流程如下：图纸管理添加图纸—熟悉图纸—填写工程信息—设置楼层—根据设计图纸完善工程设置里其他信息—分析图纸确定定位点—定位各层图纸—手动分割各层图纸—新建照明灯具，完善照明灯具信息—识别照明灯具—新建开关插座，完善开关插座信息—识

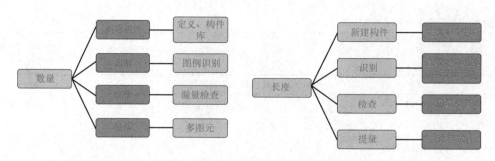

图 2-18　操作流程

别开关插座—识别配电箱—反建配电箱构件—新建电气设备—识别电气设备—读取系统图，建立电线电缆导管—利用多回路，识别电气平面图—选择防雷接地，修改防雷接地构件信息—识别防雷接地构件—选择零星构件，生成套管，生成接线盒，采用自动套用清单库的形式，再手动查找定额库内容进行套取，得出清单工程量和定额工程量。

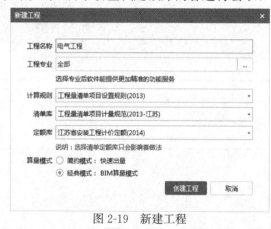

图 2-19　新建工程

1. 新建工程

打开桌面 BIM 安装计量快捷图标，弹出软件开始界面，点击"新建工程"，弹出新建工程界面，如图 2-19 所示。

2. 工程设置

（1）楼层设置

1）点击模块导航栏"工程设置—楼层设置"，然后在弹出窗口进行楼层设置，层高按照建筑层高进行设置。

2）点击"插入楼层"按钮，进行添加楼层，输入层高信息，如图 2-20 所示。

首层	编码	楼层名称	层高(m)	底标高(m)	相同层数	板厚(mm)	建筑面积(m2)	备注
☐	5	机房层	3.8	15.2	1	120		
☐	4	第4层	3.8	11.4	1	120		
☐	3	第3层	3.8	7.6	1	120		
☐	2	第2层	3.8	3.8	1	120		
☑	1	首层	3.8	0	1	120		
☐	-1	第-1层	4	-4	1	120		
☐	0	基础层	3	-7	1	500		

图 2-20　添加层高信息

（2）按钮说明

1）插入楼层：添加一个新的楼层到楼层列表。

2）删除楼层：删除当前选择的楼层。

3）上移：可调整楼层顺序，将光标选中的楼层向上移一层，楼层的名称和层高等信息同时上移。

4）下移：将光标选中的楼层向下移一层。

（3）其他说明

1）首层和基础层是软件自动建立的，是无法删除的。

2）当建筑物有地下室时，基础层指的是最底层地下室以下的部分，当建筑物没有地下室时，可以把首层以下的部分定义为基础层。

3）建立地下室层时，将光标放在基础层时，再点击"插入楼层"，这时就可插入第－1层。

3. 绘图输入

（1）图纸管理

1）点击模块导航栏"工程设置"，进入工程设置界面。

2）点击功能包"图纸管理"，进入图纸管理界面。

3）左键点击"添加"，导入对应专业图纸。如图2-21所示。

4）点击"定位"，鼠标左键定位图纸，右键确认。

5）点击"手动分割"鼠标左键框选图纸，右键确认。

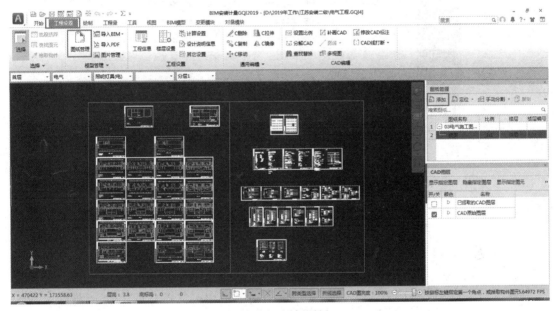

图 2-21　添加图纸

（2）阅读设计说明信息及了解材料表相关内容

了解工程概况如楼层高度、系统组成、设备选型及安装、电缆、电线选择及敷设方式、防雷接地施工方式等。

（3）识别材料表

1）在"图纸管理"—"手动分割"中，将材料表分配到首层。

2）点击模块导航栏"绘制—电气—照明灯具"，将鼠标停在"照明灯具"构件类型。

3）点击功能包"材料表"，如图2-22所示。

4）移动鼠标到材料表处，将需要识别的材料表选中框内，这时放开鼠标左键，此时被选择区域呈颜色选中状态，并且外围有一颜色框。

5）此时，点击右键，弹出"识别材料表"对话框，如图2-23所示。

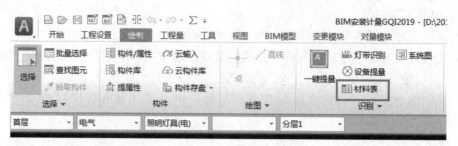

图 2-22　材料表

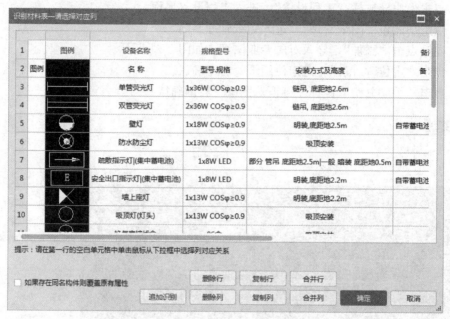

图 2-23　"识别材料表"对话框

6）下面进行列头选择，名称列选择"设备名称"，如名称被分成两列，这时将鼠标停在后一列，点击功能"合并列"在弹出的对话框中，选择"是"，此时将前后两列内容进行合并，用此种方法，将所有的列进行有效合并。

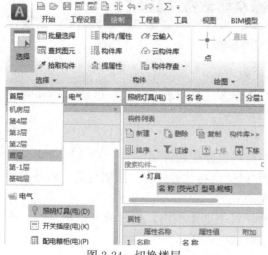

图 2-24　切换楼层

7）将所有列与行的单元格检查无误后，点击右下角"确定"按钮。此时材料表所有构件生成。

（4）切换楼层

点击工具栏切换到首层，如图 2-24 所示。

（5）图例识别

1）点击模块导航栏"电气—照明灯具"，将鼠标停在"照明灯具"构件类型。

2）左键点击功能包"设备提量"功能，如图2-25所示。

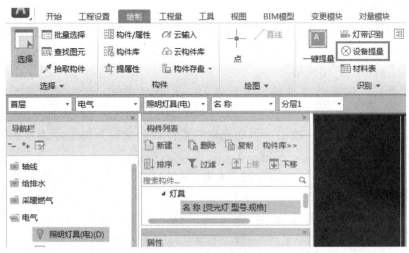

图2-25　设备提量功能

3）在绘图区移动光标到需要识别的CAD图元上，鼠标变为回字形，点击鼠标左键或拉框选择该CAD图元，此时，该图元呈颜色选中状态。

4）点击右键，弹出"选择要识别成的构件"对话框，如图2-26所示。

5）在弹出的对话框内选择对应的构件，可以将工程图例与材料表图例进行对应，快速选择需要的构件，确定无误后，点击"确定"按钮。

6）此时会提示识别的数量，点击"确定"，该图元识别完毕。

采用相同的方法可以将本层所有的灯具、开关、插座、配电箱等点式构件在对应的构件类型下全部识别完成，识别后结果如图2-27所示。

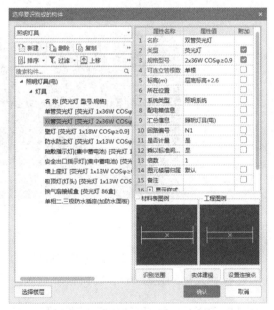

图2-26　选择要识别成的构件

	编码	类别	名称	项目特征	表达式	单位	工程量
1	◇		安全出口指示灯[(集中蓄电池) 荧光灯 1x8W LED			个	2.000
2	◇		壁灯 荧光灯 1x18W COSφ≥0.9			个	5.000
3	◇		防水防尘灯 荧光灯 1x13W COSφ≥0.9			个	6.000
4	◇		换气扇接线盒 荧光灯 86盒			个	2.000
5	◇		疏散指示灯[(集中蓄电池) 荧光灯 1x8W LED			个	2.000
6	◇		双管荧光灯 荧光灯 2x36W COSφ≥0.9			个	36.000
7	◇		吸顶灯(灯头) 荧光灯 1x13W COSφ≥0.9			个	16.000
8	◇		单控单联跷板开关 250V 10A			个	11.000
9	◇		单控三联跷板开关 250V 10A			个	12.000
10	◇		单控双联跷板开关 250V 10A			个	2.000
11	◇		动力配电箱 600×500×300			个	2.000
12	◇		照明配电箱 600×500×300			个	2.000

图2-27　查看所有点式构件工程量

本层所有点式构件识别后，下面来识别配管配线。

（6）计算桥架

1）点击模块导航栏"电气—电缆导管"，将光标停在"电缆导管"构件类型处。

2）点击工具栏—定义，进入定义界面（也可以点击 F2 快捷键）。

3）点击"新建—新建桥架"。

4）在属性处，按图纸要求输入各属性值，采用相同的方法，按图纸要求新建若干桥架。

5）点击功能包"直线"按钮，移动光标到绘图区，此时光标显示为"田"字形，光标在表示桥架的 CAD 图元处，左键点击，如图 2-28 所示，拖动光标，直到找到另一点相交为一黄色框显示，确认后，点击左键，此时 SR200×100 绘制完毕。然后点击右键，该段桥架绘制完毕。

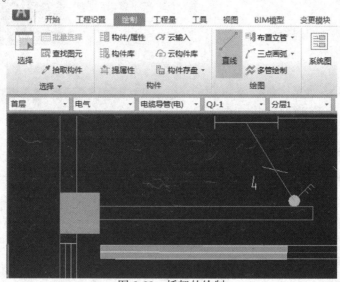

图 2-28　桥架的绘制

（7）设置起点

1）移动光标在功能包左键点击"设置起点"功能按钮。

2）移动光标到连接 AL1 的桥架端点处，此时光标形状变为"手"状。

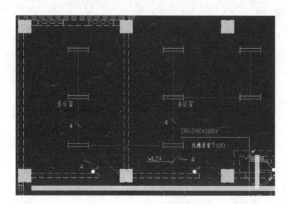

图 2-29　回路识别

3）点击左键，弹出"设置起点位置"对话框，在此选择需要设置起点的端点处，点击"确定"按钮，此时在该端点处会有黄色的 X 显示，表示设置成功。

提示：一段桥架只能设置一个起点，当再点击另一端时，一端的起点撤销。

（8）回路识别

1）左键选择功能包"单回路"，然后移动光标在绘图区点选 WLZ4 回路中所有 CAD 线条，此时选中的回路为蓝色表示，如图 2-29 所示。

2）如果软件的回路选择与用户要求不同，此时再左键点击回路，进行补选或取消回路，当确认无误后，点击右键，然后再左键选择下一回路的线段与标识。

3）当所有的回路都选择完成后，点击鼠标右键，此时弹出"选择要识别成的构件"，如图2-30所示。

4）点击"新建"—"新建配管"，生成软件默认构件，按系统图要求新建回路的配管配线信息。

5）确认无误后，点击"确定"按钮，照明回路识别完成。

6）同样采用"回路自动识别"的方法，将其余回路识别完成。

（9）选择起点

"选择起点"功能一般与"设置起点"功能配合使用，只有桥架或线缆设置了起点之后，"选择起点"功能才可使用。

左键点击功能包中"设置起点"—"选择起点"功能。

按鼠标左键选择管道，右键确认，弹出"选择起点"对话窗口。

在对话框中左键选择起点后，起点变为绿色，同时计算路径变为绿色，确认无误后，点击"确定"。这时经过"选择起点"后的管道呈黄色，以示与其他管道区分，方便检查。

提示：使用"选择起点"功能，主要是对于一根配管配线在该段桥架系统中，起点处有若干个配电箱柜，这样该段导管就会有若干个起点，利用此功能可以在软件分析出的桥架系统中，选择起点，然后根据路径计算导线长度。

4. 汇总计算

（1）在点击功能包"汇总计算"，弹出汇总计算窗口，如图2-31所示。

（2）选择需要汇总的楼层，点击"计算"按钮即可。

（3）汇总结束后弹出"汇总完成"的提示窗口。

相关操作如下：

（1）在楼层列表中可以选择所要汇总计算的层。

（2）全选：可以选中当前工程中的所有楼层。

（3）清空：清空选中的楼层。

（4）当前层：只汇总当前所在的层。

5. 集中套用做法

（1）自动套用做法——清单套取

1）点击模块导航栏—集中套用做法，进入集中套用做法界面。

2）鼠标左键点击工具栏—"自动套用清单"功能，弹出自动套用完成界面，此时该界面内所有工程量汇总项的清单自动套取完毕。

3）有部分需要手工套取清单的工程量，先将光标停在该工程量处，这时鼠标左键点击工具栏"选择清单"按钮，此时弹出"选择清单"对话框。

4）选择需要套取的清单项，双击选择，此时该清单项就套取在该工程量下。

5）点击工具栏"匹配项目特征"功能按钮，此时所有清单项的项目特征匹配完毕。

（2）自动套用做法——定额套取

1）点击模块导航栏—集中套用做法，进入集中套用做法界面。

图 2-30　构件名称的选择

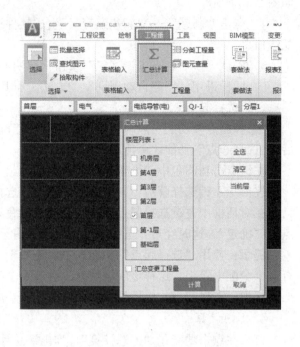

图 2-31　计算汇总界面

2）先将光标停在该工程量处，这时鼠标左键点击工具栏"选择定额"按钮，此时弹出"选择定额"对话框。

3）选择需要套取的定额项，双击选择，此时该定额项就套取在该工程量下。

2.4.2　BIM 技术在安装工程中的应用

2.4.2

BIM 是英文 Building Information Modeling 或 Building Information Model 的缩写，代表建筑信息模型化或建筑信息模型。BIM 技术即关于建筑信息模型化和建筑信息模型的技术。其基本理念是，以基于三维几何模型、包含其他信息和支持开放式标准的建筑信息为基础，提供更加强有力的软件，提高建筑工程的规划、设计、施工管理以及运行和维护的效率和水平；实现建筑全生命期信息共享（图 2-32），从而实现建筑全生命期成本等关键方面的优化。

1. BIM 技术的起源

BIM 的概念原型最早于 20 世纪 70 年代提出，当时称为"产品模型（Product Model）"，该模型既包括建筑的三维几何信息，也包含建筑的其他信息，可是由于当时计算机技术的落后，BIM 技术未能得到进一步的应用。进入 21 世纪，随着计算机和信息技术的快速发展，CAD 技术也随之快速发展，特别是三维 CAD 技术的发展，产品模型的概念得以发展，于 2002 年由主要的 CAD 软件开发商之一——美国 Autodesk 公司改名为 BIM，

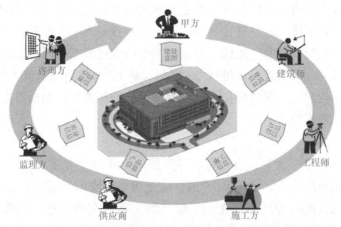

图 2-32　BIM 技术与多单位实现信息共享

BIM 技术开始在建筑工程中得到重视并加以应用。经过约 10 年的发展，BIM 技术取得了很大的进步，并已成为继 CAD 技术之后行业信息化最重要的新技术。

值得一提的是，类似于 BIM 的理念同期在制造业也被提出，在 20 世纪 90 年代已实现，推动了制造业的科技进步和生产力提高，塑造了制造业强有力的竞争力。

2. BIM 的特点

BIM 具有可视化、协调性、模拟性、优化性和可出图性五大特点。

（1）可视化

可视化即"所见即所得"的形式。通过 BIM 技术，可以将以往的线条式构件转变成一种三维的立体实物图形，展现在人们的面前。虽然在建筑设计中也有提供效果图的情况，但这种效果图是分包给专业的效果图制作团队，他们通过识读设计图，进而以线条信息制作出来，并不是通过构件的信息自动生成，缺少了同构件之间的互动性和反馈性，而 BIM 可视化是一种能够同构件之间形成互动性和反馈性的可视。在建筑信息模型中，整个过程都是可视化的，因此可视化的结果不仅可以用来做效果图的展示及报表的生成，更重要的是，项目设计、建造、运营过程中的沟通、讨论、决策等都可以在可视化状态下进行。

（2）协调性

不管是施工单位还是业主及设计单位，无不在进行着协调及互相配合的工作。一旦项目实施过程中出现了问题，就需要将各有关人士组织起来召开协调会，寻找问题出现的原因及解决办法，做出变更或采取相应补救措施等使问题得到解决。但是这种协调属于问题出现后进行的协调。在设计时，由于各专业设计师之间的沟通不到位，常出现各种专业之间的碰撞问题，通过 BIM 技术，可以在建筑物建造前期对各专业的碰撞问题进行协调，生成协调数据，并提供出来，提前解决问题。当然，BIM 的协调作用不仅是解决各专业间的碰撞问题，它还可以进行如电梯井布置与其他设计布置及净空要求的协调、防火分区与其他设计布置的协调、地下排水布置与其他设计布置的协调等。

（3）模拟性

BIM 的模拟性并不仅是模拟设计出建筑物模型，还可以模拟不能够在真实世界中进行操作的事物。在设计阶段，BIM 可以对设计上需要进行模拟的一些东西进行模拟试验，如紧急疏散模拟、日照模拟、热能传导模拟等。在招投标和施工阶段，可以进行 4D 模拟（三维模型加项目的发展时间），也就是根据施工组织设计模拟实际施工，从而确定合理的施工方案来指导施工；同时还可以进行 5D 模拟（基于 3D 模型的造价控制），从而实现成本控制。在后期运营阶段，可以模拟日常紧急情况的处理方式，如地震发生时人员逃生模拟及火警时人员疏散模拟等。

（4）优化性

事实上，整个设计、施工、运营的过程就是一个不断优化的过程，当然优化和 BIM 也不存在实质性的必然联系，但在 BIM 的基础上可以做更好的优化。没有准确的信息就做不出合理的优化，BIM 模型不仅提供了建筑物实际存在的信息，包括几何信息、物理信息、规则信息，而且还提供了建筑物变化以后的实际状况。现代建筑物的复杂程度大多超过参与人员本身的能力极限，因此必须借助一定的科学技术和设备的帮助，BIM 及与其配套的各种优化工具提供了对复杂项目进行优化的可能。基于 BIM 的优化可以做以下几个方面的工作：

1）项目方案优化：把项目设计和投资回报分析结合起来，设计变化对投资回报的影响可以实时计算出来，这样业主在选择设计方案时就不会主要停留在对建筑外形的评价上，而可以更多地考虑哪种项目设计方案更有利于自身的需求。

2）特殊项目的设计优化：如裙楼、幕墙、屋顶、大空间等异型设计，虽然占整个建筑的比例不大，但是所占投资和工作量的比例却大得多，而且施工难度通常也较大、施工问题也较多，对这些部分的设计、施工方案进行优化，可以带来显著的工期缩短和成本降低。

（5）可出图性

目前，BIM 通过对工程对象进行可视化展示、协调、模拟、优化后，可以帮助业主出以下图纸：

1）综合管线图（经过碰撞检查和设计修改，消除了相应错误后）；

2）综合结构留洞图（预埋套管图）；

3）碰撞检查侦错报告和建议改进方案；

4）设备安装过程中用于指导施工的大样图等。

当然，功能较为完善的 BIM 软件也可以出传统的设计图纸，以满足当前工程建设的需要，但是目前我国相关的标准规定还不完善。

3. BIM 技术应用前景

BIM 被业内认为是一片待开发的蓝海。行内权威机构 Transparency Market（以下简称 TMR）预估 2022 年全球 BIM 市场规模将由 2014 年的 26 亿美金增长到 115.4 亿美金。北美是目前世界上最大的 BIM 市场，但是在 2015～2022 年期间，亚太是最快增长的区域。TMR 还预测称，2015～2022 年期间施工方会成为最主要的 BIM 用户，预估复合增长率在 22.7%。

可以预计，BIM 技术将有很好的应用前景。归纳为以下三个方面：

（1）对于新建筑，运用 BIM 技术将成为一种范式

目前 BIM 技术的应用还主要局限于大型复杂建筑工程，而且限于局部应用，尚未在建筑全生命期得到充分应用。这主要因为，目前 BIM 技术目前还不够成熟，因此，在应用上还有较大的难度。在这种情况下，只有将其应用到大型复杂工程中才能得到看得见的效果，从而让人接受其应用价值。随着上述 BIM 技术应用四要素即 BIM 人才、BIM 应用软件、BIM 相关标准以及 BIM 技术应用模式的改善，BIM 技术必将取代传统的 CAD 技术，成为新建筑工程的一种范式，其结果是，BIM 技术将广泛应用到建筑工程，也必将应用到建筑全生命期中。

（2）对于既有建筑，也将率先实现 BIM 技术应用与传统 CAD 技术应用的对接

可以想见，在应用 BIM 技术的建筑工程新范式下，将实现建筑全生命期的信息化管理。到时候，既有建筑也不会成为例外。为此，对既有建筑也会建立其 BIM 数据，与新建筑实行统一管理。过去，建立建筑的三维模型被认为是费时、费力的事，近来随着技术的发展，这一状况已经在改变。例如，利用激光扫描仪，可以对建筑物进行自动测量，得到点云，利用计算机对点云进行处理，可以得到点云对应的三维模型。这种方法目前已得到迅速的发展，会逐步走向成熟。这样一来，将大大提高既有建筑的三维建模效率，从而突破既有建筑三维建模的瓶颈。只要有了建筑的三维模型，就可以很容易地将既有建筑像新建筑一样，利用基于 BIM 技术的管理信息系统进行高效的管理。

（3）BIM 技术将在数字城市建设、基础设施建设等方面起到重要作用

实现城市的立体化、精准管理，不仅可以提高城市的现代化管理水平，而且有利于高效进行城市防灾减灾的规划、预测和应急处置。数字城市正是支持城市的立体化、精准管理的重要手段。建筑作为城市的主要构成元素之一，其数字化对数字城市至关重要。从这个角度讲，数字城市的发展会反过来推动 BIM 技术在既有建筑中的应用。

BIM 技术迄今为止主要应用在房屋建设中。随着 BIM 技术的发展，它开始应用在道路、桥梁、隧道等基础设施建设过程中，从而使其发挥更大的作用。

4. BIM 在全过程造价管理中的应用

（1）BIM 在投资决策阶段的应用

投资决策阶段是建设项目最关键的一个阶段，它对项目工程造价的影响高达 80%～90%。利用 BIM 技术，可以通过相关的造价信息以及 BIM 数据模型来比较精确地预估不可预见费用，减少风险，从而更加准确地确定投资估算。在进行多方案比选时，还可以通过 BIM 进行方案的造价对比，选择更合理的方案。

（2）BIM 在设计阶段的应用

设计阶段对整个项目工程造价管理有十分重要的影响。通过信息交流平台，各参与方可以在早期介入建设工程中。在设计阶段使用的主要措施是限额设计，通过它可以对工程变更进行合理控制，确保总投资不增加。完成建设工程设计图纸后，将图纸内的构成要素通过 BIM 数据库与相应的造价信息相关联，实现限额设计的目标。

在设计交底和图纸审查时，通过 BIM 技术，可以将与图纸相关的各个内容汇总到 BIM 平台进行审核。利用 BIM 的可视化模拟功能，进行模拟、碰撞检查，减少设计失误，

降低因设计错误或设计冲突导致的返工费用，实现设计方案在经济和技术上的最优。

（3）BIM 在招投标阶段的应用

BIM 技术的推广与应用，极大地促进了招投标管理的精细化程度和管理水平。招标单位通过 BIM 模型可以准确计算出招标所需的工程量，编制招标文件，最大限度地减少施工阶段因工程量问题产生的纠纷。投标单位的经济标是基于较为准确的模型工程量清单基础上制订的，同时可以利用 BIM 模型进一步完善施工组织设计，进行重大施工方案预演，做出较为优质的技术标，从而综合有效地制订本单位的投标策略，提高中标率。

（4）BIM 在施工阶段的应用

在进度款支付时，往往会因为数据难统一而花费大量的时间精力，利用 BIM 技术中的 5D 模型可以直观地反映不同建设时间点的工程量完成情况，并及时进行调整。BIM 还可以将招投标文件、工程量清单、进度审核预算等进行汇总，便于成本测算和工程款的支付。另外，利用 BIM 技术的虚拟碰撞检查，可以在施工前发现并解决碰撞问题，有效地减少变更次数，控制工程成本、加快工程进度。

（5）BIM 在竣工验收阶段的应用

传统模式下的竣工验收阶段，造价人员需要核对工程量，重新整理资料，计算细化到柱、梁，并且由于造价人员的经验水平和计算逻辑不尽相同，从而在对量过程中经常产生争议。

BIM 模型可以将前几个阶段的量价信息进行汇总，真实完整地记录此过程中发生的各项数据，提高工程结算效率并更好地控制建造成本。

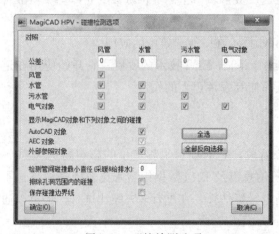

图 2-33　碰撞检测选项

5. 碰撞检测案例

（1）检测碰撞

1）单击"碰撞检测"命令。

2）弹出"MagiCAD HPV—碰撞检测选项"对话框，勾选需要检测的碰撞检测对象选项，单击"确定"按钮。如图 2-33 所示。

注意：

① 通过设置"公差"，可以进行管线间距的检测。比如风管与风管之间公差为"50"，意味着，只要风管与风管外皮之间的间距小于 50mm，软件也会当作碰撞进行显示信息提示。

② AutoCAD 对象是指 MagiCAD 绘制风、水、电对象之外的其他对象，比如建筑结构模型等。通过是否勾选该选项，可以控制是否检测与建筑结构专业的碰撞。

③ 外部参照对象：是改图内的外部参照对象。通过是否勾选该选项，可以控制是否检测本图对象与外部参照对象专业之间的碰撞，以及是否检测外部参照对象专业之间的碰撞。

④ 检测管间碰撞最小直径（采暖与给水排水）：通过该选项的设定，可忽略小管径采暖与给水排水管道之间的碰撞。

⑤ 排除孔洞范围内的碰撞：如果已用 MagiCAD 预留孔洞，勾选该选项后，孔洞范围内管道与建筑结构的穿越，将不再视为是碰撞。

3）框选需要进行碰撞检测的范围，回车后即弹出碰撞检测报告，如图 2-34 所示。

图 2-34　碰撞检测报告

（2）调整碰撞

1）交叉碰撞的调整。黄色"X"标记的都是碰撞点，如图 2-35 所示。

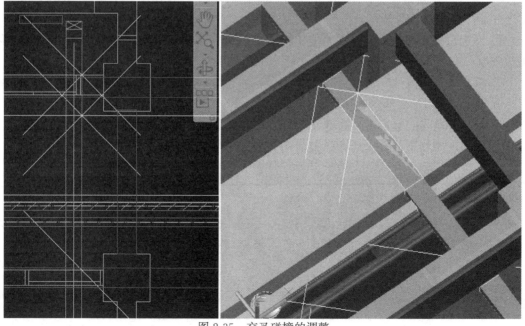

图 2-35　交叉碰撞的调整

2）用"打开外部参照"的方法，打开"地下一层电气桥架平面图.dwg"。

3）为便于调整，参照"地下一层通风及排烟平面图.dwg"和"地下一层建筑结构图（Revit 导出）.dwg"。

4）用"交叉"命令进行调整。

① 单击"电缆桥架交叉"按钮。

② 在平面上指定桥架的第一点和第二点。如图 2-36 所示。

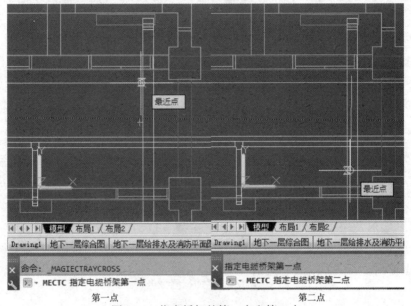

图 2-36　指定桥架的第一点和第二点

③ 弹出"MagiCAD—E—高度差"对话框，通过设定"对齐公差"与"高于"的方式进行翻弯高度的自动确定，点击"确定"按钮。

④ 设定完相关参数后，在平面上单击鼠标右键，在弹出的快捷菜单中单击"其他物体"命令。

⑤ 单击"其他物体"命令后，再单击鼠标右键，在弹出的快捷菜单中单击"外部参照"命令，并单击被参照的物体。

⑥ 弹出"MagiCAD—E—高度差"对话框，设定相关参数并单击"确定"按钮。

⑦ 完成电缆桥架的交叉后，效果如图 2-37 所示。

图 2-37　效果图

第3章 安装工程工程计价

第1节 安装工程预算定额的分类、适用范围、调整与应用

3.1.1 安装工程预算定额的分类和适用范围

安装工程预算定额可按主编单位和管理权限、专业对象、表现形式等划分为不同类型。

3.1.1

1. 按主编单位和管理权限分类

安装工程预算定额按主编单位和管理权限分类，可分为全国统一定额、行业定额、地区定额、企业定额等。下面重点介绍现行的全国统一定额和地区定额。

（1）全国统一定额

2015年，国家住房和城乡建设部发布实施《房屋建筑与装饰工程消耗量定额》TY01—31—2015、《通用安装工程消耗量定额》TY02—31—2015、《市政工程消耗量定额》ZYA1—31—2015、《建设工程施工机械台班费用编制规则》以及《建设工程施工仪器仪表台班费用编制规则》。

其中，《通用安装工程消耗量定额》TY02—31—2015是以国家和有关部门发布的国家现行设计规范、施工及验收规范、技术操作规程、质量评定标准、产品标准和安全操作规程、现行工程量清单计价规范、计算规范和有关定额为依据，按正常施工条件、国内大多数施工企业采用的施工方法、机械化程度和合理的劳动组织及工期编制的；是关于完成规定计量单位分部分项工程所需的人工、材料、施工机械台班的消耗量标准；主要适用于工业与民用建筑的新建、扩建通用安装工程，是各地区、部门工程造价管理机构编制建设工程定额确定消耗量、编制国有投资工程投资估算、设计概算、最高投标限价的依据。

（2）地区定额

地区预算定额一般是指省、自治区、直辖市发布的预算定额，主要考虑地区性特点，在全国统一定额的基础上作适当调整和补充编制。以《江苏省安装工程计价定额》为例，其适用范围如下：

《江苏省安装工程计价定额》是依据现行有关国家的产品标准、设计规范、计算规范、施工及验收规范、技术操作规程、质量评定标准和安全操作规程编制的，也参考了行业、地方标准，以及有代表性的工程设计、施工资料和其他资料。该定额是按目前国内大多数施工企业采用的施工方法、机械化装备程度、合理的工期、施工工艺和劳动组织条件制订的。该定额是完成规定计量单位分项工程计价所需的人工、材料、施工机械台班的消耗量标准，是安装工程预算工程量计算规则、项目划分、计量单位的依据；是编制设计概算、

施工图预算、招标控制价（标底）、确定工程造价的依据；也是编制概算定额、概算指标、投资估算指标的基础；也可作为制订企业定额和投标报价的基础。

2. 按专业对象分类

安装工程预算定额按专业对象分类，可分为电气设备安装工程定额、机械设备安装工程定额、热力设备安装工程定额、通信设备安装工程定额等。

（1）现行的全国统一定额中《通用安装工程消耗量定额》按照专业对象划分为十二册，分别如下：

第一册　机械设备安装工程；

第二册　热力设备安装工程；

第三册　静置设备与工艺金属结构制作安装工程；

第四册　电气设备安装工程；

第五册　建筑智能化工程；

第六册　自动化控制仪表安装工程；

第七册　通风空调工程；

第八册　工业管道工程；

第九册　消防工程；

第十册　给水排水、采暖、燃气工程；

第十一册　通信设备及线路工程；

第十二册　刷油、防腐蚀、绝热工程。

（2）《江苏省安装工程计价定额》按照专业对象划分为十一册，包括：

第一册　机械设备安装工程；

第二册　热力设备安装工程；

第三册　静置设备与工艺金属结构制作安装工程；

第四册　电气设备安装工程；

第五册　建筑智能化工程；

第六册　自动化控制仪表安装工程；

第七册　通风空调工程；

第八册　工业管道工程；

第九册　消防工程；

第十册　给水排水、采暖、燃气工程；

第十一册　刷油、防腐蚀、绝热工程。

其中，电气设备安装工程、通风空调工程、消防工程和给水排水、采暖、燃气工程四类常用安装工程预算定额的适用范围如下：

《第四册　电气设备安装工程》主要适用于工业与民用新建、扩建工程中 10kV 以下变电设备及线路、车间动力电气设备及电气照明器具、防雷及接地装置安装、配管配线、电梯电气装置、电气调整试验等的安装工程。

《第七册　通风空调工程》主要适用于工业与民用建筑的新建、扩建项目中的通风、空调工程。

《第九册 消防工程》主要适用于工业与民用建筑中的新建、扩建和整体更新改造的消防工程。

《第十册 给水排水、采暖、燃气工程》主要适用于新建、扩建项目中的生活用给水、排水、燃气、采暖热源管道以及附件配件安装，小型容器制作安装。

3. 按定额表现形式分类

安装工程按定额表现形式，主要分为消耗量定额、基价定额和综合单价定额等。

（1）消耗量定额：定额表格主要包括工作内容、计量单位、定额子目编号、名称和消耗量。例如，全国统一定额及部分地区定额采用此表现形式（表3-1、表3-2）。

全国通用安装工程消耗量定额表格示例　　　　　　　　　　　表 3-1

工作内容：略

计量单位：

定额编号			××-××-×××	××-××-×××
项目			×××××××××	
			×××	×××
名称		单位	消耗量	
人工	合计工日	工日		
	其中	普工	工日	
		一般技工	工日	
		高级技工	工日	
材料	镀锌扁钢	kg		
	……			
机械	汽车式起重机	台班		
	……	台班		
仪表	绝缘油试验仪	台班		
	……			

上海市安装工程预算定额表格示例　　　　　　　　　　　表 3-2

工作内容：略

定额编号			××-××-××-××	××-××-××-××
项目		单位	×××××××××	
			×××	×××
			×××	×××
人工	00050101	综合人工	工日	
材料	……	焊接钢管	m	
	……	……	……	
机械	……	交流弧焊机	台班	
	……	……	台班	

（2）基价定额：定额表格主要包括工作内容、计量单位、定额子目编号、名称、消耗量、单价、人工费、材料费、机械费和基价。部分地区定额采用此表现形式（表3-3）。

（3）综合单价定额：定额表格包括工作内容、计量单位、定额子目编号、名称、消耗量、单价、人工费、材料费、机械费等内容外，还包括管理费、利润、规费、税金等。部分地区定额采用此表现形式（表3-4）。

北京市通用安装工程预算定额表格示例

表 3-3

工作内容：略

单位：

定额编号			××-××	××-××
项目			×××××××××	
			×××	×××
基价(元)				
其中	人工费(元)			
	材料费(元)			
	机械费(元)			
名称		单位	单价(元)	数量
人工	870005	综合工日	工日	78.70	
材料	⋯⋯	垫铁	kg	⋯⋯	
	⋯⋯	⋯⋯	⋯⋯	⋯⋯	
机械	⋯⋯	载重汽车	台班	⋯⋯	
	⋯⋯	⋯⋯	台班	⋯⋯	

江苏省安装工程计价定额表格示例

表 3-4

工作内容：略

计量单位：

定额编号				××-××		××-××	
项目		单位	单价	×××××××××			
				×××		×××	
				数量	合价	数量	合价
综合单价			元				
其中	人工费		元				
	材料费		元				
	机械费		元				
	管理费		元				
	利润		元				
一类工		工日	74.00				
二类工		工日	⋯⋯				
三类工		工日	⋯⋯				
材料	02270131	破布	kg	⋯⋯			
	⋯⋯	⋯⋯	⋯⋯	⋯⋯			
机械	⋯⋯	交流电焊机	台班	⋯⋯			
	⋯⋯	⋯⋯	台班	⋯⋯			

3.1.2 安装工程预算定额调整和应用方法

1. 江苏省常用安装工程预算定额的主要内容和应用界线

3.1.2

在《江苏省安装工程计价定额》中，常用安装工程预算定额主要包括《电气设备安装工程》、《通风空调工程》、《消防工程》和《给水排水、采暖、燃气工程》等。

(1)《电气设备安装工程》主要包括变压器、配电装置、母线、绝缘子、控制设备及低压电器、蓄电池、电机检查接线及调试、滑触线装置、电缆、防雷及接地装置、10kV以下架空配电线路、配管、配线、照明器具、附属工程及电气调整试验、电梯电气装置等内容，但不包括10kV以上及专业专用项目的电气设备安装；电气设备（如电动机）及配合机械设备进行单体试运转和联合试运转等内容。

(2)《通风空调工程》主要包括通风及空调设备及部件制作安装、通风管道制作安装、通风管道部件制作安装等内容，但不包括通风、空调的刷油、绝热、防腐蚀等内容。

(3)《消防工程》主要包括水灭火系统安装、气体灭火系统安装、泡沫灭火系统安装、火灾自动报警系统安装、消防系统调试等内容。但不包括电缆敷设、桥架安装、配管配线、接线盒、动力、应急照明控制设备、应急照明器具、电动机检查接线、防雷接地装置安装、阀门、法兰安装，各种套管的制作安装，不锈钢管和管件、铜管和管件及泵间管道安装，管道系统强度试验、严密性试验和冲洗，消火栓管道、室外给水管道安装，管道支吊架制作、安装及水箱制作安装，各种消防泵、稳压泵等机械设备安装及二次灌浆，各种仪表的安装及带电讯号的阀门、水流指示器、压力开关、驱动装置及泄漏报警开关、消防水泡的接线、校线、泡沫液储罐、设备支架制作、安装，设备及管道除锈、刷油及绝热工程等内容。

应用界线划分：水灭火系统室内外管道以建筑物外墙皮1.5m为界，入口处设阀门者以阀门为界；与设在高层建筑内的消防泵间管道以泵间外墙皮为界。

(4)《给水排水、采暖、燃气工程》主要包括给水排水、采暖、燃气管道，支架及其他，管道附件，卫生器具，供暖器具，采暖、给水排水设备，燃气器具及其他，其他零星工程等内容。但不包括工业管道、生产生活共用的管道，锅炉房和泵类配管以及高层建筑物内加压泵间的管道以及刷油、防腐蚀、绝热工程等内容。

应用界线划分：给水管道的室内外界线以建筑物外墙皮1.5m为界，入口处设阀门者以阀门为界；与市政管道界线以水表井为界，无水表井者，以与市政管道碰头点为界。排水管道室内外以出户第一个排水检查井为界；室外管道与市政管道界线以与市政管道碰头井为界。采暖热源管道室内外以入口阀门或建筑物外墙皮1.5m为界；与工业管道界线以锅炉房或泵站外墙皮1.5m为界；工厂车间内采暖管道以采暖系统与工业管道碰头点为界；与设在高层建筑内的加压泵间管道以泵间外墙皮为界。燃气管道室内外管道分界，地下引入室内的管道以室内第一个阀门为界，地上引入室内的管道以墙外三通为界；室外管道与市政管道分界，以两者的碰头点为界。

2. 江苏省安装工程预算定额的调整和应用

预算定额的调整和应用包括两方面的内容，一是对定额消耗量的调整和应用，二是对定额价格水平的调整和应用。《江苏省安装工程计价定额》规定，定额是按目前国内大多数施工企业采用的施工方法、机械化装备程度、合理的工期、施工工艺和劳动组织条件制订的，除定额各章节说明中明确可以调整的定额，均不得因上述各因素的差异对定额消耗量进行调整或换算。

预算定额一般反映的是定额编制期的价格水平，定额价格调整主要包括人工、材料和机械价格的调整。下面针对江苏省定额价格水平调整的相关规定说明其预算定额的调整和应用方法。

（1）人工费的计算和调整

根据《江苏省住房和城乡建设厅关于对建设工程人工工资单价实行动态管理的通知》（苏建价〔2012〕633号），江苏省建设工程人工工资单价发布分为预算人工工资单价与人工工资指导价两种形式。

现行安装工程预算人工工资单价按照《关于调整我省建筑、装饰、安装、市政、修缮加固、城市轨道交通、仿古建筑及园林工程预算工资单价的通知》（苏建价〔2011〕812号）执行。预算人工工资单价作为建设工程费用定额测算的依据，根据建筑市场用工成本变化适时调整，由省住房和城乡建设厅征求相关部门意见后作为政策性调整文件发布。

人工工资指导价由各省辖市造价管理机构根据当地市场实际情况测算，报省建设工程造价管理总站审核，由省住房和城乡建设厅统一发布各市人工工资指导价。一般每年发布两次，执行时间分别是3月1日、9月1日。当建筑市场用工发生大幅波动时，应适时发布人工工资指导价。

人工工资指导价是建设工程编制概预算、最高投标限价的依据，是施工企业投标报价的参考。建设单位应在招标文件中考虑人工工资指导价调整因素，原则上不得限制人工费用的合理调整。发承包双方应在施工合同中明确约定人工费调整方法。施工合同没有约定时，人工单价按照施工期间对应的人工工资指导价进行调整，并扣除原投标报价中人工单价相对于基准日人工工资指导价的让利部分。人工工资指导价作为动态反映市场用工成本变化的价格要素，计入定额基价，并计取相关费用。

（2）材料费和机械费的计算和调整

江苏省安装工程预算定额根据江苏省相关造价管理机构发布的建设工程价格信息，进行材料费和机械费的计算和调整。

江苏省建设工程材料价格信息包括定额预算价、指导价、信息价三种。其中，"定额预算价"是指在造价管理机构颁布的定额中使用的材料价格，它是某时间段内的材料指导价及其走势综合测算的结果。"指导价"是指造价管理机构多点采集、调查、分析、测算后定期发布的建设工程各类材料（包含材料运杂费和采保费）的当期市场平均价格，是建设单位编制预算、标底和解决造价争议的依据，是施工企业投标报价的参考信息。"信息价"是指报告期内材料生产商、供应商的市场供应价、成交价或投标单位的材料报价，"信息价"是否包含运输等其他费用，一般需要在信息发布的同时加以说明。

江苏省建设工程施工机具、周转材料租赁价格是报告期内常用施工机具、周转材料的平均租赁成交价格。除特别说明外，施工机具、周转材料租赁市场价格中不含动力费用和操作人员费用。

第2节 安装工程费用定额的适用范围及应用

3.2.1 安装工程费用定额的适用范围

安装工程费用定额主要包括安装工程费用项目构成和计算方法等内容，按照主编单位和管理权限也可以划分国家层面的费用定额和地区费用定额。

1. 国家费用定额

3.2.1

国家住房和城乡建设部、财政部颁发的《关于印发〈建筑安装工程费用项目组成〉的通知》（建标〔2013〕44号），规定了我国建筑安装工程费用项目按两种不同的方式进行划分，即按费用构成要素划分和按造价形成划分。该规定还给出了各项费用的定义、内容和计算方法，是各地区制定安装工程费用定额的基础。

2. 地区费用定额

各地区安装工程费用定额是在国家对于安装工程费用项目组成的相关规定的基础上形成的，规定了各地区安装工程费用项目组成以及各项费用的定义、内容和具体取费费率等，主要配合各地区安装工程预算定额使用，是安装工程计价的基础依据。

以2014年版《江苏省建设工程费用定额》为例，其是结合住房和城乡建设部《建设工程工程量清单计价规范》GB 50500—2013和《建筑安装工程费用项目组成》（建标〔2013〕44号）编制的；选择安装造价形成编制费用定额，费用内容主要包括分部分项工程费、措施项目费、其他项目费、规费和税金。该费用定额适用于在江苏省行政区域内新建、扩建和改建的建筑与装饰、安装、市政、仿古建筑及园林绿化、房屋修缮、城市轨道交通工程等，与江苏省现行的建筑与装饰、安装、市政、仿古建筑及园林绿化、房屋修缮、城市轨道交通工程计价表（定额）配套使用。该费用定额是建设工程编制设计概算、施工图预（结）算、最高投标限价（招标控制价）、标底以及调解处理工程造价纠纷的依据；是确定投标价、工程结算审核的指导；也可作为企业内部核算和制订企业定额的参考。

营业税改增值税后，2014年版《江苏省建设工程费用定额》进行了相应调整，具体情况如下：

（1）一般计税方法

1）根据住房和城乡建设部办公厅《关于做好建筑业营改增建设工程计价依据调整准备工作的通知》（建办标〔2016〕4号）规定的计价依据调整要求，营改增后，采用一般计税方法的建设工程费用组成中的分部分项工程费、措施项目费、其他项目费、规费中均不包含增值税可抵扣进项税额。

2）企业管理费组成内容中增加第（19）条附加税：国家税法规定的应计入建筑安装工程造价内的城市建设维护税、教育费附加及地方教育附加。

3）甲供材料和甲供设备费用应在计取现场保管费后，在税前扣除。

4）税金定义及包含内容调整为：税金是指根据建筑服务销售价格，按规定税率计算的增值税销项税额。

（2）简易计税方法

1）营改增后，采用简易计税方式的建设工程费用组成中，分部分项工程费、措施项目费、其他项目费的组成，均与《江苏省建设工程费用定额》（2014年）原规定一致，包含增值税可抵扣进项税额。

2）甲供材料和甲供设备费用应在计取现场保管费后，在税前扣除。

3）税金定义及包含内容调整为：税金包含增值税应纳税额、城市建设维护税、教育费附加及地方教育附加。

3.2.2 安装工程费用定额应用方法

1. 国家费用定额应用方法

3.2.2

根据"建标〔2013〕44 号"文件的规定，安装工程利用费用定额进行招标控制价、投标报价和竣工结算的计价程序如表 3-5～表 3-7 所示。

建设单位工程招标控制价计价程序 表 3-5

工程名称：标段：

序号	内容	计算方法	金额(元)
1	分部分项工程费	按计价规定计算	
1.1			
1.2			
1.3			
...			
...			
2	措施项目费	按计价规定计算	
2.1	其中:安全文明施工费	按规定标准计算	
3	其他项目费		
3.1	其中:暂列金额	按计价规定估算	
3.2	其中:专业工程暂估价	按计价规定估算	
3.3	其中:计日工	按计价规定估算	
3.4	其中:总承包服务费	按计价规定估算	
4	规费	按规定标准计算	
5	税金	(1+2+3+4)×规定税率	
招标控制价合计=1+2+3+4+5			

施工企业工程投标报价计价程序 表 3-6

工程名称：标段：

序号	内容	计算方法	金额(元)
1	分部分项工程费	自主报价	
1.1			
1.2			
1.3			
...			
...			
2	措施项目费	自主报价	
2.1	其中:安全文明施工费	按规定标准计算	
3	其他项目费		
3.1	其中:暂列金额	按招标文件提供金额计列	
3.2	其中:专业工程暂估价	按招标文件提供金额计列	
3.3	其中:计日工	自主报价	
3.4	其中:总承包服务费	自主报价	
4	规费	按规定标准计算	
5	税金	(1+2+3+4)×规定税率	
投标报价合计=1+2+3+4+5			

竣工结算计价程序　　　　　　　　　　　　　　表 3-7

工程名称：标段：

序号	汇总内容	计算方法	金额(元)
1	分部分项工程费	按合同约定计算	
1.1			
1.2			
1.3			
……			
2	措施项目	按合同约定计算	
2.1	其中:安全文明施工费	按规定标准计算	
3	其他项目		
3.1	其中:专业工程结算价	按合同约定计算	
3.2	其中:计日工	按计日工签证计算	
3.3	其中:总承包服务费	按合同约定计算	
3.4	索赔与现场签证	按发承包双方确认数额计算	
4	规费	按规定标准计算	
5	税金	(1+2+3+4)×规定税率	
竣工结算总价合计＝1+2+3+4+5			

2. 地区费用定额应用方法

以 2014 年版《江苏省建设工程费用定额》为例，按照工程量清单法给出了安装工程造价计算程序。营改增之后，计算程序按照一般计税方法和简易计税方法、包工包料和包工不包料来进行区分。其中，包工包料是施工企业承包工程用工、材料和机械的方式；包工不包料是指只承包工程用工的方式。施工企业自带施工机械和周转材料的工程按包工包料标准执行。

（1）一般计税方法（表 3-8）

工程量清单法计算程序（包工包料）　　　　　　　表 3-8

序号	费用名称		计算公式
一		分部分项工程费	清单工程量×除税综合单价
	其中	1. 人工费	人工消耗量×人工单价
		2. 材料费	材料消耗量×除税材料单价
		3. 施工机具使用费	机械消耗量×除税机械单价
		4. 管理费	(1+3)×费率或(1)×费率
		5. 利润	(1+3)×费率或(1)×费率
二		措施项目费	
	其中	单价措施项目费	清单工程量×除税综合单价
		总价措施项目费	(分部分项工程费+单价措施项目费-除税工程设备费)×费率或以项计费
三		其他项目费	

续表

序号	费用名称			计算公式
四	其中	规费		(一＋二＋三－除税工程设备费)×费率
		1. 工程排污费		
		2. 社会保险费		
		3. 住房公积金		
五	税金			(一＋二＋三＋四－除税甲供材料和甲供设备费/1.01)×费率
六	工程造价			一＋二＋三＋四－除税甲供材料和甲供设备费/1.01＋五

（2）简易计税方法（表3-9、表3-10）

1）包工不包料工程（清包工工程），可按简易计税法计税。费用计算程序如下：

工程量清单法计算程序（包工不包料） 表3-9

序号	费用名称		计算公式
一	分部分项工程费中人工费		清单人工消耗量×人工单价
二	措施项目费中人工费		
	其中	单价措施项目费中人工费	清单人工消耗量×人工单价
三	其他项目费		
四	规费		
	其中	工程排污费	(一＋二＋三)×费率
五	税金		(一＋二＋三＋四)×费率
六	工程造价		一＋二＋三＋四＋五

2）包工包料工程采用简易计税法计税时，费用计算程序如下：

工程量清单法计算程序（包工包料） 表3-10

序号	费用名称		计算公式
一	分部分项工程费		清单工程量×综合单价
	其中	1. 人工费	人工消耗量×人工单价
		2. 材料费	材料消耗量×材料单价
		3. 施工机具使用费	机械消耗量×机械单价
		4. 管理费	(1＋3)×费率或(1)×费率
		5. 利润	(1＋3)×费率或(1)×费率
二	措施项目费		
	其中	单价措施项目费	清单工程量×综合单价
		总价措施项目费	(分部分项工程费＋单价措施项目费－工程设备费)×费率或以项计费
三	其他项目费		
四	规费		
	其中	1. 工程排污费	(一＋二＋三－工程设备费)×费率
		2. 社会保险费	
		3. 住房公积金	
五	税金		(一＋二＋三＋四－甲供材料和甲供设备费/1.01)×费率
六	工程造价		一＋二＋三＋四－甲供材料和甲供设备费/1.01＋五

第3节　安装工程施工图预算的编制

3.3.1　安装工程施工图预算的编制概述

3.3.1

1. 安装工程施工图预算编制的依据

(1) 国家、行业和地方有关规定。

(2) 国家或省级、行业建设主管部门颁发的预算定额和办法。

(3) 建设工程设计文件及相关资料。

(4) 与建设工程有关的标准、规范、技术资料。

(5) 项目相关文件、合同、协议等。

(6) 工程所在地的人工、材料、设备、施工机具预算价格。

(7) 施工现场情况、地勘水文资料、工程特点。

(8) 施工组织设计和施工方案。

(9) 其他相关资料。

2. 安装工程施工图预算编制的流程

安装工程施工图预算编制的流程因其编制方法不同而略有区别。安装工程施工图预算编制方法较为多样，常用的方法有单价法和实物法，在此主要介绍设计阶段采用的基于定额的单价法的编制流程，如图 3-1 所示。

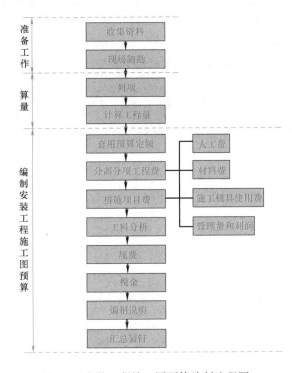

图 3-1　安装工程施工图预算编制流程图

(1) 准备工作

1) 收集编制依据。主要包括现行安装工程定额、取费标准、工程量计算规则、地区材料预算价格以及市场材料价格等各种资料。

2）熟悉施工图等基础资料。

3）现场踏勘，了解施工现场情况。

（2）列项并计算工程量

1）根据工程内容和定额项目，列出需计算工程量的分部分项工程。

2）根据定额计算规则和计算顺序，列出分部分项工程量的计算式。

3）根据施工图纸上的设计尺寸及有关数据，代入计算式进行数值计算。

4）对计算结果的计量单位进行调整，使之与定额中相应的分部分项工程的计量单位保持一致。

（3）编制安装工程施工图预算

1）套用预算定额

选择正确的定额项目，将定额子项中的编码、名称、综合单价、计量单位填入预算表相应栏内，并将上一步计算的工程量结果填入预算表。

2）计算分部分项工程费

$$分部分项工程费 = \sum 分项工程量 \times 定额的综合单价$$

补充未计价材料费：

$$未计价材料费 = 未计价材料数量 \times 未计价材料单价$$

依据《江苏省建设工程费用定额》（2014 版），分部分项工程费由人工费、材料费、施工机具使用费、企业管理费和利润构成。

3）计算措施项目费

$$措施项目费 = 单价措施项目费 + 总价措施项目费$$
$$单价措施项目费 = \sum 措施项目工程量 \times 定额的综合单价$$
$$总价措施项目费 = (分部分项工程费 + 单价措施项目费) \times 费率$$

依据《江苏省建设工程费用定额》（2014 版），单价措施项目费由人工费、材料费、施工机具使用费、企业管理费和利润构成。

4）编制工料分析表

计算人工和材料消耗量，填入工料分析表。

$$人工消耗量 = 某分项工程或措施项目工程量 \times 某工种定额用工量$$
$$材料消耗量 = 某分项工程或措施项目工程量 \times 某种材料定额用量$$

5）计算规费

$$规费 = (分部分项工程费 + 措施项目费) \times 费率$$

6）计算税金

$$税金 = (分部分项工程费 + 措施项目费 + 规费) \times 费率$$

7）复核、编写安装工程施工图预算说明。

8）汇总并装订，形成完整的安装工程施工图预算文件。

3. 安装工程施工图预算的装订顺序

（1）封面；

（2）编制说明；

（3）单位工程费汇总表；

（4）分部分项工程和单价措施项目预算表；

（5）总价措施项目预算表；

（6）工料分析表；

（7）规费、税金计价表；

（8）单位工程主材表。

3.3.2 安装工程施工图预算编制示例

3.3.2

1. "电气照明及动力设备工程"施工图预算编制示例【示例五】

（1）背景资料

1）图纸、说明见第 2 章第 3 节 2.3.2 中示例一。

2）部分定额数据和未计价材料价格表，如表 3-11 所示。

定额数据和未计价材料价格表   表 3-11

定额编号	项目名称	计量单位	含税综合单价（元）	除税综合单价（元）	人工费合计（元）	未计价材料 消耗量	未计价材料 价格（元）
4-268	成套配电箱 1.0m	台	196.36	190.66	102.12	1 台	500.00
4-412	无端子外部接线 2.5	10 个	36.09	33.70	3.77	—	—
4-413	无端子外部接线 4	10 个	42.88	40.49	5.11	—	—
4-1567	防水防尘灯	10 套	114.07	108.07	52.10	10.1 套	50.00
4-1797	单管荧光灯	10 套	205.54	202.98	12.28	10.1 套	35.00
4-339	单联单控开关	10 个	78.32	77.65	9.62	10.2 只	9.00
4-340	双联单控开关	10 个	83.49	82.57	15.10	10.2 只	10.00
4-373	安全型五孔插座	10 个	110.51	108.33	12.43	10.2 套	11.00
9-164	求助按钮	个	61.96	61.13	36.26	1 个	50.00
9-202	声光求助器	个	83.04	82.56	51.80	1 个	60.00

注：① 含税综合单价为定额子目中列出的综合单价，除税综合单价为根据国家营改增相关政策和江苏省计价方法，利用含税综合单价计算得出，此处省略计算过程；

② 本示例采用一般计税方法计价，采用除税综合单价计算，并且不考虑调整；

③ 灯具的未计价材料指成套灯具，圆台价格视为包含在成套灯具价格内。

3）根据定额，查询费率，如表 3-12 所示。

费率表   表 3-12

序号	名称	类别	计算基数	费率（%）
1	单价措施费	脚手架搭拆费第四册	分部分项工程费中的人工费	4
		脚手架搭拆费第九册		5
2	总价措施费	安全文明基本费	分部分项工程费＋单价措施项目费	1.5
		安全文明扬尘污染防治增加费		0.21
		夜间施工费		0.1
		冬雨期施工费		0.1
		已完工程及设备保护费		0.05
		临时设施		1.5
3	规费	环境保护税	分部分项工程费＋措施项目费	0.1
		社会保险费		2.4
		住房公积金		0.42

续表

序号	名称	类别	计算基数	费率(%)
4	企业管理费	—	人工费	39
5	利润	—	人工费	14
6	税金	—	分部分项工程＋措施项目＋其他项目＋规费	9

（2）计算工程量

根据上述背景资料，按《江苏省安装工程计价定额》（2014 版）中的计算规则计算本工程分部分项工程量，如表 3-13 所示。

分部分项工程量表　　　　　　　　　　　表 3-13

序号	项目名称	型号及规格	定额单位	定额工程量
1	照明配电箱	AL(400mm×300mm×140mm)	台	1
2	无端子外部接线	2.5mm²	10 个	0.3
3	无端子外部接线	4mm²	10 个	0.3
4	防水防尘灯	60W 节能灯	10 套	1.1
5	单管荧光灯	36W	10 套	0.1
6	单联单控开关	10A 250V	10 个	0.2
7	双联单控开关	10A 250V	10 个	0.3
8	安全型五孔插座	15A 250V	10 个	0.2
9	求助按钮	自带 24V 电源	个	1
10	声光求助器	—	个	1
11	灯头盒	86 型	10 个	1.2
12	接线盒	86 型	10 个	0.9
13	焊接钢管	DN15	100m	0.541
14	焊接钢管	DN20	100m	0.06
15	焊接钢管	DN40	100m	0.0482
16	绝缘导线	BV-2.5mm²	100m	1.57
17	绝缘导线	BV-4mm²	100m	0.201
18	均压环	利用基础梁	10m	3.22
19	接地母线	热镀锌扁钢—25×4	10m	0.162
20	接地调试	—	系统	1

（3）编制施工图预算

根据上述背景资料，依据《江苏省建设工程费用定额》（2014 版），用一般计税方法编制本工程施工图预算。

1）套用定额，计算分部分项工程费

照明配电箱 AL：$1×190.66＋500＝690.66$ 元

无端子外部接线 2.5：$0.3 \times 33.70 = 10.11$ 元

无端子外部接线 4：$0.3 \times 40.49 = 12.15$ 元

防水防尘灯：$1.1 \times 108.07 + 1.1 \times 10.1 \times 50 = 647.38$ 元

单管荧光灯：$0.1 \times 202.98 + 0.1 \times 10.1 \times 35 = 55.65$ 元

单联单控开关：$0.2 \times 77.65 + 0.2 \times 10.2 \times 9 = 33.89$ 元

双联单控开关：$0.3 \times 82.57 + 0.3 \times 10.2 \times 10 = 55.37$ 元

安全型五孔插座：$0.2 \times 108.33 + 0.2 \times 10.2 \times 11 = 44.11$ 元

求助按钮：$1 \times 61.13 + 50 = 111.13$ 元

声光求助器：$1 \times 82.56 + 60 = 142.56$ 元

其余分项工程计算方法相同，此处省略，如表 3-14 所示。

分部分项工程费表（除税） 表 3-14

序号	编码	项目名称	金额(元)	
			综合合价	其中 人工费
1	4-268	悬挂嵌入式配电箱安装,半周长 1.0m	690.66	102.12
2	4-412	无端子外部接线 2.5	10.11	3.77
3	4-413	无端子外部接线 6	12.15	5.11
4	4-1567	防水灯头安装	674.38	52.10
5	4-1797	成套型吸顶式单管荧光灯安装	55.65	12.28
6	4-339	单联扳式暗开关安装（单控）	33.89	9.62
7	4-340	双联扳式暗开关安装（单控）	55.37	15.10
8	4-373	5 孔单相暗插座 15A 安装	44.11	12.43
9	9-164	按钮安装	111.13	36.26
10	9-202	警报装置 声光报警	142.56	51.80
11	4-1545	接线盒暗装	79.64	30.19
12	4-1546	开关盒暗装	59.25	24.64
13	4-1140	砖、混凝土结构暗配钢管 DN15	723.72	243.41
14	4-1141	砖、混凝土结构暗配钢管 DN20	93.38	28.77
15	4-1144	砖、混凝土结构暗配钢管 DN40	168.02	47.87
16	4-1359	管内穿照明线路铜芯 2.5mm²	470.54	89.46
17	4-1360	管内穿照明线路铜芯 4mm²	75.08	8.03
18	4-917	避雷网安装利用圈梁钢筋均压环敷设	203.18	114.37
19	4-905	户内接地母线敷设	30.93	13.91
20	4-1858	接地网系统装置调试	697.78	369.60
		分部分项工程费合计	4431.53	1270.84

分部分项工程费合计＝4431.53 元

其中，人工费＝1270.84元

2）计算措施项目费

① 单价措施项目费

本示例脚手架搭拆费计算涉及第九册和第四册定额。

第九册定额脚手架搭拆费计算：

$$人工费＝(36.26＋51.80)×5‰×25\%＝1.10元$$
$$材料费＝(36.26＋51.80)×5‰×(1－25\%)＝3.30元$$
$$机械费＝0.00元$$
$$企业管理费和利润＝1.10×(39\%＋14\%)＝0.58元$$

第九册定额脚手架搭拆费合计＝1.10＋3.30＋0.00＋0.58＝4.98元

第四册定额脚手架搭拆费计算：

$$人工费＝(1270.84－36.26－51.80)×4‰×25\%＝11.83元$$
$$材料费＝(1270.84－36.26－51.80)×4‰×(1－25\%)＝35.48元$$
$$机械费＝0.00元$$
$$企业管理费和利润＝11.83×(39\%＋14\%)＝6.27元$$

第四册定额脚手架搭拆费合计＝11.83＋35.48＋0.00＋6.27＝53.58元

单价措施项目费合计＝4.98＋53.58＝58.56元

② 总价措施项目费

安全文明施工费：

$$基本费＝(4431.53＋58.56)×1.5\%＝67.35元$$
$$扬尘污染防治增加费＝(4431.53＋58.56)×0.21\%＝9.43元$$
$$安全文明施工费合计＝67.35＋9.43＝76.78元$$

夜间施工费＝(4431.53＋58.56)×0.1‰＝4.49元

冬雨期施工费＝(4431.53＋58.56)×0.1‰＝4.49元

已完工程及设备保护费＝(4431.53＋58.56)×0.05‰＝2.25元

临时设施费＝(4431.53＋58.56)×1.6\%＝71.84元

总价措施项目费合计＝76.78＋4.49＋4.49＋2.25＋71.84＝159.85元

措施项目费合计＝58.56＋159.85＝218.41元

3）规费

社会保险费＝(4431.53＋218.41)×2.4\%＝111.60元

住房公积金＝(4431.53＋218.41)×0.42\%＝19.53元

环境保护税＝(4431.53＋218.41)×0.1\%＝4.65元

规费合计＝111.60＋19.53＋4.65＝135.78元

4）税金

税金＝(4431.53＋218.41＋135.78)×9\%＝430.71元

5）施工图预算的工程造价

工程造价＝4431.53＋218.41＋135.78＋430.71＝5216.43元

（4）施工图预算报表

　　　　　某市公共厕所电气照明　　　工程

施 工 图 预 算

编　制　人：　　　　　××公司　　　　　

（单位盖章）

造价咨询人：　　　　××造价咨询公司　　

（单位盖章）

××年×月×日

总说明

项目名称：某市公共厕所电气照明工程   第 1 页 共 1 页

1. 工程概况

(1)本工程为某市汽车站对面公共厕所,地上一层,总建筑面积 71.8m², 建筑高度 4.35m。

(2)建筑耐火等级为地上二级。

(3)建筑结构形式为砖混,主体结构合理使用年限为 50 年。

2. 工程招标范围为设计图纸范围内电气照明工程,具体详见工程量清单。

3. 施工图预算编制依据

(1)本工程设计文件。

(2)《江苏省安装工程计价定额》(2014 版)和《江苏省建设工程费用定额》(2014 版)

(3)施工现场情况、工程特点及常规施工方案等。

(4)江苏省、某市相关文件或规定。

单位工程费汇总表

工程名称：某市公共厕所电气照明工程   第 1 页 共 1 页

序号	汇总内容	金额(元)
1	分部分项工程	4431.53
1.1	人工费	1270.84
1.2	材料费	2321.77
1.3	施工机具使用费	165.44
1.4	企业管理费	495.61
1.5	利润	177.90
2	措施项目	218.41
2.1	单价措施项目费	58.56
2.2	总价措施项目费	159.85
2.2.1	其中:安全文明施工措施费	76.78
3	规费	135.78
4	税金	430.71
合计=1+2+3+4		5,216.43

分部分项工程和单价措施项目预算表

工程名称：某市公共厕所电气照明工程　　　　　　　　　　　　　　　第 1 页　共 1 页

序号	编码	项目名称	计量单位	工程量	综合单价	合价
					金额(元)	
		分部分项				4431.53
1	4-268	悬挂嵌入式配电箱安装,半周长 1.0m	台	1	690.66	690.66
2	4-412	无端子外部接线 2.5	10 个	0.3	33.70	10.11
3	4-413	无端子外部接线 6	10 个	0.3	40.49	12.15
4	4-1567	防水灯头安装	10 套	1.1	613.07	674.38
5	4-1797	成套型吸顶式单管荧光灯安装	10 套	0.1	556.48	55.65
6	4-339	单联扳式暗开关安装(单控)	10 套	0.2	169.45	33.89
7	4-340	双联扳式暗开关安装(单控)	10 套	0.3	184.57	55.37
8	4-373	5 孔单相暗插座 15A 安装	10 套	0.2	220.53	44.11
9	9-164	按钮安装	个	1	111.13	111.13
10	9-202	警报装置　声光报警	个	1	142.56	142.56
11	4-1545	接线盒暗装	10 个	1.2	66.37	79.64
12	4-1546	开关盒暗装	10 个	0.9	65.83	59.25
13	4-1140	砖、混凝土结构暗配钢管 DN15	100m	0.541	1337.75	723.72
14	4-1141	砖、混凝土结构暗配钢管 DN20	100m	0.06	1556.33	93.38
15	4-1144	砖、混凝土结构暗配钢管 DN40	100m	0.0482	3485.81	168.02
16	4-1359	管内穿照明线路铜芯 2.5mm²	100m	1.57	299.71	470.54
17	4-1360	管内穿照明线路铜芯 4mm²	100m	0.201	373.54	75.08
18	4-917	避雷网安装利用圈梁钢筋均压环敷设	10m	3.22	63.10	203.18
19	4-905	户内接地母线敷设	10m	0.162	190.94	30.93
20	4-1858	接地网系统装置调试	系统	1	697.78	697.78
		分部分项合计				4431.53
		单价措施				58.56
21	BM33	脚手架搭拆费(第四册　电气设备安装工程)	元	1	53.58	53.58
22	BM38	脚手架搭拆费(第九册　消防工程)	元	1	4.98	4.98
		单价措施合计				58.56
		合　　计				4490.09

总价措施项目预算表

工程名称：某市公共厕所电气照明工程　　　　　　　　　　　　　　　第 1 页　共 1 页

序号	项目名称	计算基础	费率(%)	金额(元)
1	安全文明施工费			76.78
1.1	基本费		1.5	67.35
1.2	扬尘污染防治增加费		0.21	9.43
2	夜间施工	分部分项合计＋技术措施项目	0.1	4.49
3	冬雨期施工		0.1	4.49
4	已完工程及设备保护		0.05	2.25
5	临时设施		1.6	71.84
	合　　计			159.85

实体项目单价分析表

工程名称：某市公共厕所电气照明工程　　　　　　　　　　　　　　　　第1页　共1页

序号	定额编号	子目名称	单位	工程量	综合单价	综合合价	综合单价分析				
							人工数单价	材料费单价	机械费单价	管理费单价	利润单价
1	4-268	悬挂嵌入式配电箱安装,半周长1.0m	台	1	690.70	690.66	102.12	534.40		39.83	14.30
2	4-412	无端子外部接线2.5	10个	0.3	33.70	10.11	12.58	14.45		4.91	1.76
3	4-413	无端子外部接线6	10个	0.3	40.49	12.15	17.02	14.45		6.64	2.38
4	4-1567	防水灯头安装	10套	1.1	613.10	674.38	47.36	540.60		18.47	6.63
5	4-1797	吸顶式单管荧光灯安装	10套	0.1	556.50	55.65	122.84	368.50		47.91	17.20
6	4-339	单联扳式暗开关安装(单控)	10套	0.2	169.50	33.89	48.10	95.86		18.76	6.73
7	4-340	双联扳式暗开关安装(单控)	10套	0.3	184.60	55.37	50.32	107.60		19.62	7.04
8	4-373	5孔单相暗插座15A安装	10套	0.2	220.50	44.11	62.16	125.40		24.24	8.70
9	9-164	按钮安装	个	1	111.10	111.13	36.26	54.84	0.81	14.14	5.08
10	9-202	声光报警	个	1	142.60	142.56	51.80	62.70	0.61	20.20	7.25
11	4-1545	接线盒暗装	10个	1.2	66.37	79.64	25.16	27.88		9.81	3.52
12	4-1546	开关盒暗装	10个	0.9	65.83	59.25	27.38	23.94		10.68	3.83
13	4-1140	砖、混凝土结构暗配钢管DN15	100m	0.541	1338.00	723.72	449.92	634.30	15.10	175.50	62.99
14	4-1141	砖、混凝土结构暗配钢管DN20	100m	0.06	1556.00	93.38	479.52	807.60	15.10	187.00	67.13
15	4-1144	砖、混凝土结构暗配钢管DN40	100m	0.0482	3486.00	168.02	993.08	1935.00	31.62	387.30	139.00
16	4-1359	管内穿照明线路铜芯2.5mm^2	100m单线	1.57	299.70	470.54	56.98	212.50		22.22	7.98
17	4-1360	管内穿照明线路铜芯4mm^2	100m单线	0.201	373.50	75.08	39.96	312.40		15.58	5.59
18	4-917	利用圈梁钢筋均压环敷设	10m	3.22	631.00	203.18	35.52	1.21	7.55	13.85	4.97
19	4-905	户内接地母线敷设	10m	0.162	190.90	30.93	85.84	54.81	4.79	33.48	12.02
20	4-1858	接地网系统装置调试	系统	1	697.80	697.78	369.60	3.97	128.33	144.1	51.74
		合　计				4431.53					

规费、税金项目计价表

工程名称：某市公共厕所电气照明工程　　　　　　　　　　　　第1页　共1页

序号	项目名称	计算基础	计算基数	费率（%）	金额（元）
1	规费	环境保护税＋社会保险费＋住房公积金			135.78
1.1	社会保险费		4649.94	2.4	111.60
1.2	住房公积金	分部分项工程＋措施项目＋其他项目	4649.94	0.42	19.53
1.3	环境保护税		4649.94	0.1	4.65
2	税金	分部分项工程＋措施项目＋其他项目＋规费	4785.72	9	430.71
	合　计				566.49

单位工程主材表

工程名称：某市公共厕所电气照明工程　　　　　　　　　　　　第1页　共1页

序号	名称	规格型号	单位	数量	市场价	市场价合计
1	焊接钢管	DN20mm	m	6.18	7.00	43.26
2	焊接钢管	DN40mm	m	4.9646	16.50	81.92
3	焊接钢管	DN15mm	m	55.723	5.40	300.90
4	防水防尘灯	60W 节能灯	套	11.11	50.00	555.50
5	单管荧光灯	36W	套	1.01	35.00	35.35
6	单联扳式暗开关（单控）	10A 250V	只	2.04	9.00	18.36
7	双联扳式暗开关（单控）	10A 250V	只	3.06	10.00	30.60
8	安全型五孔插座	15A 250V	套	2.04	11.00	22.44
9	绝缘导线	BV2.5mm^2	m	182.12	1.70	309.60
10	绝缘导线	BV4mm^2	m	22.11	2.70	59.70
11	灯头盒	86 型	只	12.24	2.20	26.93
12	开关盒、插座盒、按钮盒、报警器盒	86 型	只	9.18	2.10	19.28
13	照明配电箱 AL	400mm×300mm×140mm	台	1	500.00	500.00
14	热镀锌扁钢	—25×4	m	1.701	3.60	6.12
15	求助按钮	自带 24V 电源	个	1	50.00	50.00
16	声光求助器	—	个	1	60.00	60.00
	合计					2119.96

2. "给水排水、采暖、燃气工程"施工图预算编制示例【示例六】

（1）背景资料

1）图纸、说明见第 2 章第 3 节 2.3.2 中示例四。

2）部分定额数据和未计价材料价格表，如表 3-15 所示。

定额数据和未计价材料价格表　　　　　　表 3-15

定额编号	项目名称	计量单位	含税综合单价(元)	除税综合单价(元)	人工费合计(元)	未计价材料	
						消耗量	价格(元)
10-174	室内给水钢塑复合管(螺纹连接) DN40	10m	393.02	381.48	180.46	10.2m (钢塑复合管)	50.14
10-371	管道消毒、冲洗 DN40	100m	79.34	78.64	18.34	—	
10-382	管道支架制作	100kg	537.24	509.34	4.42	106kg (角钢L 40×4)	3.50
10-383	管道支架安装	100kg	457.27	448.37	6.11	—	
10-389	刚性防水套管制作安装 DN65	10个	576.62	547.95	24.20		
10-422	螺纹阀安装 DN40	个	42.28	40.13	17.76	1.01个 (截止阀 DN40)	174.00
10-679	台下式洗脸盆安装	10组	1478.39	1462.96	537.24	10.1套 (洗脸盆)	255.00
						10.1套 (扳把式脸盆水嘴)	150.00
						20.2个 (角阀)	26.00
						20.2个 (金属软管)	20.00
						10.1个 (洗脸盆下水口)	55.00
10-750	地漏 DN75	10个	443.57	437.50	78.59	10个	12.00

注：①含税综合单价为定额子目中列出的综合单价，除税综合单价为根据国家营改增相关政策和江苏省计价方法，利用含税综合单价计算得出，此处省略计算过程；

②本示例采用一般计税方法计价，采用除税综合单价计算，并且不考虑调整。

3）根据定额，查询费率，如表 3-16 所示。

费率表　　　　　　表 3-16

序号	名称	类别	计算基数	费率(%)
1	单价措施费	脚手架搭拆费第十册	分部分项工程费中的人工费	5
2	总价措施费	安全文明基本费	分部分项工程费＋单价措施项目费	1.5
		安全文明扬尘污染防治增加费		0.21
		夜间施工费		0.1
		冬雨期施工费		0.1
		已完工程及设备保护费		0.05
		临时设施		1.5

续表

序号	名称	类别	计算基数	费率(%)
3	规费	环境保护税	分部分项工程费＋措施项目费	0.1
		社会保险费		2.4
		住房公积金		0.42
4	企业管理费	—	人工费	39
5	利润	—	人工费	14
6	税金	—	分部分项工程＋措施项目＋其他项目＋规费	9

（2）计算工程量

根据上述背景资料，按《江苏省安装工程计价定额》（2014 版）中的计算规则计算本工程分部分项工程量，如表 3-17 所示。

分部分项工程量表　　　　表 3-17

序号	项目名称	型号及规格	定额单位	定额工程量
1	钢塑复合管	DN40	10m	0.89
2	钢塑复合管	DN32	10m	1.28
3	钢塑复合管	DN25	10m	2.554
4	钢塑复合管	DN15	10m	0.335
5	管道消毒冲洗	DN40	100m	0.5059
6	管道支架制作、安装	角钢L 40×4	100kg	0.025
7	套管	刚性防水套管 DN65	10 个	0.1
8	螺纹阀门	截止阀 DN40	个	1
9	排水塑料管	UPVC DN160	10m	0.587
10	排水塑料管	UPVC DN110	10m	4.348
11	排水塑料管	UPVC DN75	10m	2.981
12	套管	刚性防水套管 DN250	10 个	0.1
13	套管	刚性防水套管 DN200	10 个	0.1
14	洗脸盆	台下式洗脸盆	10 组	0.6
15	洗脸盆	立式洗脸盆	10 组	0.1
16	大便器	连体式坐便器	10 套	0.1
17	大便器	脚踏阀冲洗式蹲便器	10 套	0.1
18	小便器	感应式明装立式小便器	10 组	0.5
19	拖布池	陶瓷成品 500mm×600mm	10 组	0.1
20	地漏	UPVC 高水封地漏	10 个	0.3

（3）编制施工图预算

根据上述背景资料，依据《江苏省建设工程费用定额》（2014 版），用一般计税方法编制本工程施工图预算。

1）套用定额，计算分部分项工程费

钢塑复合管 $DN40$：$0.89 \times 381.48 + 0.89 \times 10.2 \times 50.14 = 794.69$ 元

管道消毒、冲洗 $DN50$：$0.5059 \times 78.64 = 39.78$ 元

管道支架制作：$0.025 \times 509.34 + 0.025 \times 106 \times 3.50 = 22.01$ 元

管道支架安装：$0.025 \times 448.37 = 11.21$ 元

刚性防水套管制作安装 $DN65$：$0.1 \times 547.95 = 54.80$ 元

螺纹阀安装 $DN40$：$1 \times 40.13 + 1 \times 1.01 \times 174.00 = 215.87$ 元

台下式洗脸盆安装：$0.6 \times 1462.96 + 0.6 \times (10.1 \times 255.00 + 10.1 \times 150.00 + 20.2 \times 26.00 + 20.2 \times 20.00 + 10.1 \times 55.00) = 4222.90$ 元

地漏 $DN75$：$0.3 \times 437.50 + 0.3 \times 10 \times 12.00 = 167.25$ 元

其余分项工程计算方法相同，此处省略，如表 3-18 所示。

分部分项工程费表（除税）   表 3-18

序号	编码	项目名称	金额（元）	
			综合合价	其中 人工费
		给水	3886.65	951.19
1	10-174	室内给水钢塑复合管（螺纹连接）DN40	794.69	180.46
2	10-173	室内给水钢塑复合管（螺纹连接）DN32	930.07	217.86
3	10-172	室内给水钢塑复合管（螺纹连接）DN25	1666.54	434.69
4	10-170	室内给水钢塑复合管（螺纹连接）DN15	151.68	47.35
5	10-371	管道消毒、冲洗 DN50	39.78	18.34
6	10-382	管道支架 制作	22.01	4.42
7	10-383	管道支架 安装	11.21	6.11
8	10-389	刚性防水套管制作、安装 DN65	54.80	24.20
9	10-422	螺纹阀安装 DN40	215.87	17.76
		排水	21205.77	2646.36
10	10-312	室内承插塑料排水管（零件粘接）	597.39	135.09
11	10-311	室内承插塑料排水管（零件粘接）	2914.16	707.85
12	10-310	室内承插塑料排水管（零件粘接）DN75	1301.42	436.78
13	10-393	刚性防水套管制作、安装 DN250	144.28	41.22
14	10-392	刚性防水套管制作、安装 DN200	119.05	38.41
15	10-679	台下式洗脸盆安装	4222.90	537.24
16	10-671	洗脸盆 钢管组成 冷水	585.92	33.23
17	10-705	坐式大便器 连体水箱坐便	1215.53	42.70
18	10-698	蹲式大便器 脚踏阀冲洗	5271.90	309.02
19	10-715	感应式明装式立式小便器	4066.13	259.00

续表

序号	编码	项目名称	金额(元)	
			综合合价	其中
				人工费
20	10-681	拖布池	599.84	27.23
21	10-750	地漏 DN75	167.25	78.59
		分部分项工程费合计	25092.42	3597.55

分部分项工程费合计＝25092.42元

其中，人工费＝3597.55元

2）计算措施项目费

① 单价措施项目费

第十册定额脚手架搭拆费：

$$人工费＝3597.55×5\%×25\%＝44.97元$$
$$材料费＝3597.55×5\%×(1-25\%)＝134.91元$$
$$机械费＝0.00元$$
$$企业管理费＝44.97×39\%＝17.54元$$
$$利润＝44.97×14\%＝6.30元$$

第十册定额脚手架搭拆费合计＝44.97＋134.91＋0.00＋17.54＋6.30＝203.72元

本工程分部分项仅涉及第十册，单价措施项目费合计为203.72元。

② 总价措施项目费

安全文明施工费：

$$基本费＝(25092.42＋203.72)×1.5\%＝379.44元$$
$$扬尘污染防治增加费＝(25092.42＋203.72)×0.21\%＝53.12元$$
$$安全文明施工费合计＝379.44＋53.12＝432.56元$$

夜间施工费＝(25092.42＋203.72)×0.1%＝25.30元

冬雨期施工费＝(25092.42＋203.72)×0.1%＝25.30元

已完工程及设备保护费＝(25092.42＋203.72)×0.05%＝12.65元

临时设施费＝(25092.42＋203.72)×1.6%＝404.74元

总价措施项目费合计＝432.56＋25.30＋25.30＋12.65＋404.74＝900.55元

措施项目费合计＝203.72＋900.55＝1104.27元

3）规费

社会保险费＝(25092.42＋1104.27)×2.4%＝628.72元

住房公积金＝(25092.42＋1104.27)×0.42%＝110.03元

环境保护税＝(25092.42＋1104.27)×0.1%＝26.20元

规费合计＝628.72＋110.03＋26.20＝764.95元

4）税金

税金＝(25092.42＋1104.27＋764.95)×9%＝2426.55元

5）施工图预算的工程造价

工程造价＝25092.42＋1104.27＋764.95＋2426.55＝29388.19元

（4）施工图预算报表

<u>　　　　某市公共厕所给水排水　　　</u>工程

施 工 图 预 算

编　制　人：<u>　　　　　　××公司　　　　　　　</u>

（单位盖章）

造价咨询人：<u>　　　　　××造价咨询公司　　　　</u>

（单位盖章）

××年×月×日

总说明

项目名称：某市公共厕所给水排水工程　　　　　　　　　　　第1页　共1页

---

1. 工程概况

(1)本工程为某市汽车站对面公共厕所,地上一层,总建筑面积71.8m²,建筑高度4.35m。

(2)建筑耐火等级为地上二级。

(3)建筑结构形式为砖混,主体结构合理使用年限为50年。

2. 工程招标范围为设计图纸范围内给水排水工程,具体详见工程量清单。

3. 施工图预算编制依据

(1)本工程设计文件。

(2)《江苏省安装工程计价定额》(2014版)和《江苏省建设工程费用定额》(2014版)

(3)施工现场情况、工程特点及常规施工方案等。

(4)江苏省、某市相关文件或规定。

单位工程费汇总表

工程名称：某市公共厕所给水排水工程　　　　　　　　　　　第1页　共1页

序号	汇总内容	金额(元)
1	分部分项工程	25092.42
1.1	人工费	3597.55
1.2	材料费	19551.85
1.3	施工机具使用费	36.38
1.4	企业管理费	1403.03
1.5	利润	503.65
2	措施项目	1104.27
2.1	单价措施项目费	203.72
2.2	总价措施项目费	900.55
2.2.1	其中:安全文明施工措施费	432.56
3	规费	764.95
4	税金	2426.55
合计＝1＋2＋3＋4		29,388.19

分部分项工程和单价措施项目预算表

工程名称：某市公共厕所给水排水工程　　　　　　　　　　　　　　　　第1页 共1页

序号	编码	项目名称	计量单位	工程量	综合单价	合价
					金额(元)	
		分部分项				25092.42
		给水				3886.65
1	10-174	室内给水钢塑复合管(螺纹连接) DN40	10m	0.89	892.91	794.69
2	10-173	室内给水钢塑复合管(螺纹连接) DN32	10m	1.28	726.62	930.07
3	10-172	室内给水钢塑复合管(螺纹连接) DN25	10m	2.554	652.52	1666.54
4	10-170	室内给水钢塑复合管(螺纹连接) DN15	10m	0.335	452.79	151.68
5	10-371	管道消毒、冲洗 DN50	100m	0.5059	78.64	39.78
6	10-382	管道支架 制作	100kg	0.025	880.34	22.01
7	10-383	管道支架 安装	100kg	0.025	448.37	11.21
8	10-389	刚性防水套管制作、安装 DN65	10个	0.1	547.95	54.80
9	10-422	螺纹阀安装 DN40	个	1	215.87	215.87
		排水				21205.77
10	10-312	室内承插塑料排水管(零件粘接) DN160	10m	0.587	1017.70	597.39
11	10-311	室内承插塑料排水管(零件粘接) DN110	10m	4.348	670.23	2914.16
12	10-310	室内承插塑料排水管(零件粘接) DN75	10m	2.981	436.57	1301.42
13	10-393	刚性防水套管制作、安装 DN250	10个	0.1	1442.83	144.28
14	10-392	刚性防水套管制作、安装 DN200	10个	0.1	1190.46	119.05
15	10-679	台下式洗脸盆安装	10组	0.6	7038.16	4222.90
16	10-671	洗脸盆 钢管组成 冷水	10组	0.1	5859.21	585.92
17	10-705	坐式大便器 连体水箱坐便	10套	0.1	12155.25	1215.53
18	10-698	蹲式大便器 脚踏阀冲洗	10套	0.9	5857.67	5271.90
19	10-715	感应式明装式立式小便器	10组	0.5	8132.26	4066.13
20	10-681	拖布池	10组	0.1	5998.40	599.84
21	10-750	地漏 DN75	10个	0.3	557.50	167.25
		分部分项合计				25092.42
		脚手架搭拆				203.72
22	BM39	脚手架搭拆费(第十册 给水排水、采暖、燃气工程)	元	1	199.96	203.72
		单价措施合计				203.72
		合 计				25296.14

总价措施项目预算表

工程名称：某市公共厕所给水排水工程　　　　　　　　　　　　　　　　第1页 共1页

序号	项目名称	计算基础	费率(%)	金额(元)
1	安全文明施工费			432.56
1.1	基本费		1.5	379.44
1.2	扬尘污染防治增加费		0.21	53.12
2	夜间施工	分部分项合计+	0.1	25.30
3	冬雨期施工	技术措施项目	0.1	25.30
4	已完工程及设备保护		0.05	12.65
5	临时设施		1.6	404.74
	合 计			900.55

实体项目单价分析表

工程名称：某市公共厕所给水排水工程　　　　　　　　　　　　　　第 1 页　共 1 页

序号	定额编号	子目名称	单位	工程量	综合单价	综合合价	综合单价分析				
							人工费单价	材料费单价	机械费单价	管理费单价	利润单价
		给水				3886.65					
1	10-174	室内给水钢塑复合管（螺纹连接）DN40	10m	0.89	892.91	794.69	202.76	577.88	4.80	79.08	28.39
2	10-173	室内给水钢塑复合管（螺纹连接）DN32	10m	1.28	726.62	930.07	170.20	462.27	3.94	66.38	23.83
3	10-172	室内给水钢塑复合管（螺纹连接）DN25	10m	2.554	652.52	1666.54	170.20	390.01	2.10	66.38	23.83
4	10-170	室内给水钢塑复合管（螺纹连接）DN15	10m	0.335	452.79	151.68	141.34	235.27	1.27	55.12	19.79
5	10-371	管道消毒、冲洗 DN50	100m	0.5059	78.64	39.78	36.26	23.16		14.14	5.08
6	10-382	管道支架 制作	100kg	0.025	880.34	22.01	176.86	434.06	175.68	68.98	24.76
7	10-383	管道支架 安装	100kg	0.025	448.37	11.21	244.20	22.36	52.38	95.24	34.19
8	10-389	刚性防水套管制作、安装 DN65	10个	0.1	547.95	54.80	241.98	159.87	17.85	94.37	33.88
9	10-422	螺纹阀安装 DN40	个	1	215.87	215.87	17.76	188.69		6.93	2.49
		排水				21205.77					
10	10-312	室内承插塑料排水管（零件粘接）DN160	10m	0.587	1017.70	597.39	230.14	664.48	1.11	89.75	32.22
11	10-311	室内承插塑料排水管（零件粘接）DN110	10m	4.348	670.23	2914.16	162.80	420.04	1.11	63.49	22.79
12	10-310	室内承插塑料排水管（零件粘接）DN75	10m	2.981	436.57	1301.42	146.52	211.29	1.11	57.14	20.51
13	10-393	刚性防水套管制作、安装 DN250	10个	0.1	1442.83	144.28	412.18	787.21	24.98	160.75	57.71
14	10-392	刚性防水套管制作、安装 DN200	10个	0.1	1190.46	119.05	384.06	577.87	24.98	149.78	53.77
15	10-679	台下式洗脸盆安装	10组	0.6	7038.16	4222.90	895.40	5668.19		349.21	125.36
16	10-671	洗脸盆 钢管组成 冷水	10组	0.1	5859.21	585.92	332.26	5350.85		129.58	46.52
17	10-705	坐式大便器 连体水箱坐便	10套	0.1	12155.25	1215.53	426.98	11501.97		166.52	59.78
18	10-698	蹲式大便器 脚踏阀冲洗	10套	0.9	5857.67	5271.90	343.36	5332.33		133.91	48.07
19	10-715	感应式明装式立式小便器	10组	0.5	8132.26	4066.13	518.00	7339.72		202.02	72.52
20	10-681	拖布池	10组	0.1	5998.40	599.84	272.32	5581.76		106.20	38.12
21	10-750	地漏 DN75	10个	0.3	557.50	167.25	261.96	156.71		102.16	36.67
		合　计				25092.42					

规费、税金项目计价表

工程名称：某市公共厕所给水排水工程　　　　　　　　　　　　　第 1 页　共 1 页

序号	项目名称	计算基础	计算基数	费率(%)	金额(元)
1	规费	环境保护税＋社会保险费＋住房公积金			764.95
1.1	社会保险费	分部分项工程＋措施项目＋其他项目	26196.69	2.4	628.72
1.2	住房公积金			0.42	110.03
1.3	环境保护税			0.1	26.20
2	税金	分部分项工程＋措施项目＋其他项目＋规费	26961.64	9	2426.55
	合　　计				3191.50

单位工程主材表

工程名称：某市公共厕所给水排水工程　　　　　　　　　　　　　第 1 页　共 1 页

序号	名称	规格型号	单位	数量	市场价	市场价合计
1	型钢	角钢 L 40×4	kg	2.65	3.50	9.28
2	金属软管	—	个	14.13	20.00	282.60
3	承插塑料排水管	DN75	m	28.70703	10.92	313.48
4	承插塑料排水管	DN110	m	37.04496	20.42	756.46
5	承插塑料排水管	DN160	m	5.55889	38.21	212.41
6	钢塑复合管	DN40	m	9.078	50.14	455.17
7	钢塑复合管	DN32	m	13.056	39.11	510.62
8	钢塑复合管	DN25	m	26.0508	32.58	848.74
9	钢塑复合管	DN15	m	3.417	17.80	60.82
10	承插塑料排水管件	DN75	个	32.07556	7.50	240.57
11	承插塑料排水管件	DN110	个	49.48024	18.60	920.33
12	承插塑料排水管件	DN160	个	4.09726	38.76	158.81
13	铜截止阀　J11W-16	DN40	个	1.01	174.00	175.74
14	角阀	DN15	个	14.14	26.00	367.64
15	台下式洗脸盆	—	套	6.06	255.00	1545.30
16	立式洗脸盆	—	套	1.01	270.00	272.70
17	拖布池	陶瓷成品 500mm× 600mm	只	1.01	420.00	424.20
18	蹲式陶瓷大便器	—	套	9.09	280.00	2545.20
19	连体坐便器	—	套	1.01	950.00	959.50
20	立式小便器	—	套	5.05	450.00	2272.50
21	拖布池水嘴	—	个	1.01	95.00	95.95
22	感应式冲水器	—	组	5	150.00	750.00
23	脸盆水嘴	扳把式	套	7.07	150.00	1060.50
24	排水栓	—	套	6.06	30.00	181.80
25	UPVC 高水封地漏	DN75	个	3	12.00	36.00
26	洗脸盆下水口	(铜)	个	7.07	55.00	388.85
27	蹲便器脚踏阀	—	套	9.09	220.00	1999.80
28	冲水器配件	—	套	5	85.00	425.00
29	坐便器桶盖	—	个	1.01	45.00	45.45
30	连体排水口配件	—	套	1.01	40.00	40.40
31	连体进水阀配件	—	套	1.01	50.00	50.50
	合　　计					18406.32

第4节　安装工程最高投标限价的编制

3.4.1　安装工程最高投标限价的编制概述

1. 安装工程最高投标限价编制的依据

（1）《建设工程工程量清单计价规范》GB 50500—2013 和《通用安装工程工程量计算规范》GB 50856—2013；

3.4.1

（2）国家或省级、行业建设主管部门颁发的计价定额和计价办法；

（3）建设工程设计文件及相关资料；

（4）拟定的招标文件及招标工程量清单；

（5）与建设项目相关的标准、规范、技术资料；

（6）施工现场情况、工程特点及常规施工方案；

（7）工程造价管理机构发布的工程造价信息及市场价；

（8）其他相关资料。

2. 安装工程最高投标限价编制的流程

为使得最高投标限价更加合理并发挥其作用，通常安装工程最高投标限价的编制应遵循一定的程序，如图 3-2 所示。

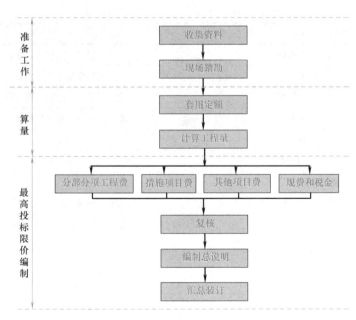

图 3-2　安装工程最高投标限价编制流程图

（1）准备工作

1）收集资料

主要资料包括：施工图纸；拟定的招标文件及招标工程量清单；与建设项目相关的标准、规范、技术资料；工程造价管理机构发布的工程造价信息及市场价；常规施工方案等。

2）现场踏勘

实地了解施工现场情况及周围环境。

（2）计算工程量

1）根据工程量清单，选择正确的定额组价。

2）依据定额中的计算规则计算定额工程量。

（3）编制最高投标限价

编制最高投标限价的计算方法要科学严谨，简明适用，一般选用基于清单的综合单价法。最高投标限价的计算应遵循一定的程序，根据苏建价〔2016〕154号文《省住房城乡建设厅关于建筑业实施营改增后江苏省建设工程计价依据调整的通知》中规定的工程量清单法计算程序，区分一般计税方法和简易计税方法，安装工程最高投标限价计算程序，如表3-19、表3-20所示。

1）计算分部分项工程费，填写分部分项工程清单与计价表。

2）计算措施项目费，填写措施项目清单与计价表。

3）计算其他项目费，填写其他项目清单与计价汇总表等。

4）计算规费和税金，填写规费、税金项目计价表。

5）复核、编写最高投标限价总说明。

6）汇总并装订，形成完整的最高投标限价文件。

最高投标限价计算程序（一般计税方法）　　　　　　　　　　表3-19

序号	费用名称		计算公式
一		分部分项工程费	清单工程量×除税综合单价
	其中	1. 人工费	人工消耗量×人工单价
		2. 材料费	材料消耗量×除税材料单价
		3. 施工机具使用费	机械消耗量×除税机械单价
		4. 管理费	(1)×费率
		5. 利润	(1)×费率
二		措施项目费	
	其中	单价措施项目费	清单工程量×除税综合单价
		总价措施项目费	(分部分项工程费＋单价措施项目费－除税工程设备费)×费率或以项计费
三		其他项目费	
	其中	暂估价	详列材料(工程设备)、专业暂估价
		暂列金额	详列或只列总金额
		计日工	按有关计价规定确定
		总承包服务费	按有关计价规定确定
四		规　费	按规定标准计算
	其中	1. 环境保护税	(一＋二＋三－除税工程设备费)×费率 (按规定标准计算)
		2. 社会保险费	
		3. 住房公积金	
五		税　金	(一＋二＋三＋四-除税甲供材料和甲供设备费/1.01)×费率
六		最高投标限价	一＋二＋三＋四－除税甲供材料和甲供设备费/1.01＋五

最高投标限价计算程序（简易计税方法）　　　　　　　　　　　　　表3-20

序号	费用名称		计算公式
一	分部分项工程费		清单工程量×综合单价
	其中	1. 人工费	人工消耗量×人工单价
		2. 材料费	材料消耗量×材料单价
		3. 施工机具使用费	机械消耗量×机械单价
		4. 管理费	(1)×费率
		5. 利润	(1)×费率
二	措施项目费		
	其中	单价措施项目费	清单工程量×综合单价
		总价措施项目费	(分部分项工程费＋单价措施项目费－工程设备费)×费率或以项计费
三	其他项目费		
	其中	暂估价	详列材料(工程设备)、专业暂估价
		暂列金额	详列或只列总金额
		计日工	按有关计价规定确定
		总承包服务费	按有关计价规定确定
四	规费		按规定标准计算
	其中	1. 环境保护税	(一＋二＋三－工程设备费)×费率
		2. 社会保险费	(按规定标准计算)
		3. 住房公积金	
五	税金		(一＋二＋三＋四－甲供材料和甲供设备费/1.01)×费率
六	最高投标限价		一＋二＋三＋四－甲供材料和甲供设备费/1.01＋五

注：材料费包含计价材料费和未计价材料费。

3. 安装工程最高投标限价的装订顺序

（1）封面；

（2）扉页；

（3）总说明；

（4）建设项目最高投标限价汇总表；

（5）单项工程最高投标限价汇总表；

（6）单位工程最高投标限价汇总表；

（7）分部分项工程和单价措施项目清单与计价表；

（8）分部分项工程和单价措施项目清单综合单价分析表；

（9）总价措施项目清单与计价表；

（10）总价措施项目费分析表；

（11）其他项目清单与计价汇总表（暂列金额明细表、材料（工程设备）暂估单价及调整表、专业工程暂估价及结算价表、计日工表、总承包服务费计价表）；

（12）规费、税金项目计价表；

（13）发包人提供材料和工程设备一览表；

（14）承包人提供主要材料和工程设备一览表。

3.4.2 安装工程最高投标限价编制示例

3.4.2

1. "电气照明及动力设备工程"最高投标限价编制示例【示例七】

（1）背景资料

1）图纸和工程量清单见第2章第3节2.3.2中示例一。

2）部分定额数据，如表3-21所示。

定额数据表
表 3-21

定额编号	项目名称	计量单位	人工消耗量（工日）	含税材料费（元）	除税材料费（元）	含税机械费（元）	除税机械费（元）	未计价材料消耗量
4-268	成套配电箱	台	1.38	40.11	34.41	—	—	1 台
4-412	无端子外部接线 2.5	10 个	0.17	16.84	14.45	—	—	—
4-413	无端子外部接线 4	10 个	0.23	16.84	14.45	—	—	—
4-1140	暗配钢管 DN15	100m	6.08	86.60	78.07	17.42	15.1	103m

注：① 含税材料费和含税机械费为定额子目中列出的费用，除税材料费和除税机械费为根据国家营改增相关政策和江苏省计价方法，利用定额含税材料费和含税机械费计算得出，此处省略计算过程；

② 本示例采用一般计税方法计价，采用除税材料费和除税机械费计算，并且不考虑调整。

3）人工单价：根据《江苏省住房城乡建设厅关于发布建设工程人工工资指导价的通知》（苏建函价〔2021〕62号），江苏省某市人工工资指导价为：一类104元/工日，二类100元/工日。

4）未计价材料价格：根据江苏省某市当期造价信息和市场情况定价，如表3-22所示。

未计价材料价格表（除税）
表 3-22

序号	主材名称	型号及规格	单位	单价（元）
1	防水防尘灯	60W 节能灯	套	50.00
2	单管荧光灯	36W	套	35.00
3	单联单控开关	10A 250V	个	9.00
4	双联单控开关	10A 250V	个	10.00
5	安全型五孔插座	15A 250V	个	11.00
6	求助按钮	自带 24V 电源	个	50.00
7	声光求助器	—	个	60.00
8	灯头盒	86 型	只	2.20
9	接线盒	86 型	只	2.10
10	焊接钢管	DN15	m	5.40
11	焊接钢管	DN20	m	7.00
12	焊接钢管	DN40	m	16.50
13	绝缘导线	BV-2.5mm²	m	1.70
14	绝缘导线	BV-4mm²	m	2.70
15	热镀锌扁钢	—25×4	m	3.60

5）脚手架搭拆费：定额第四册按人工费的4%计算，定额第九册按人工费的5%计算，其中人工工资均占25%。

6）总价措施项目费率：夜间施工费率 0.1%，冬雨期施工费率 0.1%，已完工程及设备保护费率 0.05%，临时设施费率 1.5%。

7）其他项目费：计日工单价 150 元/工日，ϕ10 热镀锌圆钢单价 5.00 元/m，电焊条 J422 ϕ3.2 单价 4.00 元/kg，镀锌扁钢支架 -40×3 单价 5.00 元/kg，交流弧焊机单价 60 元/台班，计日工的企业管理费和利润费率为 20%；总承包服务费费率为 5%。

8）费率

根据《省住房城乡建设厅关于调整建设工程计价增值税税率的通知》（苏建函价〔2019〕178 号），一般计税方法税金税率为 9%。

根据《江苏省建设工程费用定额》（2014 版），可判断本工程为三类工程取费，进而选择适合三类工程取费的费率。

根据《省住房城乡建设厅关于建筑业实施营改增后江苏省建设工程计价依据调整的通知》（苏建价〔2016〕154 号），三类安装工程企业管理费费率 40%，利润率 14%，安全文明施工措施费基本费率 1.5%，规费中的环境保护税税率 0.1%，社会保险费率 2.4%，公积金费率 0.42%。

根据《省住房城乡建设厅关于调整建设工程按质论价等费用计取方法的公告》（江苏省〔2018〕第 24 号），安装工程规费中的扬尘污染防治增加费按一般计税方法费率为 0.21%。

（2）计算定额工程量

根据上述背景资料，按《江苏省安装工程计价定额》（2014 版）中的计算规则计算本工程工程量，如表 3-23 所示。

定额工程量表　　　　　　　　　　　　　　　　　表 3-23

序号	项目名称	型号及规格	定额单位	定额工程量
1	照明配电箱	AL(400mm×300mm×140mm)	台	1
2	无端子外部接线	2.5mm²	10 个	0.3
3	无端子外部接线	4mm²	10 个	0.3
4	防水防尘灯	60W 节能灯	10 套	1.1
5	单管荧光灯	36W	10 套	0.1
6	单联单控开关	10A 250V	10 个	0.2
7	双联单控开关	10A 250V	10 个	0.3
8	安全型五孔插座	15A 250V	10 个	0.2
9	求助按钮	自带 24V 电源	个	1
10	声光求助器	—	个	1
11	灯头盒	86 型	10 个	1.2
12	接线盒	86 型	10 个	0.9
13	焊接钢管	DN15	100m	0.541
14	焊接钢管	DN20	100m	0.06
15	焊接钢管	DN40	100m	0.0482
16	绝缘导线	BV-2.5mm²	100m	1.57
17	绝缘导线	BV-4mm²	100m	0.201
18	均压环	利用基础梁	10m	3.22
19	接地母线	热镀锌扁钢—25×4	10m	0.162
20	接地调试	—	系统	1

（3）编制最高投标限价

根据上述背景资料，按《建设工程工程量清单计价规范》GB 50500—2013 和《通用安装工程工程量计算规范》GB 50856—2013，用一般计税方法编制本工程最高投标限价。

1）计算分部分项工程费

计算步骤：第一步，计算定额综合合价。

$$定额人工费＝定额人工消耗量×人工单价$$

$$定额材料费＝除税材料费＋未计价材料费$$

$$定额机械费＝除税机械费$$

$$定额管理费和利润＝定额人工费×管理费和利润费率$$

$$定额综合单价＝定额人工费＋定额材料费＋定额机械费＋定额管理费和利润$$

$$定额综合合价＝定额工程量×定额综合单价$$

第二步，计算清单除税综合单价。

$$清单除税综合单价＝\Sigma 定额综合合价÷清单工程量$$

第三步，计算分部分项工程费。

$$分部分项工程费＝清单工程量×清单除税综合单价$$

第四步，计算清单人工费综合合价。

$$清单人工费单价＝(\Sigma 定额工程量×定额人工费)÷清单工程量$$

$$清单人工费合价＝清单工程量×清单人工费单价$$

① 清单 030404017001 配电箱的分部分项工程费

照明配电箱 AL：

$$定额人工费＝1.38×100＝138.00 元$$
$$定额材料费＝34.41＋1×500＝534.41 元$$
$$定额机械费＝0.00 元$$
$$定额管理费和利润＝138.00×(40\%＋14\%)＝74.52 元$$
$$定额综合单价＝138.00＋534.41＋0.00＋74.52＝746.93 元$$
$$定额综合合价＝1×746.93＝746.93 元$$

无端子外部接线 2.5：

$$定额人工费＝0.17×100＝17.00 元$$
$$定额材料费＝14.45 元$$
$$定额机械费＝0.00 元$$
$$定额管理费和利润＝17.00×(40\%＋14\%)＝9.18 元$$
$$定额综合单价＝17.00＋14.45＋0.00＋9.18＝40.63 元$$
$$定额综合合价＝0.3×40.63＝12.19 元$$

无端子外部接线 4：

定额人工费＝0.23×100＝23.00 元

定额材料费＝14.45 元

定额机械费＝0.00 元

定额管理费和利润＝23.00×（40％＋14％）＝12.42 元

定额综合单价＝23.00＋14.45＋0.00＋12.42＝49.87 元

定额综合合价＝0.3×49.87＝14.96 元

清单除税综合单价＝（746.93＋12.19＋14.97）÷1＝774.09 元

分部分项工程费＝1×774.09＝774.09 元

清单人工费单价＝（1×138.00＋0.3×17.00＋0.3×23.00）÷1＝150.00 元

清单人工费合价＝1×150.00 元＝150.00 元

② 清单 030411001001 配管的分部分项工程费

焊接钢管 DN15：

定额人工费单价＝6.08×100＝608 元

定额材料费单价＝78.07＋103×5.4＝634.27 元

定额机械费单价＝15.10 元

定额管理费和利润单价＝608×（40％＋14％）＝328.32 元

定额综合单价＝608＋634.27＋15.10＋328.32＝1585.69 元

定额综合合价＝0.541×1585.69＝857.86 元

清单除税综合单价＝857.86÷54.1＝15.86 元

分部分项工程费＝54.1×15.86＝858.03 元

清单人工费单价＝0.541×608÷54.1＝6.08 元

清单人工费合价＝54.1×6.08＝328.93 元

③ 其他清单项目的分部分项工程费计算

因计算方法同上述①和②，此处省略计算过程，本例分部分项工程费如表 3-24 所示。

分部分项工程费表（除税）　　　　　　　　　表 3-24

序号	项目编码	项目名称	金额(元)		其中
			综合单价	综合合价	人工费
1	030404017001	照明配电箱 AL	774.09	774.09	150.00
2	030412001001	防水防尘灯	63.92	703.12	70.40
3	030412005001	单管荧光灯	62.41	62.41	16.60
4	030404034001	单联单控开关	19.60	39.20	13.00
5	030404034002	双联单控开关	21.23	63.69	20.40
6	030404035001	安全型五孔插座	25.49	50.98	16.80
7	030904003001	按求助钮	131.11	131.11	49.00
8	030904005001	声光求助器	171.11	171.11	70.00
9	030411006001	灯头盒	8.02	96.24	40.80
10	030411006002	接线盒	8.09	72.81	33.30
11	030411001001	焊接钢管暗配 DN15	15.86	858.03	328.93
12	030411001002	焊接钢管暗配 DN20	18.21	109.26	38.88
13	030411001003	焊接钢管暗配 DN40	40.34	194.44	64.68
14	030411004001	管内穿线 BV-2.5	3.31	519.67	120.89
15	030411004002	管内穿线 BV-4	3.96	79.60	10.85
16	030409004001	均压环基础梁接地	8.26	265.97	154.56
17	030409002001	户内接地母线	23.82	38.59	18.79
18	030414011001	接地装置调试	901.07	901.07	499.20
		分部分项工程费合计		5131.39	1717.08

2) 计算措施项目费

① 单价措施项目费

计算步骤：第一步，计算脚手架搭拆费（不含管理费和利润）。

脚手架搭拆费（不含管理费和利润）＝分部分项工程人工费×费率

第二步，计算人工费。

人工费＝脚手架搭拆费（不含管理费和利润）×人工占比

第三步，计算管理费和利润。

管理费和利润＝人工费×费率

第四步，汇总脚手架搭拆费。

脚手架搭拆费＝脚手架搭拆费（不含管理费和利润）＋管理费和利润

第九册脚手架搭拆费：

脚手架搭拆费（不含管理费和利润）＝（49.00＋70.00）×5％＝5.95 元

人工费＝5.95×25％＝1.49 元

管理费和利润＝1.49×（40％＋14％）＝0.80 元

第九册脚手架搭拆费＝5.95＋0.80＝6.75 元

第四册脚手架搭拆费：

脚手架搭拆费（不含管理费和利润）＝（1717.08－49.00－70.00）×4％

＝63.92 元

人工费＝63.92×25％＝15.98 元

管理费和利润＝15.98×（40％＋14％）＝8.63 元

第四册脚手架搭拆费＝63.92＋8.63＝72.55 元

本工程脚手架搭拆费综合合价＝6.75＋72.55＝79.30 元

② 总价措施项目费

总价措施项目费＝（分部分项工程费＋单价措施项目费－除税工程设备费）×费率

安全文明施工费：

基本费＝（5131.39＋79.30）×1.5％＝78.16 元

扬尘污染防治增加费＝（5130.85＋79.30）×0.21％＝10.94 元

安全文明施工费合计＝78.16＋10.94＝89.10 元

夜间施工费＝（5131.39＋79.30）×0.1％＝5.21 元

冬雨期施工费＝（5131.39＋79.30）×0.1％＝5.21 元

已完工程及设备保护费＝（5131.39＋79.30）×0.05％＝2.61 元

临时设施费＝（5131.39＋79.30）×1.6％＝83.37 元

总价措施项目费合计＝89.10＋5.21＋5.21＋2.61＋83.37＝185.50 元

措施项目费合计＝79.30＋185.50＝264.80 元

3) 其他项目费

暂列金额＝1000.00 元

专业工程暂估价＝2500.00 元

计日工：

> 人工费＝10×150.00＝1500.00 元
>
> 材料费＝30×5.00＋3×4.00＋8×5.00＝202.00 元
>
> 机械费＝1×60.00＝60.00 元
>
> 企业管理费和利润＝1500.00×20%＝300.00 元

计日工合计＝1500.00＋202.00＋60.00＋300.00＝2062.00 元

总承包服务费＝2500.00×5%＝125.00 元

其他项目费合计＝1000.00＋2500.00＋2062.00＋125.00＝5687.00 元

4）规费

规费＝(分部分项工程费＋措施项目费＋其他项目费－除税工程设备费)×费率

社会保险费＝(5131.39＋264.80＋5687.00)×2.4%＝266.00 元

住房公积金＝(4790.71＋242.13＋5087.00)×0.42%＝46.55 元

环境保护税＝(4790.71＋242.13＋5087.00)×0.1%＝11.08 元

规费合计＝266.00＋46.55＋11.08＝323.63 元

5）税金

税金＝(5131.39＋264.80＋5687.00＋323.63)×9%＝1026.61 元

6）最高投标限价

最高投标限价＝5131.39＋264.80＋5687.00＋323.63＋1026.61＝12433.43 元

（4）最高投标限价报表

_____某市公共厕所电气照明_____工程

最 高 投 标 限 价

招　标　人：　_____××公司_____
（单位盖章）

造价咨询人：　_____××造价咨询公司_____
（单位盖章）

××年×月×日

<u>　　　　　　　某市公共厕所电气照明　　　　　　　　　</u>工程

最 高 投 标 限 价

最高投标限价　　（小写）：<u>　　　　　　　　12，433.43　　　　　　　　　</u>
　　　　　　　　　（大写）：<u>　　壹万贰仟肆佰叁拾叁元肆角叁分　　　　</u>

招标人：<u>　　××公司　　　</u>　　　　造价咨询人：<u>　　××造价咨询公司　　</u>
　　　　　　（单位盖章）　　　　　　　　　　　　（单位资质专用章）

法定代表人　　　　　　　　　　　　法定代表人
或其授权人：<u>　　×××　　　</u>　　或其授权人：<u>　　　×××　　　</u>
　　　　　　（签字或盖章）　　　　　　　　　　　（签字或盖章）

　　　　　　×××签字，盖造价师　　　　　　　　×××签字，
编制人：<u>　　或造价员专用章　　</u>　复核人：<u>　　盖造价师专用章　　　</u>
　　　　（造价人员签字，盖专用章）　　　　（造价工程师签字，盖专用章）

编制时间：××年×月×日　　　　复核时间：××年×月×日

总说明

项目名称：某市公共厕所电气照明工程　　　　　　　　　　　　　　第 1 页　共 1 页

1. 工程概况

(1)本工程为某市汽车站对面公共厕所,地上一层,总建筑面积 71.8m², 建筑高度 4.35m。

(2)建筑耐火等级为地上二级。

(3)建筑结构形式为砖混,主体结构合理使用年限为 50 年。

2. 工程招标范围为设计图纸范围内电气照明工程,具体详见工程量清单。

3. 最高投标限价编制依据

(1)《建设工程工程量清单计价规范》GB 50500—2013 和《通用安装工程工程量计算规范》GB 50856—2013、《省住房城乡建设厅关于〈建设工程工程量清单计价规范〉GB 50500—2013 及其 9 本工程量计算规范的贯彻意见》(苏建价〔2014〕448 号)。

(2)本工程设计文件。

(3)本工程招标文件和招标工程量清单。

(4)施工现场情况、工程特点及常规施工方案等。

(5)其他江苏省、某市相关文件或规定。

4. 计价依据

(1)《江苏省安装工程计价定额》(2014 版)和《江苏省建设工程费用定额》(2014 版)

(2)调价依据

1)人工单价:《江苏省住房城乡建设厅关于发布建设工程人工工资指导价的通知》(苏建函价〔2021〕62 号),江苏省某市人工工资指导价为:一类 104 元/工日,二类 100 元/工日。

2)未计价材料价:根据江苏省某市当期造价信息和市场情况定价。

(3)取费依据

1)税率:根据《省住房城乡建设厅关于调整建设工程计价增值税税率的通知》(苏建函价〔2019〕178 号),一般计税方法税金税率为 9%。

2)其他费率:

根据《省住房城乡建设厅关于建筑业实施营改增后江苏省建设工程计价依据调整的通知》(苏建价〔2016〕154 号),三类安装工程企业管理费费率 40%,利润率 14%,安全文明施工措施费基本费率 1.5%,规费中的社会保险费费率 2.4%,公积金费率 0.42%。

根据《省住房城乡建设厅关于调整建设工程按质论价等费用计取方法的公告》(江苏省〔2018〕第 24 号),安装工程规费中的扬尘污染防治增加费按一般计税方法费率为 0.21%。

建设项目最高投标限价汇总表

工程名称：某市公共厕所电气照明工程　　　　　　　　　　　　　第1页 共1页

序号	名称	单项工程造价	其中(元)		
			暂估价	安全文明施工费	规费
1	某市公共厕所电气照明工程	12433.43	2500.00	89.10	323.63
	合计	12433.43	2500.00	89.10	323.63

单项工程最高投标限价汇总表

工程名称：某市公共厕所电气照明工程　　　　　　　　　　　　　第1页 共1页

序号	名称	金额(元)	其中(元)		
			暂估价	安全文明施工费	规费
1	某市公共厕所电气照明工程	12433.43	2500.00	89.10	323.63
	合计	12433.43	2500.00	89.10	323.63

单位工程最高投标限价汇总表

工程名称：某市公共厕所电气照明工程　　　　标段：　　　　　　　第1页 共1页

序号	汇总内容	金额(元)	其中:暂估价(元)
1	分部分项工程	5131.39	500.00
1.1	人工费	1717.08	
1.2	材料费	2321.77	
1.3	施工机具使用费	165.44	
1.4	企业管理费	687.11	
1.5	利润	240.82	
2	措施项目	264.80	
2.1	单价措施项目费	79.30	
2.2	总价措施项目费	185.50	
2.2.1	其中:安全文明施工措施费	89.10	
3	其他项目	5687.00	—
3.1	其中:暂列金额	1000.00	—
3.2	其中:专业工程暂估价	2500.00	—
3.3	其中:计日工	2062.00	—
3.4	其中:总承包服务费	125.00	—
4	规费	323.63	
5	税金	1026.61	—
最高投标限价合计＝1＋2＋3＋4＋5－甲供材料费和甲供设备费/1.01		12433.43	500.00

分部分项工程和单价措施项目清单与计价表

工程名称：某市公共厕所电气照明工程　　　　　标段：　　　　　第 1 页　共 2 页

序号	项目编码	项目名称	项目特征描述	计量单位	工程量	金额(元)		
						综合单价	综合合价	其中：暂估价
		分部分项					5131.39	
1	030404017001	配电箱	1. 名称：照明配电箱 AL 2. 规格：400mm×300mm×140mm 3. 接线端子材质、规格：无端子接线 2.5 和 4mm² 4. 安装方式：底距地 1.5m 嵌入式暗装	台	1	774.09	774.09	500.00
2	030412001001	普通灯具	1. 名称：防水防尘灯 2. 规格：60W 节能灯	套	11	63.92	703.12	
3	030412005001	荧光灯	1. 名称：单管荧光灯 2. 规格：36W	套	1	62.41	62.41	
4	030404034001	照明开关	1. 名称：单联单控开关 2. 规格：10A 250V 3. 安装方式：底距地 1.3m 暗装	个	2	19.60	39.20	
5	030404034002	照明开关	1. 名称：双联单控开关 2. 规格：10A 250V 3. 安装方式：底距地 1.3m 暗装	个	3	21.23	63.69	
6	030404035001	插座	1. 名称：安全型五孔插座 2. 规格：15A 250V 3. 安装方式：底距地 0.3m 暗装	个	2	25.49	50.98	
7	030904003001	按钮	1. 名称：求助按钮 2. 规格：自带 24V 电源	个	1	131.11	131.11	
8	030904005001	声光报警器	名称：声光求助器	个	1	171.11	171.11	
9	030411006001	接线盒	1. 名称：灯头盒 2. 规格：86 型 3. 安装形式：暗装	个	12	8.02	96.24	
			本页小计				2091.95	500.00

分部分项工程和单价措施项目清单与计价表

工程名称：某市公共厕所电气照明工程　　　　　　标段：　　　　　　　　　第 2 页　共 2 页

序号	项目编码	项目名称	项目特征描述	计量单位	工程量	金额(元)		
						综合单价	综合合价	其中：暂估价
10	030411006002	接线盒	1. 名称:开关盒等 2. 规格:86 型 3. 安装形式:暗装	个	9	8.09	72.81	
11	030411001001	配管	1. 名称:焊接钢管 2. 规格:DN15mm 3. 配置形式:暗配	m	54.10	15.86	858.03	
12	030411001002	配管	1. 名称:焊接钢管 2. 规格:DN20mm 3. 配置形式:暗配	m	6.00	18.21	109.26	
13	030411001003	配管	1. 名称:焊接钢管 2. 规格:DN40mm 3. 配置形式:暗配	m	4.82	40.34	194.44	
14	030411004001	配线	1. 名称:管内穿线 2. 配线形式:照明线路 3. 型号:BV 4. 规格:2.5mm^2	m	157.00	3.31	519.67	
15	030411004002	配线	1. 名称:管内穿线 2. 配线形式:照明线路 3. 型号:BV 4. 规格:4mm^2	m	20.10	3.96	79.60	
16	030409004001	均压环	名称:基础梁接地	m	32.20	8.26	265.97	
17	030409002001	接地母线	1. 名称:户内接地母线 2. 材质:热镀锌扁钢 3. 规格:—25×4	m	1.62	23.82	38.59	
18	030414011001	接地装置	1. 名称:接地装置调试 2. 类别:接地网	系统	1	901.07	901.07	
			分部分项合计				5131.39	
		措施项目					79.30	
19	031301017001	脚手架搭拆		项	1	79.30	79.30	
			单价措施合计				79.30	
			本页小计				3118.74	0.00
			合计				5210.69	500.00

分部分项工程和单价措施项目清单综合单价分析表

工程名称：某市公共厕所电气照明工程　　　　标段：　　　　　　　第1页 共2页

序号	项目编号（定额编号）	项目名称	计量单位	工程数量	综合单价(元)	合价(元)	人工费	材料费	机械费	管理费和利润
1	030404017001	配电箱	台	1	774.09	774.09	150.00	543.09		81.00
1.1	4-268	悬挂嵌入式配电箱安装,半周长1.0m	台	1	746.93	746.93	138.00	534.41		74.52
1.2	4-412	无端子外部接线 2.5	10个	0.3	40.63	12.19	17.00	14.45		9.18
1.3	4-413	无端子外部接线 4	10个	0.3	49.87	14.96	23.00	14.45		12.42
2	030412001001	普通灯具	套	11	63.92	703.12	6.40	54.06		3.46
2.1	4-1567	防水灯头安装	10套	1.1	639.17	703.09	64.00	540.61		34.56
3	030412005001	荧光灯	套	1	62.41	62.41	16.60	36.85		8.96
3.1	4-1797	成套型吸顶式单管荧光灯安装	10套	0.1	624.17	62.42	166.00	368.53		89.64
4	030404034001	照明开关	个	2	19.60	39.20	6.50	9.59		3.51
4.1	4-339	单联扳式暗开关安装(单控)	10套	0.2	195.96	39.19	65.00	95.86		35.1
5	030404034002	照明开关	个	3	21.23	63.69	6.80	10.76		3.67
5.1	4-340	双联扳式暗开关安装(单控)	10套	0.3	212.31	63.69	68.00	107.59		36.72
6	030404035001	插座	个	2	25.49	50.98	8.40	12.55		4.54
6.1	4-373	5孔单相暗插座15A安装	10套	0.2	254.79	50.96	84.00	125.43		45.36
7	030904003001	按钮	个	1	131.11	131.11	49.00	54.84	0.81	26.46
7.1	9-164	按钮安装	个	1	131.11	131.11	49.00	54.84	0.81	26.46
8	030904005001	声光报警器	个	1	171.11	171.11	70.00	62.70	0.61	37.80
8.1	9-202	警报装置 声光报警	个	1	171.11	171.11	70.00	62.70	0.61	37.80
9	030411006001	接线盒	个	12	8.02	96.24	3.40	2.78		1.84
9.1	4-1545	接线盒暗装	10个	1.2	80.24	96.29	34.00	27.88		18.36
10	030411006002	接线盒	个	9	8.09	72.81	3.70	2.39		2.00
10.1	4-1546	开关盒暗装	10个	0.9	80.92	72.83	37.00	23.94		19.98
11	030411001001	配管	m	54.10	15.86	858.03	6.08	6.34	0.15	3.28
11.1	4-1140	砖、混凝土结构暗配钢管 DN15	100m	0.541	1585.69	857.86	608.00	634.27	15.10	328.32

分部分项工程和单价措施项目清单综合单价分析表

工程名称：某市公共厕所电气照明工程　　　　　　　　标段：　　　　　　　　第2页　共2页

序号	项目编号 （定额编号）	项目名称	计量单位	数量	综合单价（元）	合价（元）	综合单价组成（元）			
							人工费	材料费	机械费	管理费和利润
12	030411001002	配管	m	6.00	18.21	109.26	6.48	8.08	0.15	3.50
12.1	4-1141	砖、混凝土结构暗配钢管 DN20	100m	0.06	1820.59	109.24	648.00	807.57	15.10	349.92
13	030411001003	配管	m	4.82	40.34	194.44	13.42	19.35	0.32	7.25
13.1	4-1144	砖、混凝土结构暗配钢管 DN40	100m	0.048	4033.08	194.39	1342.00	1934.80	31.62	724.68
14	030411004001	配线	m	157.00	3.31	519.67	0.77	2.12		0.42
14.1	4-1359	管内穿照明线路铜芯 2.5mm²	100m单线	1.57	331.11	519.84	77.00	212.53		41.58
15	030411004002	配线	m	20.10	3.96	79.60	0.54	3.12		0.30
15.1	4-1360	管内穿照明线路铜芯 4mm²	100m单线	0.201	395.57	79.51	54.00	312.41		29.16
16	030409004001	均压环	m	32.20	8.26	265.97	4.80	0.12	0.75	2.59
16.1	4-917	利用圈梁钢筋均压环敷设	10m	3.22	82.68	266.23	48.00	1.21	7.55	25.92
17	030409002001	接地母线	m	1.62	23.82	38.59	11.60	5.48	0.48	6.26
17.1	4-905	户内接地母线敷设	10m	0.162	238.24	38.59	116.00	54.81	4.79	62.64
18	030414011001	接地装置	系统	1	901.07	901.07	499.20	3.97	128.33	269.57
18.1	4-1858	接地网系统装置调试	系统	1	901.07	901.07	499.20	3.97	128.33	269.57
19	031301017001	脚手架搭拆	项	1	79.30	79.30	17.47	52.40		9.44
19.1	BM33	脚手架搭拆费（第四册 电气）	元	1	72.55	72.55	15.98	47.94		8.63
19.2	BM38	脚手架搭拆费（第九册 消防）	元	1	6.75	6.75	1.49	4.46		0.80

总价措施项目清单与计价表

工程名称：某市公共厕所电气照明工程　　　　　　　　标段：　　　　　　　　第1页　共1页

序号	项目编码	项目名称	基数说明	费率（%）	金额（元）	调整费率（%）	调整后金额（元）	备注
1	031302001001	安全文明施工费			89.10			
1.1		基本费	分部分项合计＋技术措施项目合计－分部分项设备费－技术措施项目设备费－税后独立费	1.5	78.16			
1.2		扬尘污染防治增加费		0.21	10.94			
2	031302002001	夜间施工		0.1	5.21			
3	031302005001	冬雨期施工		0.1	5.21			
4	031302006001	已完工程及设备保护		0.05	2.61			
5	031302008001	临时设施		1.6	83.37			
		合　　计			185.50			

编制人（造价人员）：　　　　　　　　　　　　　　　　复核人（造价工程师）：

总价措施项目费分析表

工程名称：某市公共厕所电气照明工程　　　　　　　　　　　　　　　　　　　第1页　共1页

序号	项目编码 (定额编号)	名称	计算基数 (元)	费率 (%)	金额 (元)	其中：(元)			
						人工费	材料费	机械费	管理费和利润
1	031302001001	安全生产、文明施工费			89.10	0.00	89.10	0.00	0.00
1.1		基本费	5210.69	1.5	78.16	0.00	72.90	0.00	0.00
1.2		扬尘污染防治增加费	5210.69	0.21	10.94	0.00	10.21	0.00	0.00
2	031302002001	夜间施工	5210.69	0.1	5.21	0.00	5.21	0.00	0.00
3	031302005001	冬雨期施工	5210.69	0.1	5.21	0.00	5.21	0.00	0.00
4	031302006001	已完工程及设备保护	5210.69	0.05	2.61	0.00	2.61	0.00	0.00
5	031302008001	临时设施	5210.69	1.6	83.37	0.00	83.37	0.00	0.00

其他项目清单与计价汇总表

工程名称：某市公共厕所电气照明工程　　　　　　标段：　　　　　　　　　第1页　共1页

序号	项目名称	金额(元)	结算金额(元)	备注
1	暂列金额	1000.00		详见明细表
2	暂估价	2500.00		
2.1	材料(工程设备)暂估价	—		详见明细表
2.2	专业工程暂估价	2500.00		详见明细表
3	计日工	2062.00		详见明细表
4	总承包服务费	125.00		详见明细表
	合计	5687.00		

暂列金额明细表

工程名称：某市公共厕所电气照明工程　　　　　　标段：　　　　　　　　　第1页　共1页

序号	项目名称	计量单位	暂定金额(元)	备注
1	工程量偏差和设计变更	项	1000.00	
	合　计		1000.00	

材料 (工程设备) 暂估单价及调整表

工程名称：某市公共厕所电气照明工程　　　　　　标段：　　　　　　　　　第1页　共1页

序号	材料编码	材料(工程设备)名称、规格、型号	计量单位	数量		暂估(元)		确认(元)		差额±(元)		备注
				暂估	确认	单价	合价	单价	合价	单价	合价	
1	55090108	照明配电箱 AL (400mm×300mm×140mm)	台	1		500.00	500.00					
	合计						500.00					

专业工程暂估价及结算价表

工程名称：某市公共厕所电气照明工程　　　　　　　　标段：　　　　　　　　第1页 共1页

序号	工程名称	工程内容	暂估金额（元）	结算金额（元）	差额±（元）	备注
1	电热膜工程	电热膜供热、安装	2500.00			
合　计			2500.00			

计日工表

工程名称：某市公共厕所电气照明工程　　　　　　　　标段：　　　　　　　　第1页 共1页

编号	项目名称	单位	暂定数量	实际数量	单价（元）	合价（元）	
						暂定	实际
1	人工						
1.1	技工	工日	10.00		150.00	1500.00	
人工小计						1500.00	
2	材料						
2.1	φ10 热镀锌圆钢	m	30.00		5.00	150.00	
2.2	电焊条 J422φ3.2	kg	3.00		4.00	12.00	
2.3	镀锌扁钢支架－40×4	kg	8.00		5.00	40.00	
材料小计						202.00	
3	施工机械						
3.1	交流弧焊机	台班	1		60.00	60.00	
机械小计						60.00	
4	企业管理费和利润按人工费20%					300.00	
总计						2062.00	

总承包服务费计价表

工程名称：某市公共厕所电气照明工程　　　　　　　　标段：　　　　　　　　第1页 共1页

序号	项目名称	项目价值（元）	服务内容	计算基础	费率（%）	金额（元）
1	发包人发包专业工程	2500.00	提供施工作业面、竣工资料统一整理	2500.00	5	125.00
合　计						125.00

规费、税金项目清单与计价表

工程名称：某市公共厕所电气照明工程　　　　　　　标段：　　　　　　　　第 1 页　共 1 页

序号	项目名称	计算基础	计算基数	计算费率（%）	金额（元）
1	规费	社会保险费＋住房公积金＋环境保护税			323.63
1.1	社会保险费	分部分项工程＋措施项目＋其他项目－分部分项设备费－技术措施项目设备费－税后独立费	11083.19	2.4	266.00
1.2	住房公积金		11083.19	0.42	46.55
1.3	环境保护税		11083.19	0.1	11.08
2	税金	分部分项工程＋措施项目＋其他项目＋规费－（甲供材料费＋甲供主材费＋甲供设备费)/1.01－税后独立费	11406.82	9	1026.61
	合　　计				1350.24

发包人提供材料和工程设备一览表

工程名称：某市公共厕所电气照明工程　　　　　　　标段：　　　　　　　　第 1 页　共 1 页

序号	材料（工程设备）名称、规格、型号	单位	数量	单价（元）	合价(元)	交货方式	送达地点	备注

承包人提供主要材料和工程设备一览表

（适用造价信息差额调整法）

工程名称：某市公共厕所电气照明工程　　　　　　　标段：　　　　　　　　第 1 页　共 1 页

序号	材料编码	名称、规格、型号	单位	数量	风险系数(%)	基准单价（元）	投标单价（元）	发承包人确认单价（元）	备注

2．"给水排水、采暖、燃气工程"最高投标限价编制示例【示例八】

（1）背景资料

1）图纸和工程量清单见第 2 章第 3 节 2.3.2 中示例四。

2）部分定额数据，如表 3-25 所示。

定额数据表 表 3-25

定额编号	项目名称	计量单位	人工消耗量（工日）	含税材料费（元）	除税材料费（元）	含税机械费（元）	除税机械费（元）	未计价材料消耗量
10-174	室内给水钢塑复合管（螺纹连接）DN40	10m	2.74	77.33	66.45	5.46	4.80	10.2m（钢塑复合管）
10-371	管道消毒、冲洗 DN40	100m	0.49	23.86	23.16	—	—	
10-679	台下式洗脸盆安装	10组	12.10	108.42	92.99	—	—	10.1套（洗脸盆） 10.1套（扳把式脸盆水） 20.2个（角阀） 20.2个（金属软管） 10.1个（洗脸盆下水口）

注：① 含税材料费和含税机械费为定额子目中列出的费用，除税材料费和除税机械费为根据国家营改增相关政策和江苏省计价方法，利用定额含税材料费和含税机械费计算得出，此处省略计算过程；

② 本示例采用一般计税方法计价，采用除税材料费和除税机械费计算，并且不考虑调整。

3）人工单价：根据《江苏省住房城乡建设厅关于发布建设工程人工工资指导价的通知》（苏建函价〔2021〕62号），江苏省某市人工工资指导价为：二类工100元/工日。

4）未计价材料价格：根据江苏省某市当期造价信息和市场情况定价，见表 3-26 所示。

未计价材料价格表（除税） 表 3-26

序号	主材名称	型号及规格	单位	单价（元）
1	钢塑复合管	DN40	m	50.14
2	钢塑复合管	DN32	m	39.11
3	钢塑复合管	DN25	m	32.58
4	钢塑复合管	DN15	m	17.80
5	管道支架	角钢L 40×4	kg	3.50
6	螺纹阀门	铜截止阀 J11W-16 DN40	个	174.00
7	排水塑料管	UPVC DN160	m	38.21
8	塑料排水管件	DN160	个	38.76
9	排水塑料管	UPVC DN110	m	20.42

续表

序号	主材名称	型号及规格	单位	单价(元)
10	塑料排水管件	DN110	个	18.60
11	排水塑料管	UPVC DN75	m	10.92
12	塑料排水管件	DN75	个	7.50
13	洗脸盆	台下式洗脸盆	套	255.00
14	脸盆水嘴	扳把式	套	150.00
15	角阀	DN15	个	26.00
16	金属软管	—	个	20.00
17	洗脸盆下水口	(铜)	个	55.00
18	洗脸盆	立式洗脸盆	套	270.00
19	大便器	连体式坐便器	套	950.00
20	连体进水阀配件		套	50.00
21	坐便器桶盖		个	45.00
22	连体排水口配件	—	套	40.00
23	大便器	脚踏阀冲洗式蹲便器	套	280.00
24	蹲便器脚踏阀		套	220.00
25	小便器	感应式明装立式小便器	套	450.00
26	感应式冲水器		组	150.00
27	冲水器配件	—	套	85.00
28	排水栓		套	30.00
29	拖布池	陶瓷成品 500×600mm	只	420.00
30	拖布池水嘴	—	个	95.00
31	地漏	UPVC 高水封地漏	个	12.00

5)脚手架搭拆费:定额第十册按人工费的 5%计算,其中人工工资占 25%。

6)总价措施项目费率:夜间施工费率 0.1%,冬雨期施工费率 0.1%,已完工程及设备保护费率 0.05%,临时设施费率 1.5%。

7)其他项目费:暂列金额为 3000.00 元。

8)费率:

根据《省住房城乡建设厅关于调整建设工程计价增值税税率的通知》(苏建函价〔2019〕178 号),一般计税方法税金税率为 9%。

根据《江苏省建设工程费用定额》(2014 版),可判断本工程为三类工程取费,进而选择适合三类工程取费的费率。

根据《省住房城乡建设厅关于建筑业实施营改增后江苏省建设工程计价依据调整的通知》(苏建价〔2016〕154号)，三类安装工程企业管理费费率40%，利润率14%，安全文明施工措施费基本费率1.5%，规费中的环境保护税税率0.1%，社会保险费率2.4%，公积金费率0.42%。

根据《省住房城乡建设厅关于调整建设工程按质论价等费用计取方法的公告》(江苏省〔2018〕第24号)，安装工程规费中的扬尘污染防治增加费按一般计税方法费率为0.21%。

(2)计算定额工程量

根据上述背景资料，按《江苏省安装工程计价定额》(2014版)中的计算规则计算本工程工程量，如表3-27所示。

定额工程量表　　　　　　　　　　表 3-27

序号	项目名称	型号及规格	定额单位	定额工程量
1	钢塑复合管	$DN40$	10m	0.89
2	管道消毒冲洗	$DN40$	100m	0.089
3	钢塑复合管	$DN32$	10m	1.28
4	管道消毒冲洗	$DN32$	100m	0.128
5	钢塑复合管	$DN25$	10m	2.554
6	管道消毒冲洗	$DN25$	100m	0.2554
7	钢塑复合管	$DN15$	10m	0.335
8	管道消毒冲洗	$DN15$	100m	0.0335
9	管道支架制作安装	角钢∟40×4	100kg	0.025
10	套管	刚性防水套管 $DN65$	10个	0.1
11	螺纹阀门	截止阀 $DN40$	个	1
12	排水塑料管	UPVC $DN160$	10m	0.587
13	排水塑料管	UPVC $DN110$	10m	4.348
14	排水塑料管	UPVC $DN75$	10m	2.981
15	套管	刚性防水套管 $DN250$	10个	0.1
16	套管	刚性防水套管 $DN200$	10个	0.1
17	洗脸盆	台下式洗脸盆	10组	0.6
18	洗脸盆	立式洗脸盆	10组	0.1
19	大便器	连体式坐便器	10套	0.1
20	大便器	脚踏阀冲洗式蹲便器	10套	0.9

序号	项目名称	型号及规格	定额单位	定额工程量
21	小便器	感应式明装立式小便器	10 组	0.5
22	拖布池	陶瓷成品 500mm×600mm	10 组	0.1
23	地漏	UPVC 高水封地漏	10 个	0.3

（3）编制最高投标限价

根据上述背景资料，按《建设工程工程量清单计价规范》GB 50500—2013 和《通用安装工程工程量计算规范》GB 50856—2013，用一般计税方法编制本工程最高投标限价。

1）计算分部分项工程费

计算步骤参见示例七。

① 清单 031001007001 复合管的分部分项工程费

钢塑复合管 $De50$：

> 定额人工费＝2.74×100＝274.00 元
>
> 定额材料费＝66.45＋10.2×50.14＝577.88 元
>
> 定额机械费＝4.80 元
>
> 管理费和利润＝274.00×（40％＋14％）＝147.96 元
>
> 定额综合单价＝274.00＋577.88＋4.8＋147.96＝1004.64 元
>
> 定额综合合价＝0.89×1004.64＝894.13 元

管道消毒、冲洗 $DN40$：

> 定额人工费＝0.49×100＝49.00 元
>
> 定额材料费＝23.16 元
>
> 定额机械费＝0.00 元
>
> 定额管理费和利润＝49.00×（40％＋14％）＝26.46 元
>
> 定额综合单价＝49.00＋23.16＋0.00＋26.46＝98.62 元
>
> 定额综合合价＝0.089×98.62＝8.78 元

清单除税综合单价＝（894.13＋8.78）÷8.9＝101.45 元

分部分项工程费＝8.9×101.45＝902.91 元

清单人工费单价＝（0.89×274.00＋0.089×49.00）÷8.9＝27.89 元

清单人工费合价＝8.9×27.89 元＝248.22 元

② 清单 031004003001 洗脸盆的分部分项工程费

台下式洗脸盆：

> 人工费＝12.1×100＝1210.00 元
>
> 未计价材料费＝10.1×255.00＋10.1×150.00＋20.2×26.00＋20.2×20.00＋10.1×55.00
>
> ＝5575.20 元

材料费＝92.99＋5575.20＝5668.19 元

机械费＝0.00 元

管理费和利润＝1210.00×(40%＋14%)＝653.40 元

定额综合单价＝1210.00＋5668.19＋0.00＋653.40＝7531.59 元

定额综合合价＝0.6×7531.59＝4518.95 元

清单除税综合单价＝4518.95÷6＝753.16 元

分部分项工程费＝6×753.16＝4518.96 元

清单人工费单价＝0.6×1210.00÷6＝121.00 元

清单人工费合价＝6×121.00 元＝726.00 元

③ 其他清单项目的分部分项工程费计算

因计算方法同上述①和②，此处省略计算过程，本例分部分项工程费如表 3-28 所示。

分部分项工程费表（除税）　　　　　表 3-28

序号	项目编码	项目名称	金额（元）		其中
			综合单价	综合合价	人工费
1	031001007001	钢塑复合管 De50	101.45	902.91	248.22
2	031001007002	钢塑复合管 De40	83.03	1062.78	300.67
3	031001007003	钢塑复合管 De32	75.62	1931.33	599.93
4	031001007004	钢塑复合管 De20	54.06	181.10	65.63
5	031002001001	管道支架	15.73	39.33	14.23
6	031002003001	刚性防水套管 DN65	68.14	68.14	32.70
7	031003001001	截止阀 DN40	225.65	225.65	24.00
8	031001006001	塑料管 UPVC De160	114.47	671.94	182.56
9	031001006002	塑料管 UPVC De110	76.02	3305.35	956.56
10	031001006003	塑料管 UPVC De75	51.75	1542.67	590.24
11	031002003002	刚性防水套管 DN250	167.00	167.00	55.70
12	031002003003	刚性防水套管 DN200	140.22	140.22	51.90
13	031004003001	台下式洗脸盆	753.16	4518.96	726.00
14	031004003002	立式洗脸盆	604.24	604.24	44.90
15	031004006001	连体坐式大便器	1239.06	1239.06	57.70
16	031004006002	蹲式脚踏冲洗大便器	604.69	5442.21	417.60
17	031004007001	红外感应立式小便器	841.77	4208.85	350.00
18	031004008001	陶瓷成品拖布池	614.85	614.85	36.80
19	031004014001	高水封塑料地漏	70.19	210.57	106.20
		分部分项合计		27077.16	4861.54

2）计算措施项目费

① 单价措施项目费

第十册脚手架搭拆费(不含管理费和利润)＝4861.54×5％＝243.08 元

> 人工费＝243.08×25％＝60.77 元
>
> 管理费和利润＝60.77×(40％＋14％)＝32.82 元

第十册脚手架搭拆费(含管理费和利润)＝243.08＋32.82＝275.90 元

因本工程单价措施项目费仅涉及第十册定额，因此脚手架搭拆费综合合价为 275.90 元

② 总价措施项目费

安全文明施工费：

> 基本费＝(27077.16＋275.90)×1.5％＝410.30 元
>
> 扬尘污染防治增加费＝(27077.16＋275.90)×0.21％＝57.44 元
>
> 安全文明施工费合计＝410.30＋57.44＝467.74 元

夜间施工费＝(27077.16＋275.90)×0.1％＝27.35 元

冬雨期施工费＝(27077.16＋275.90)×0.1％＝27.35 元

已完工程及设备保护费＝(27077.16＋275.90)×0.05％＝13.68 元

临时设施费＝(27077.16＋275.90)×1.6％＝437.65 元

总价措施项目费合计＝467.74＋27.35＋27.35＋13.68＋437.65＝973.77 元

措施项目费合计＝275.90＋973.77＝1249.67 元

3）其他项目费

暂列金额＝3000.00 元

其他项目费合计＝3000.00 元

4）规费

社会保险费＝(27077.16＋1249.67＋3000.00)×2.4％＝751.84 元

住房公积金＝(27077.16＋1249.67＋3000.00)×0.42％＝131.57 元

环境保护税＝(27077.16＋1249.67＋3000.00)×0.1％＝31.33 元

规费合计＝751.84＋131.57＋31.33＝914.74 元

5）税金

税金＝(27077.16＋1249.67＋3000.00＋914.74)×9％＝2901.74 元

6）最高投标限价

最高投标限价＝27077.16＋1249.67＋3000.00＋914.74＋2901.74＝35143.31 元

(4) 最高投标限价报表

　　　　　　　某市公共厕所给水排水　　　　　工程

最 高 投 标 限 价

招　标　人：　　　　××公司　　　　　

　　　　　　　　　　　（单位盖章）

造价咨询人：　　　　××造价咨询公司　　　

　　　　　　　　　　　（单位盖章）

××年×月×日

<u>　　　　某市公共厕所给水排水　　　　　</u>工程

最 高 投 标 限 价

最高投标限价　　（小写）：<u>　　　　　35，143.31　　　　　</u>
　　　　　　　　　　（大写）：<u>　叁万伍仟壹佰肆拾叁元叁角壹分　</u>

招标人：<u>　　××公司　　</u>　　　　造价咨询人：<u>　××造价咨询公司　</u>
　　　　　（单位盖章）　　　　　　　　　　　　（单位资质专用章）

法定代表人　　　　　　　　　　　法定代表人
或其授权人：<u>　　×××　　</u>　　或其授权人：<u>　　　×××　　</u>
　　　　　　（签字或盖章）　　　　　　　　　　（签字或盖章）

　　　　　　　×××签字，盖造价师　　　　　　　　×××签字，
编制人：<u>　　或造价员专用章　　</u>　复核人：<u>　盖造价师专用章　　</u>
　　　（造价人员签字，盖专用章）　　　　（造价工程师签字，盖专用章）

编制时间：××年×月×日　　　　复核时间：××年×月×日

总说明

项目名称：某市公共厕所给水排水工程　　　　　　　　　　　　　　　第 1 页　共 1 页

1. 工程概况

(1)本工程为某市汽车站对面公共厕所,地上一层,总建筑面积 71.8m^2,建筑高度 4.35m。

(2)建筑耐火等级为地上二级。

(3)建筑结构形式为砖混,主体结构合理使用年限为 50 年。

2. 工程招标范围为设计图纸范围内给水排水工程,具体详见工程量清单。

3. 最高投标限价编制依据

(1)《建设工程工程量清单计价规范》GB 50500—2013 和《通用安装工程工程量计算规范》GB 50856—2013、《省住房城乡建设厅关于〈建设工程工程量清单计价规范〉GB 50500—2013 及其 9 本工程量计算规范的贯彻意见》(苏建价〔2014〕448 号)。

(2)本工程设计文件。

(3)本工程招标文件和招标工程量清单。

(4)施工现场情况、工程特点及常规施工方案等。

(5)其他江苏省、某市相关文件或规定。

4. 计价依据

(1)《江苏省安装工程计价定额》(2014 版)和《江苏省建设工程费用定额》(2014 版)

(2)调价依据

1)人工单价:《江苏省住房城乡建设厅关于发布建设工程人工工资指导价的通知》(苏建函价〔2021〕62 号),江苏省某市人工工资指导价为:二类 100 元/工日。

2)未计价材料价:根据江苏省某市当期造价信息和市场情况定价。

(3)取费依据

1)税率:根据《省住房城乡建设厅关于调整建设工程计价增值税税率的通知》(苏建函价〔2019〕178 号),一般计税方法税金税率为 9%。

2)其他费率:

根据《省住房城乡建设厅关于建筑业实施营改增后江苏省建设工程计价依据调整的通知》(苏建价〔2016〕154 号),三类安装工程企业管理费费率 40%,利润率 14%,安全文明施工措施费基本费率 1.5%,规费中的社会保险费率 2.4%,公积金费率 0.42%。

根据《省住房城乡建设厅关于调整建设工程按质论价等费用计取方法的公告》(江苏省〔2018〕第 24 号),安装工程规费中的扬尘污染防治增加费按一般计税方法费率为 0.21%。

建设项目最高投标限价汇总表

工程名称：某市公共厕所给水排水工程　　　　　　　　　　　　　　第1页 共1页

序号	名称	单项工程造价	其中:(元)		
			暂估价	安全文明施工费	规费
1	某市公共厕所给水排水工程	35143.31	3000.00	467.74	914.74
	合　计	35143.31	3000.00	467.74	914.74

单项工程最高投标限价汇总表

工程名称：某市公共厕所给水排水工程　　　　　　　　　　　　　　第1页 共1页

序号	名称	金额(元)	其中:(元)		
			暂估价	安全文明施工费	规费
1	某市公共厕所给水排水工程	35143.31	3000.00	467.74	914.74
	合　计	35143.31	3000.00	467.74	914.74

单位工程最高投标限价汇总表

工程名称：某市公共厕所给水排水工程　　　　　　标段：　　　　　第1页 共1页

序号	汇总内容	金额(元)	其中:暂估价(元)
1	分部分项工程	27077.16	
1.1	人工费	4861.54	
1.2	材料费	19551.85	
1.3	施工机具使用费	38.09	
1.4	企业管理费	1944.82	
1.5	利润	680.60	
2	措施项目	1249.67	
2.1	单价措施项目费	275.90	
2.2	总价措施项目费	973.77	
2.2.1	其中:安全文明施工措施费	467.74	
3	其他项目	3000.00	—
3.1	其中:暂列金额	3000.00	—
3.2	其中:专业工程暂估价		—
3.3	其中:计日工		—
3.4	其中:总承包服务费		—
4	规费	914.74	—
5	税金	2901.74	—
最高投标限价合计＝1＋2＋3＋4＋5－甲供材料费和甲供设备费/1.01		35143.31	0.00

分部分项工程和单价措施项目清单与计价表

工程名称：某市公共厕所给水排水工程　　　　　　标段：　　　　　　　第 1 页　共 3 页

序号	项目编码	项目名称	项目特征描述	计量单位	工程量	金额（元）		
						综合单价	综合合价	其中：暂估价
		给水					4411.24	
1	031001007001	复合管	1. 安装部位:室内 2. 介质:给水 3. 材质、规格:钢塑复合管 $De50$ 4. 连接形式:丝接 5. 压力试验及吹、洗设计要求:水压试验、水冲洗、消毒	m	8.90	101.45	902.91	
2	031001007002	复合管	1. 安装部位:室内 2. 介质:给水 3. 材质、规格:钢塑复合管 $De40$ 4. 连接形式:丝接 5. 压力试验及吹、洗设计要求:水压试验、水冲洗、消毒	m	12.80	83.03	1062.78	
3	031001007003	复合管	1. 安装部位:室内 2. 介质:给水 3. 材质、规格:钢塑复合管 $De32$ 4. 连接形式:丝接 5. 压力试验及吹、洗设计要求:水压试验、水冲洗、消毒	m	25.54	75.62	1931.33	
4	031001007004	复合管	1. 安装部位:室内 2. 介质:给水 3. 材质、规格:钢塑复合管 $De20$ 4. 连接形式:丝接 5. 压力试验及吹、洗设计要求:水压试验、水冲洗、消毒	m	3.35	54.06	181.10	
			本页小计				4078.12	

分部分项工程和单价措施项目清单与计价表

工程名称：某市公共厕所给水排水工程　　　　　　标段：　　　　　　第2页 共3页

序号	项目编码	项目名称	项目特征描述	计量单位	工程量	金额(元)		
						综合单价	综合合价	其中：暂估价
5	031002001001	管道支架	1. 材质:型钢 2. 管架形式:非保温管架	kg	2.50	15.73	39.33	
6	031002003001	套管	1. 名称、类型:穿基础刚性防水套管 2. 规格:DN65	个	1	68.14	68.14	
7	031003001001	螺纹阀门	1. 类型:截止阀 2. 材质:铜 3. 规格:DN40 4. 连接形式:丝接	个	1	225.65	225.65	
		排水					22665.92	
8	031001006001	塑料管	1. 安装部位:室内 2. 介质:排水 3. 材质、规格:De160 4. 连接形式:粘接	m	5.87	114.47	671.94	
9	031001006002	塑料管	1. 安装部位:室内 2. 介质:排水 3. 材质、规格:De110 4. 连接形式:粘接	m	43.48	76.02	3305.35	
10	031001006003	塑料管	1. 安装部位:室内 2. 介质:排水 3. 材质、规格:De75 4. 连接形式:粘接	m	29.81	51.75	1542.67	
11	031002003002	套管	1. 名称、类型:穿基础刚性防水套管 2. 规格:DN250	个	1	167.00	167.00	
12	031002003003	套管	1. 名称、类型:穿基础刚性防水套管 2. 规格:DN200	个	1	140.22	140.22	
13	031004003001	洗脸盆	1. 材质:陶瓷 2. 规格、类型:台式 3. 组装形式:冷水	组	6	753.16	4518.96	
14	031004003002	洗脸盆	1. 材质:陶瓷 2. 规格、类型:立式 3. 组装形式:冷水	组	1	604.24	604.24	
			本页小计				11283.50	0.00

分部分项工程和单价措施项目清单与计价表

工程名称：某市公共厕所给水排水工程　　　　　标段：　　　　　　第3页　共3页

序号	项目编码	项目名称	项目特征描述	计量单位	工程量	金额(元)		
						综合单价	综合合价	其中：暂估价
15	031004006001	大便器	1. 材质:陶瓷 2. 规格、类型:连体坐式	组	1	1239.06	1239.06	
16	031004006002	大便器	1. 材质:陶瓷 2. 规格、类型:蹲式脚踏冲洗	组	9	604.69	5442.21	
17	031004007001	小便器	1. 材质:陶瓷 2. 规格、类型:红外感应立式	组	5	841.77	4208.85	
18	031004008001	其他成品卫生器具	1. 材质:陶瓷成品拖布池 2. 规格、类型:500mm×600mm	组	1	614.85	614.85	
19	031004014001	给水、排水附(配)件	1. 高水封塑料地漏 2. 型号、规格:DN75	个	3	70.19	210.57	
		分部分项合计					27077.16	
		措施项目					275.90	
20	031301017001	脚手架搭拆		项	1	275.90	275.90	
		单价措施合计					275.90	
		本页小计					11991.44	0.00
		合计					27353.06	0.00

分部分项工程和单价措施项目清单综合单价分析表

工程名称：某市公共厕所给水排水工程　　　　　　　　　　　　　　　　第1页　共2页

序号	项目编号（定额编号）	项目名称	计量单位	工程数量	综合单价（元）	合价（元）	综合单价组成（元）			
							人工费	材料费	机械费	管理费和利润
1	031001007001	复合管	m	8.90	101.45	902.91	27.89	58.02	0.48	15.06
	10-174	室内给水排水镀锌钢塑复合管(螺纹连接)DN40	10m	0.89	1004.64	894.13	274	577.88	4.8	147.96
	10-371	管道消毒、冲洗DN40	100m	0.089	98.62	8.78	49	23.16		26.46
2	031001007002	复合管	m	12.80	83.03	1062.78	23.49	46.46	0.39	12.69
	10-173	室内给水镀锌钢塑复合管(螺纹连接)DN32	10m	1.28	820.41	1050.12	230	462.27	3.94	124.2
	10-371	管道消毒、冲洗DN32	100m	0.128	98.62	12.62	49	23.16		26.46
3	031001007003	复合管	m	25.54	75.62	1931.33	23.49	39.23	0.21	12.69
	10-172	室内给水镀锌钢塑复合管(螺纹连接)DN25	10m	2.554	746.31	1906.08	230	390.01	2.1	124.2
	10-371	管道消毒、冲洗DN25	100m	0.2554	98.62	25.19	49	23.16		26.46
4	031001007004	复合管	m	3.35	54.06	181.1	19.59	23.76	0.13	10.58
	10-170	室内给水镀锌钢塑复合管(螺纹连接)DN15	10m	0.335	530.68	177.78	191	235.27	1.27	103.14
	10-371	管道消毒、冲洗DN15	100m	0.0335	98.62	3.3	49	23.16		26.46
5	031002001001	管道支架	kg	2.50	15.73	39.33	5.69	4.57	2.39	3.08
	10-382	管道支架　制作	100kg	0.025	986.6	24.67	239	434.06	184.48	129.06
	10-383	管道支架　安装	100kg	0.025	585.55	14.64	330	22.36	54.99	178.2
6	031002003001	套管	个	1	68.14	68.14	32.7	15.99	1.79	17.66
	10-389	刚性防水套管制作、安装DN65	10个	0.1	681.3	68.13	327	159.87	17.85	176.58
7	031003001001	螺纹阀门	个	1	225.65	225.65	24	188.69		12.96
	10-422	螺纹阀安装DN40	个	1	225.65	225.65	24	188.69		12.96
8	031001006001	塑料管	m	5.87	114.47	671.94	31.1	66.45	0.13	16.79
	10-312	室内承插塑料排水管(零件粘接)DN160	10m	0.587	1144.71	671.94	311	664.48	1.29	167.94

分部分项工程和单价措施项目清单综合单价分析表

工程名称：某市公共厕所给水排水工程　　　　　　　　　　　　　　　　　　　第2页 共2页

序号	项目编号（定额编号）	项目名称	计量单位	工程数量	综合单价（元）	合价（元）	综合单价组成（元）			
							人工费	材料费	机械费	管理费和利润
9	031001006002	塑料管	m	43.48	76.02	3305.35	22	42.01	0.13	11.88
	10-311	室内承插塑料排水管（零件粘接）DN110	10m	4.348	760.13	3305.05	220	420.04	1.29	118.8
10	031001006003	塑料管	m	29.81	51.75	1542.67	19.8	21.13	0.13	10.69
	10-310	室内承插塑料排水管（零件粘接）DN75	10m	2.981	517.5	1542.67	198	211.29	1.29	106.92
11	031002003002	套管	个	1	167	167	55.7	78.72	2.5	30.08
	10-393	刚性防水套管制作、安装 DN250	10个	0.1	1669.97	167	557	787.21	24.98	300.78
12	031002003003	套管	个	1	140.22	140.22	51.9	57.79	2.5	28.03
	10-392	刚性防水套管制作、安装 DN200	10个	0.1	1402.11	140.21	519	577.87	24.98	280.26
13	031004003001	洗脸盆	组	6	753.16	4518.96	121	566.82		65.34
	10-679	台下式洗脸盆安装	10组	0.6	7531.59	4518.95	1210	5668.2		653.4
14	031004003002	洗脸盆	组	1	604.24	604.24	44.9	535.09		24.25
	10-671	洗脸盆 钢管组成 冷水	10组	0.1	6042.31	604.23	449	5350.9		242.46
15	031004006001	大便器	组	1	1239.06	1239.06	57.7	1150.2		31.16
	10-705	坐式大便器 连体水箱坐便	10套	0.1	12390.55	1239.06	577	11502		311.58
16	031004006002	大便器	组	9	604.69	5442.21	46.4	533.23		25.06
	10-698	蹲式大便器 脚踏阀冲洗	10套	0.9	6046.89	5442.2	464	5332.3		250.56
17	031004007001	小便器	组	5	841.77	4208.85	70	733.97		37.8
	10-715	感应式明装式立式小便器	10组	0.5	8417.72	4208.86	700	7339.7		378
18	031004008001	其他成品卫生器具	组	1	614.85	614.85	36.8	558.18		19.87
	10-681	拖布池	10组	0.1	6148.48	614.85	368	5581.8		198.72
19	031004014001	给、排水附（配）件	个	3	70.19	210.57	35.4	15.67		19.12
	10-750	地漏 DN75	10个	0.3	701.87	210.56	354	156.71		191.16
20	031301017001	脚手架搭拆	项	1	275.90	275.90	60.77	182.31		32.82
	BM39	脚手架搭拆费（第十册 给水排水）	元	1	275.90	275.90	60.77	182.31		32.82

总价措施项目清单与计价表

工程名称：某市公共厕所给水排水工程　　　　　　　　　　标段：　　　　　　　　　　第1页　共1页

序号	项目编码	项目名称	基数说明	费率(%)	金额(元)	调整费率(%)	调整后金额(元)	备注
1	031302001001	安全文明施工费			467.74			
1.1		基本费	分部分项合计＋技术措施项目合计－分部分项设备费－技术措施项目设备费－税后独立费	1.5	410.30			
1.2		扬尘污染防治增加费		0.21	57.44			
2	031302002001	夜间施工		0.1	27.35			
3	031302005001	冬雨期施工		0.1	27.35			
4	031302006001	已完工程及设备保护		0.05	13.68			
5	031302008001	临时设施		1.6	437.65			
		合　计			973.77			

编制人（造价人员）：　　　　　　　　　　复核人（造价工程师）：

总价措施项目费分析表

工程名称：某市公共厕所给水排水工程　　　　　　　　　　　　　　　　第1页　共1页

序号	项目编码(定额编号)	名称	计算基数(元)	费率(%)	金额(元)	其中：(元)			
						人工费	材料费	机械费	管理费和利润
1	031302001001	安全生产、文明施工费			467.74	0.00	467.74	0.00	0.00
1.1		基本费	27353.06	1.5	410.30	0.00		0.00	0.00
1.2		扬尘污染防治增加费	27353.06	0.21	57.44	0.00		0.00	0.00
2	031302002001	夜间施工	27353.06	0.1	27.35	0.00	27.35	0.00	0.00
3	031302005001	冬雨期施工	27353.06	0.1	27.35	0.00	27.35	0.00	0.00
4	031302006001	已完工程及设备保护	27353.06	0.05	13.68	0.00	13.68	0.00	0.00
5	031302008001	临时设施	27353.06	1.6	437.65	0.00	437.65	0.00	0.00

其他项目清单与计价汇总表

工程名称：某市公共厕所给水排水工程　　　　　　　　　　标段：　　　　　　　　　　第1页　共1页

序号	项目名称	金额(元)	结算金额(元)	备注
1	暂列金额	3000.00		详见明细表
2	暂估价			
2.1	材料(工程设备)暂估价	—		
2.2	专业工程暂估价			
3	计日工			
4	总承包服务费			
	合计	3000.00		

暂列金额明细表

工程名称：某市公共厕所给水排水工程　　　　　标段：　　　　　第1页 共1页

序号	项目名称	计量单位	暂定金额（元）	备注
1	工程量偏差和设计变更	项	3000.00	
	合　计		3000.00	

材料（工程设备）暂估单价及调整表

工程名称：某市公共厕所给水排水工程　　　　　标段：　　　　　第1页 共1页

材料编码	材料（工程设备）名称、规格、型号	计量单位	数量		暂估（元）		确认（元）		差额±（元）		备注
			暂估	确认	单价	合价	单价	合价	单价	合价	
	合计										

专业工程暂估价及结算价表

工程名称：某市公共厕所给水排水工程　　　　　标段：　　　　　第1页 共1页

序号	工程名称	工程内容	暂估金额（元）	结算金额（元）	差额±（元）	备注
	合　计					

计日工表

工程名称：某市公共厕所给水排水工程　　　　　标段：　　　　　第1页 共1页

编号	项目名称	单位	暂定数量	实际数量	单价（元）	合价（元）	
						暂定	实际
1	人工						
	人工小计						
2	材料						
	材料小计						
3	施工机械						
	机械小计						
4	企业管理费和利润　按人工费20%						
	总计						

总承包服务费计价表

工程名称：某市公共厕所给水排水工程　　　　　　标段：　　　　　　第1页　共1页

序号	项目名称	项目价值(元)	服务内容	计算基础	费率(%)	金额(元)
合　计						

规费、税金项目清单与计价表

工程名称：某市公共厕所给水排水工程　　　　　　标段：　　　　　　第1页　共1页

序号	项目名称	计算基础	计算基数	计算费率(%)	金额(元)
1	规费	社会保险费＋住房公积金＋环境保护税			914.74
1.1	社会保险费	分部分项工程＋措施项目＋其他项目－分部分项设备费－技术措施项目设备费－税后独立费	31326.83	2.4	751.84
1.2	住房公积金		31326.83	0.42	131.57
1.3	环境保护税		31326.83	0.1	31.33
2	税金	分部分项工程＋措施项目＋其他项目＋规费－(甲供材料费＋甲供主材费＋甲供设备费)/1.01－税后独立费	31326.83	9	2901.74
合　计					3816.48

发包人提供材料和工程设备一览表

工程名称：某市公共厕所给水排水工程　　　　　　标段：　　　　　　第1页　共1页

序号	材料(工程设备)名称、规格、型号	单位	数量	单价(元)	合价(元)	交货方式	送达地点	备注

承包人提供主要材料和工程设备一览表
(适用造价信息差额调整法)

工程名称：某市公共厕所给水排水工程　　　　　　标段：　　　　　　第1页　共1页

序号	材料编码	名称、规格、型号	单位	数量	风险系数(%)	基准单价(元)	投标单价(元)	发承包人确认单价(元)	备注

第5节　安装工程投标报价的编制

3.5.1　安装工程投标报价的编制概述

1. 安装工程投标报价编制的依据

（1）《建设工程工程量清单计价规范》GB 50500—2013 和《通用安装工程工程量计算规范》GB 50856—2013；

（2）国家或省级、行业建设主管部门颁发的计价办法；

（3）企业定额，国家或省级、行业建设主管部门颁发的计价定额；

3.5.1

（4）建设工程设计文件及相关资料；

（5）招标文件、招标工程量清单及其补充通知、答疑纪要；

（6）施工现场情况、工程特点及投标时拟定的施工组织设计或施工方案；

（7）与建设项目相关的标准、规范、技术资料；

（8）市场价格信息或工程造价管理机构发布的工程造价信息；

（9）其他相关资料。

2. 安装工程投标报价编制的流程

为使得投标报价更加合理并具有竞争性，通常安装工程投标报价的编制应遵循一定的程序，如图 3-3 所示。

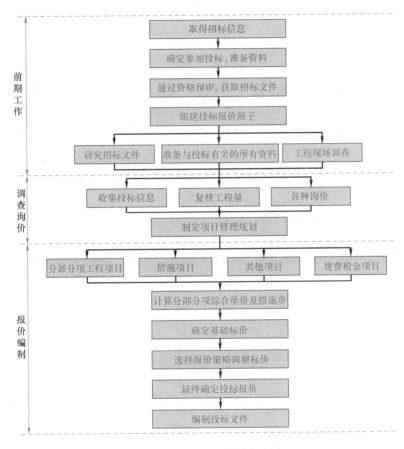

图 3-3　投标报价编制流程图

（1）投标报价前期工作

1）研究招标文件

确定参加投标后，为保证工程量清单报价的合理性，应对投标人须知、合同条件、技术规范、图纸和工程量清单等重点内容进行分析，深刻而正确地理解招标文件和招标人的意图。

① 投标人须知

投标人须知反映了招标人对投标的要求，特别要注意项目的资金来源、投标书的编制和递交、投标保证金、更改或备选方案、评标方法等，重点在于防止废标。

②　合同分析

a. 合同背景分析。投标人有必要了解与自己承包的工程内容有关的合同背景，了解监理方式，了解合同的法律依据，为报价和合同实施及索赔提供依据。

b. 合同形式分析。主要分析承包方式（如分项承包、施工承包、设计与施工总承包和管理承包等）；计价方式（如单价方式、总价方式、成本加酬金方式等）。

c. 合同条款分析。主要包括：承包商的任务、工作范围和责任；工程变更及相应的合同价款调整；付款方式、时间，应注意合同条款中关于工程预付款、材料预付款的规定，计算出占用资金的数额和时间，从而计算出需要支付的利息数额并计入投标报价；合同条款中关于合同工期、竣工日期、部分工程分期交付工期、工期奖罚等工期的规定，这是投标人制订施工进度计划的依据，也是报价的重要依据；应注意合同条款中关于业主责任措辞的严密性，以及关于索赔的有关规定。

③　技术标准和要求分析

工程技术标准是按工程类型来描述工程技术和工艺内容特点，对设备、材料、施工和安装方法等所规定的技术要求，有的是对工程质量进行检验、试验和验收所规定的方法和要求。它们与工程量清单中各子项工作密不可分，报价人员应在准确理解招标人要求的基础上对有关工程内容进行报价。任何忽视技术标准的报价都是不完整、不可靠的，有时可能导致工程承包商的重大失误和亏损。

④　图纸分析

图纸是确定工程范围、内容和技术要求的重要文件，也是投标者确定施工方法等施工计划的主要依据。

图纸的详细程度取决于招标人提供的施工图设计所达到的深度和所采用的合同形式。详细的设计图纸可使投标人比较准确地估价，而不够详细的图纸则需要估价人员采用综合估价方法，其结果一般不够精确。

2）调查工程现场

招标人在招标文件中一般会明确进行工程现场踏勘的时间和地点。投标人对一般区域调查重点注意以下几个方面：

①　自然条件调查

自然条件调查如气象资料，水文资料，地震、洪水及其他自然灾害情况、地质情况等。

②　施工条件调查。

施工条件调查的内容主要包括：工程现场的用地范围、地形、地貌、地物、高程，地上或地下障碍物，现场的三通一平情况；工程现场周围的道路、进出场条件、有无特殊交通限制；工程现场施工临时设施、大型施工机具、材料堆放场地安排的可能性，是否需要二次搬运；工程现场邻近建筑物与招标工程的间距、结构形式、基础埋深、新旧程度、高度；市政给水及污水、雨水排放管线位置、高程、管径、压力、废水、污水处理方式，市政、消防供水管道管径、压力、位置等；当地供电方式、方位、距离、电压等；当地煤气供应能力，管线位置、高程等；工程现场通信线路的连接和铺设；当地政府有关部门对施工现场管理的一般要求、特殊要求及规定，是否允许节假日和夜间施工等。

③　其他条件调查

其他条件调查主要包括各种构件、半成品及商品混凝土的供应能力和价格，以及现场附近的生活设施、治安情况等。

（2）询价与工程量复核

1）询价

投标报价之前，投标人必须通过各种渠道，采用各种手段对工程所需各种材料、设备等的价格、质量、供应时间、供应数量等进行系统全面的调查，同时还要了解分包项目的分包形式、分包范围、分包人报价、分包人履约能力及信誉等。询价是投标报价的基础，它为投标报价提供可靠的依据。询价时要特别注意两个问题，一是产品质量必须可靠，并满足招标文件的有关规定；二是供货方式、时间、地点，有无附加条件和费用。

2）复核工程量

工程量清单作为招标文件的组成部分，是由招标人提供的。工程量的大小是投标报价最直接的依据。复核工程量的准确程度，将影响承包商的经营行为：一是根据复核后的工程量与招标文件提供的工程量之间的差距，考虑相应的投标策略，决定报价尺度；二是根据工程量的大小采取合适的施工方法，选择适用、经济的施工机具设备、投入使用相应的劳动力数量等。

复核工程量，要与招标文件中所给的工程量进行对比。在核算完全部工程量清单中的细目后，投标人应按大项分类汇总主要工程总量，以便获得对整个工程施工规模的整体概念，并据此研究采用合适的施工方法，选择适用的施工设备等。并准确地确定订货及采购物资的数量，防止由于超量或少购等带来的浪费、积压或停工待料。

（3）编制投标报价

编制投标报价的计算方法要科学严谨，简明适用，一般选用基于清单的综合单价法。投标报价的计算应遵循一定的程序，根据《省住房城乡建设厅关于建筑业实施营改增后江苏省建设工程计价依据调整的通知》（苏建价〔2016〕154号）中规定的工程量清单法计算程序，区分一般计税方法和简易计税方法，安装工程投标报价计算程序如表3-29和表3-30所示。

1）计算分部分项工程费，填写分部分项工程清单与计价表。

2）计算措施项目费，填写措施项目清单与计价表。

3）计算其他项目费，填写其他项目清单与计价汇总表等。

4）计算规费和税金，填写规费、税金项目计价表。

5）复核、编写投标报价说明。

6）汇总并装订，形成完整的投标报价文件。

投标报价计算程序（一般计税方法）　　　　表3-29

序号	费用名称		计算公式
一	分部分项工程费		清单工程量×除税综合单价(自主报价)
	其中	1. 人工费	人工消耗量×人工单价
		2. 材料费	材料消耗量×除税材料单价
		3. 施工机具使用费	机械消耗量×除税机械单价
		4. 管理费	(1)×费率
		5. 利润	(1)×费率

续表

序号	费用名称		计算公式
二		措施项目费	
	其中	单价措施项目费	清单工程量×除税综合单价(自主报价)
		总价措施项目费	(分部分项工程费+单价措施项目费-除税工程设备费)×费率或以项计费 (安全文明施工措施费按规定标准计算,其他项目自主报价)
三		其他项目费	
	其中	暂估价	按招标文件提供金额计列
		暂列金额	按招标文件提供金额计列
		计日工	按招标文件提供暂定数量,自主报价
		总承包服务费	按招标文件提供项目和服务内容,自主报价
四		规　费	按规定标准计算
	其中	1. 环境保护税	(一+二+三-除税工程设备费)×费率 (按规定标准计算)
		2. 社会保险费	
		3. 住房公积金	
五		税　金	(一+二+三+四-除税甲供材料和甲供设备费/1.01)×费率
六		投标报价	一+二+三+四-除税甲供材料和甲供设备费/1.01+五

投标报价计算程序（简易计税方法） 表 3-30

序号	费用名称		计算公式
一		分部分项工程费	清单工程量×综合单价(自主报价)
	其中	1. 人工费	人工消耗量×人工单价
		2. 材料费	材料消耗量×材料单价
		3. 施工机具使用费	机械消耗量×机械单价
		4. 管理费	(1)×费率
		5. 利润	(1)×费率
二		措施项目费	
	其中	单价措施项目费	清单工程量×综合单价(自主报价)
		总价措施项目费	(分部分项工程费+单价措施项目费-工程设备费)×费率或以项计费 (安全文明施工措施费按规定标准计算,其他项目自主报价)
三		其他项目费	
	其中	暂估价	按招标文件提供金额计列
		暂列金额	按招标文件提供金额计列
		计日工	按招标文件提供暂定数量,自主报价
		总承包服务费	按招标文件提供项目和服务内容,自主报价
四		规　费	按规定标准计算
	其中	1. 环境保护税	(一+二+三-工程设备费)×费率 (按规定标准计算)
		2. 社会保险费	
		3. 住房公积金	
五		税　金	(一+二+三+四-甲供材料和甲供设备费/1.01)×费率
六		投标报价	一+二+三+四-甲供材料和甲供设备费/1.01+五

注：材料费包含计价材料费和未计价材料费。

3. 安装工程投标报价的装订顺序

(1) 封面；

(2) 扉页；

(3) 总说明；

(4) 建设项目投标报价汇总；

(5) 单项工程投标报价汇总；

(6) 单位工程投标报价汇总；

(7) 分部分项工程和单价措施项目清单与计价表；

(8) 分部分项工程和单价措施项目清单综合单价分析表；

(9) 总价措施项目清单与计价表；

(10) 总价措施项目费分析表；

(11) 其他项目清单与计价汇总表〔暂列金额明细表、材料（工程设备）暂估单价及调整表、专业工程暂估价及结算价表、计日工表、总承包服务费计价表〕；

(12) 规费、税金项目计价表；

(13) 发包人提供材料和工程设备一览表；

(14) 承包人提供主要材料和工程设备一览表。

3.5.2　安装工程投标报价编制示例

1. "电气照明及动力设备工程" 投标报价编制示例【示例九】

(1) 背景资料

安装工程投标报价和最高投标限价的编制依据基本一致，因此本示例中背景资料除下表 3-31 外，均如第 3 章第 4 节 3.4.2 中示例七的背景资料。

3.5.2

单价和费率表　　　　　表 3-31

序号	项目名称	单价	费率
1	计日工	120.00 工日/元	—
2	φ10 热镀锌圆钢	4.50m/元	—
3	电焊条 J422φ3.2	3.50kg/元	—
4	镀锌扁钢支架—40×4	4.50 kg/元	—
5	交流弧焊机	55.00 台班/元	—
6	计日工的企业管理费和利润	—	15%
7	总承包服务费	—	1%

(2) 计算定额工程量

依据《江苏省安装工程计价定额》（2014 版）中的计算规则计算本工程定额工程量，如第 3 章第 4 节 4.2 中表 3-23 所示。

(3) 编制投标报价

根据上述背景资料，按《建设工程工程量清单计价规范》GB 50500—2013 和《通用安装工程工程量计算规范》GB 50856—2013，用一般计税方法编制本工程投标报价。

安装工程投标报价和最高投标限价的计算程序基本一致，因此本示例中除下列不同之处列出计算式外，其余计算过程参见第 3 章第 4 节 3.4.2 中示例七 "（3）编制最高投标限价"中内容。

1）计算分部分项工程费

分部分项工程费＝5131.39元

2）计算措施项目费

措施项目费合计＝264.80元

3）其他项目费

暂列金额＝1000.00元

专业工程暂估价＝2500.00元

计日工：

> 人工费＝10×120＝1200.00元
>
> 材料费＝30×4.50＋3×3.50＋8×4.5＝181.50元
>
> 机械费＝1×55.00＝55.00元
>
> 企业管理费和利润＝1200.00×15％＝180.00元

计日工合计＝1200.00＋181.50＋55.00＋180.00＝1616.50元

总承包服务费＝2500.00×1％＝25.00元

其他项目费合计＝1000.00＋2500.00＋1616.50＋25.00＝5141.50元

4）规费

社会保险费＝（5131.39＋264.80＋5141.50）×2.4％＝252.90元

住房公积金＝（5131.39＋264.80＋5141.50）×0.42％＝44.26元

环境保护税＝（5131.39＋264.80＋5141.50）×0.1％＝10.54元

规费合计＝252.90＋44.26＋10.54＝307.70元

5）税金

税金＝（5131.39＋264.80＋5141.50＋307.70）×9％＝976.09元

6）投标报价

投标报价＝5131.39＋264.80＋5141.50＋307.70＋976.09＝11821.48元

（4）投标报价报表

　　　　　　　　某市公共厕所电气照明　　　　工程

投 标 总 价

投　标　人：　　　　　××公司　　　　　

（单位盖章）

××年×月×日

<u>　　　　某市公共厕所电气照明　　　</u>工程

投 标 总 价

招 标 人：<u>　　　　　　　　××公司　　　　　　　　　</u>

工 程 名 称：<u>　　　　某市公共厕所工程　　　　　　　</u>

投标总价　（小写）：<u>　　　　　11，821.48　　　　　</u>

　　　　　　（大写）：<u>　壹万壹仟捌佰贰拾壹元肆角捌分　</u>

投 标 人：<u>　　　　　　　　××公司　　　　　　　　　</u>

　　　　　　　　　　　　　（单位盖章）

法定代表人

或其授权人：<u>　　　　　　　　×××　　　　　　　　</u>

　　　　　　　　　　　　（签字或盖章）

编 制 人：<u>　　　　　　　　×××　　　　　　　　　</u>

　　　　　　　（造价人员签字，盖专用章）

编制时间：　　　　　　　××年×月×日

投标报价说明

项目名称：某市公共厕所电气照明工程　　　　　　　　　　第1页　共1页

1. 工程概况

(1)本工程为某市汽车站对面公共厕所,地上一层,总建筑面积71.8m²,建筑高度4.35m。

(2)建筑耐火等级为地上二级。

(3)建筑结构形式为砖混,主体结构合理使用年限为50年。

2. 投标报价范围为招标的设计图纸范围内电气照明工程。

3. 投标报价编制依据

(1)《建设工程工程量清单计价规范》GB 50500—2013和《通用安装工程工程量计算规范》GB 50856—2013、《省住房城乡建设厅关于〈建设工程工程量清单计价规范〉GB 50500—2013及其9本工程量计算规范的贯彻意见》(苏建价〔2014〕448号)。

(2)本工程设计文件。

(3)本工程招标文件、招标工程量清单、招标补充通知和答疑纪要等。

(4)施工现场情况、工程特点、施工组织设计和施工方案等。

(5)技术标准、规范和安全管理规定等。

(6)其他江苏省、某市相关文件或规定。

4. 计价依据

(1)《江苏省安装工程计价定额》(2014版)和《江苏省建设工程费用定额》(2014版)

(2)调价依据

1)人工单价:《江苏省住房城乡建设厅关于发布建设工程人工工资指导价的通知》(苏建函价〔2021〕62号),江苏省某市人工工资指导价为:一类104元/工日,二类100元/工日。

2)未计价材料价:根据市场情况和江苏省某市当期造价信息定价。

(3)取费依据

1)税率:根据《省住房城乡建设厅关于调整建设工程计价增值税税率的通知》(苏建函价〔2019〕178号),一般计税方法税金税率为9%。

2)其他费率:

根据《省住房城乡建设厅关于建筑业实施营改增后江苏省建设工程计价依据调整的通知》(苏建价〔2016〕154号),三类安装工程企业管理费费率40%,利润率14%,安全文明施工措施费基本费率1.5%,规费中的社会保险费率2.4%,公积金费率0.42%。

根据《省住房城乡建设厅关于调整建设工程按质论价等费用计取方法的公告》(江苏省〔2018〕第24号),安装工程规费中的扬尘污染防治增加费按一般计税方法费率为0.21%。

建设项目投标报价汇总表

工程名称：某市公共厕所电气照明工程　　　　　　　　　　　　　　　第1页　共1页

序号	名称	单项工程造价	其中：(元)		
			暂估价	安全文明施工费	规费
1	某市公共厕所电气照明工程	11821.48	2500.00	89.10	307.71
	合　计	11821.48	2500.00	89.10	307.71

单项工程投标报价汇总表

工程名称：某市公共厕所电气照明工程　　　　　　　　　　　　　　　第1页　共1页

序号	名称	金额(元)	其中(元)		
			暂估价	安全文明施工费	规费
1	某市公共厕所电气照明工程	11821.48	2500.00	89.10	307.71
	合　计	11821.48	2500.00	89.10	307.71

单位工程投标报价汇总表

工程名称：某市公共厕所电气照明工程　　　　　　标段：　　　　　　第1页　共1页

序号	汇总内容	金额(元)	其中:暂估价(元)
1	分部分项工程	5131.39	
1.1	人工费	1717.08	
1.2	材料费	2321.77	
1.3	施工机具使用费	165.44	
1.4	企业管理费	687.11	
1.5	利润	240.82	
2	措施项目	264.80	
2.1	单价措施项目费	79.30	
2.2	总价措施项目费	185.50	
2.2.1	其中:安全文明施工措施费	89.10	
3	其他项目	5141.50	
3.1	其中:暂列金额	1000.00	
3.2	其中:专业工程暂估价	2500.00	
3.3	其中:计日工	1616.50	
3.4	其中:总承包服务费	25.00	
4	规费	307.70	
5	税金	976.09	
投标报价合计＝1＋2＋3＋4＋5－甲供材料费和甲供设备费/1.01		11821.48	500.00

分部分项工程和单价措施项目清单与计价表

工程名称：某市公共厕所电气照明工程　　　　　　　　标段：　　　　　　　第 1 页　共 2 页

序号	项目编码	项目名称	项目特征描述	计量单位	工程量	金额(元)		
						综合单价	综合合价	其中：暂估价
		分部分项					5131.39	
1	030404017001	配电箱	1. 名称:照明配电箱 AL 2. 规格：400mm × 300mm×140mm 3.接线端子材质、规格：无端子接线 2.5 和 4mm² 4. 安装方式:底距地 1.5m嵌入式暗装	台	1	774.09	774.09	500.00
2	030412001001	普通灯具	1. 名称:防水防尘灯 2. 规格:60W 节能灯	套	11	63.92	703.12	
3	030412005001	荧光灯	1. 名称:单管荧光灯 2. 规格:36W	套	1	62.41	62.41	
4	030404034001	照明开关	1. 名称:单联单控开关 2. 规格:10A 250V 3. 安装方式:底距地 1.3m暗装	个	2	19.60	39.20	
5	030404034002	照明开关	1. 名称:双联单控开关 2. 规格:10A 250V 3. 安装方式:底距地 1.3m暗装	个	3	21.23	63.69	
6	030404035001	插座	1. 名称:安全型五孔插座 2. 规格:15A 250V 3. 安装方式:底距地 0.3m暗装	个	2	25.49	50.98	
7	030904003001	按钮	1. 名称:求助按钮 2. 规格:自带 24V 电源	个	1	131.11	131.11	
8	030904005001	声光报警器	名称:声光求助器	个	1	171.11	171.11	
9	030411006001	接线盒	1. 名称:灯头盒 2. 规格:86 型 3. 安装形式:暗装	个	12	8.02	96.24	
			本页小计				2091.95	500.00

分部分项工程和单价措施项目清单与计价表

工程名称：某市公共厕所电气照明工程　　　　　　　标段：　　　　　第2页　共2页

序号	项目编码	项目名称	项目特征描述	计量单位	工程量	金额(元)		
						综合单价	综合合价	其中：暂估价
10	030411006002	接线盒	1. 名称:开关盒等 2. 规格:86型 3. 安装形式:暗装	个	9	8.09	72.81	
11	030411001001	配管	1. 名称:焊接钢管 2. 规格:DN15mm 3. 配置形式:暗配	m	54.10	15.86	858.03	
12	030411001002	配管	1. 名称:焊接钢管 2. 规格:DN20mm 3. 配置形式:暗配	m	6.00	18.21	109.26	
13	030411001003	配管	1. 名称:焊接钢管 2. 规格:DN40mm 3. 配置形式:暗配	m	4.82	40.34	194.44	
14	030411004001	配线	1. 名称:管内穿线 2. 配线形式:照明线路 3. 型号:BV 4. 规格:2.5mm^2	m	157.00	3.31	519.67	
15	030411004002	配线	1. 名称:管内穿线 2. 配线形式:照明线路 3. 型号:BV 4. 规格:4mm^2	m	20.10	3.96	79.6	
16	030409004001	均压环	名称:基础梁接地	m	32.20	8.26	265.97	
17	030409002001	接地母线	1. 名称:户内接地母线 2. 材质:热镀锌扁钢 3. 规格:—25×4	m	1.62	23.82	38.59	
18	030414011001	接地装置	1. 名称:接地装置调试 2. 类别:接地网	系统	1	901.07	901.07	
		分部分项合计					5131.39	
		措施项目					79.30	
19	031301017001	脚手架搭拆		项	1	79.30	79.30	
		单价措施合计					79.30	
		本页小计					3118.74	
		合计					5210.69	500.00

分部分项工程和单价措施项目清单综合单价分析表

工程名称：某市公共厕所电气照明工程

序号	项目编号（定额编号）	项目名称	计量单位	工程数量	综合单价（元）	合价（元）	综合单价组成（元）			
							人工费	材料费	机械费	管理费和利润
1	030404017001	配电箱	台	1	774.09	774.09	150.00	543.09		81
1.1	4-268	悬挂嵌入式配电箱安装，半周长1.0m	台	1	746.93	746.93	138.00	534.41		74.52
1.2	4-412	无端子外部接线2.5	10个	0.3	40.63	12.19	17.00	14.45		9.18
1.3	4-413	无端子外部接线4	10个	0.3	49.87	14.96	23.00	14.45		12.42
2	030412001001	普通灯具	套	11	63.92	703.12	6.40	54.06		3.46
2.1	4-1567	防水灯头安装	10套	1.1	639.17	703.09	64.00	540.61		34.56
3	030412005001	荧光灯	套	1	62.41	62.41	16.60	36.85		8.96
3.1	4-1797	成套型吸顶式单管荧光灯安装	10套	0.1	624.17	62.42	166.00	368.53		89.64
4	030404034001	照明开关	个	2	19.6	39.2	6.50	9.59		3.51
4.1	4-339	单联扳式暗开关安装（单控）	10套	0.2	195.96	39.19	65.00	95.86		35.1
5	030404034002	照明开关	个	3	21.23	63.69	6.80	10.76		3.67
5.1	4-340	双联扳式暗开关安装（单控）	10套	0.3	212.31	63.69	68.00	107.59		36.72
6	030404035001	插座	个	2	25.49	50.98	8.40	12.55		4.54
6.1	4-373	5孔单相暗插座15A安装	10套	0.2	254.79	50.96	84.00	125.43		45.36
7	030904003001	按钮	个	1	131.11	131.11	49.00	54.84	0.81	26.46
7.1	9-164	按钮安装	个	1	131.11	131.11	49.00	54.84	0.81	26.46
8	030904005001	声光报警器	个	1	171.11	171.11	70.00	62.70	0.61	37.80
8.1	9-202	警报装置声光报警	个	1	171.11	171.11	70.00	62.70	0.61	37.80
9	030411006001	接线盒	个	12	8.02	96.24	3.40	2.78		1.84
9.1	4-1545	接线盒暗装	10个	1.2	80.24	96.29	34.00	27.88		18.36
10	030411006002	接线盒	个	9	8.09	72.81	3.70	2.39		2.00
10.1	4-1546	开关盒暗装	10个	0.9	80.92	72.83	37.00	23.94		19.98
11	030411001001	配管	m	54.10	15.86	858.03	6.08	6.34	0.15	3.28
11.1	4-1140	砖、混凝土结构暗配钢管DN15	100m	0.541	1585.69	857.86	608.00	634.27	15.10	328.32

分部分项工程和单价措施项目清单综合单价分析表

工程名称：某市公共厕所电气照明工程 　　　　　第2页 共2页

序号	项目编号 (定额编号)	项目名称	计量单位	工程数量	综合单价(元)	合价(元)	人工费	材料费	机械费	管理费和利润
12	030411001002	配管	m	6.00	18.21	109.26	6.48	8.08	0.15	3.50
12.1	4-1141	砖、混凝土结构暗配钢管 DN20	100m	0.06	1820.59	109.24	648	807.57	15.10	349.92
13	030411001003	配管	m	4.82	40.34	194.44	13.42	19.35	0.32	7.25
13.1	4-1144	砖、混凝土结构暗配钢管 DN40	100m	0.048	4033.08	194.39	1342	1934.8	31.62	724.68
14	030411004001	配线	m	157.00	3.31	519.67	0.77	2.12		0.42
14.1	4-1359	管内穿照明线路铜芯 2.5mm²	100m单线	1.57	331.11	519.84	77.00	212.53		41.58
15	030411004002	配线	m	20.10	3.96	79.60	0.54	3.12		0.30
15.1	4-1360	管内穿照明线路铜芯 4mm²	100m单线	0.201	395.57	79.51	54.00	312.41		29.16
16	030409004001	均压环	m	32.20	8.26	265.97	4.80	0.12	0.75	2.59
16.1	4-917	利用圈梁钢筋均压环敷设	10m	3.22	82.68	266.23	48.00	1.21	7.55	25.92
17	030409002001	接地母线	m	1.62	23.82	38.59	11.60	5.48	0.48	6.26
17.1	4-905	户内接地母线敷设	10m	0.162	238.24	38.59	116.00	54.81	4.79	62.64
18	030414011001	接地装置	系统	1	901.07	901.07	499.20	3.97	128.33	269.57
18.1	4-1858	接地网系统装置调试	系统	1	901.07	901.07	499.20	3.97	128.33	269.57
19	031301017001	脚手架搭拆	项	1	79.30	79.30	17.47	52.40		9.44
19.1	BM33	脚手架搭拆费(第四册 电气)	元	1	72.55	72.55	15.98	47.94		8.63
19.2	BM38	脚手架搭拆费(第九册 消防)	元	1	6.75	6.75	1.49	4.46		0.80

总价措施项目清单与计价表

工程名称：某市公共厕所电气照明工程　　　　　　　　　　标段：　　　　　　　　　　第1页　共1页

序号	项目编码	项目名称	基数说明	费率(%)	金额(元)	调整费率(%)	调整后金额(元)	备注
1	031302001001	安全文明施工费			89.10			
1.1		基本费	分部分项合计＋技术措施项目合计－分部分项设备费－技术措施项目设备费－税后独立费	1.5	78.16			
1.2		扬尘污染防治增加费		0.21	10.94			
2	031302002001	夜间施工		0.1	5.21			
3	031302005001	冬雨期施工		0.1	5.21			
4	031302006001	已完工程及设备保护		0.05	2.61			
5	031302008001	临时设施		1.6	83.37			
		合　计			185.50			

编制人（造价人员）：　　　　　　　　复核人（造价工程师）：

总价措施项目费分析表

工程名称：某市公共厕所电气照明工程　　　　　　　　　　　　　　　　　　第1页　共1页

序号	项目编码(定额编号)	名称	计算基数(元)	费率(%)	金额(元)	其中：(元)			
						人工费	材料费	机械费	管理费和利润
1	031302001001	安全生产、文明施工费			89.10	0.00	89.10	0.00	0.00
1.1		基本费	5210.69	1.5	78.16	0.00		0.00	0.00
1.2		扬尘污染防治增加费	5210.69	0.21	10.94	0.00		0.00	0.00
2	031302002001	夜间施工	5210.69	0.1	5.21	0.00	5.21	0.00	0.00
3	031302005001	冬雨期施工	5210.69	0.1	5.21	0.00	5.21	0.00	0.00
4	031302006001	已完工程及设备保护	5210.69	0.05	2.61	0.00	2.61	0.00	0.00
5	031302008001	临时设施	5210.69	1.6	83.37	0.00	83.37	0.00	0.00

其他项目清单与计价汇总表

工程名称：某市公共厕所电气照明工程　　　　　　　　　　标段：　　　　　　　　　　第1页　共1页

序号	项目名称	金额(元)	结算金额(元)	备注
1	暂列金额	1000.00		
2	暂估价	2500.00		
2.1	材料（工程设备）暂估价	—		
2.2	专业工程暂估价	2500.00		
3	计日工	1616.50		
4	总承包服务费	25.00		
	合计	5141.50		

暂列金额明细表

工程名称：某市公共厕所电气照明工程 　　　　　标段： 　　　　　第1页 共1页

序号	项目名称	计量单位	暂定金额（元）	备注
1	工程量偏差和设计变更	项	1000.00	
	合　计		1000.00	

材料（工程设备）暂估单价及调整表

工程名称：某市公共厕所电气照明工程 　　　　　标段： 　　　　　第1页 共1页

序号	材料编码	材料（工程设备）名称、规格、型号	计量单位	数量		暂估（元）		确认（元）		差额±（元）		备注
				暂估	确认	单价	合价	单价	合价	单价	合价	
1	55090108	照明配电箱 AL(400mm× 300mm× 140mm)	台	1		500.00	500.00					
	合计						500.00					

专业工程暂估价及结算价表

工程名称：某市公共厕所电气照明工程 　　　　　标段： 　　　　　第1页 共1页

序号	工程名称	工程内容	暂估金额（元）	结算金额（元）	差额±（元）	备注
1	电热膜工程	电热膜供热、安装	2500.00			
	合　计		2500.00			

计日工表

工程名称：某市公共厕所电气照明工程 　　　　　标段： 　　　　　第1页 共1页

编号	项目名称	单位	暂定数量	实际数量	单价（元）	合价（元）	
						暂定	实际
1	人工						
1.1	技工	工日	10		120.00	1200.00	
	人工小计					1200.00	
2	材料						
2.1	φ10热镀锌圆钢	m	30		4.50	135.00	
2.2	电焊条 J422 φ3.2	kg	3		3.50	10.50	
2.3	镀锌扁钢支架－40×4	kg	8		4.50	36.00	
	材料小计					181.50	
3	机械						
3.1	交流弧焊机	台班	1		55.00	55.00	
	机械小计					55.00	
4	企业管理费和利润						
4.1	企业管理费和利润	项	1		180.00	180.00	
	企业管理费和利润小计					180.00	
	总计					1616.50	

总承包服务费计价表

工程名称：某市公共厕所电气照明工程　　　　　　　标段：　　　　　第1页　共1页

序号	项目名称	项目价值(元)	服务内容	计算基础	费率(%)	金额(元)
1	发包人发包专业工程	2500.00	提供施工工作面、竣工资料统一整理	2500.00	1	25.00
		合　计				25.00

规费、税金项目清单与计价表

工程名称：某市公共厕所电气照明工程　　　　　　　标段：　　　　　第1页　共1页

序号	项目名称	计算基础	计算基数	计算费率(%)	金额(元)
1	规费	社会保险费＋住房公积金＋环境保护税			307.70
1.1	社会保险费	分部分项工程＋措施项目＋其他项目－分部分项设备费－技术措施项目设备费－税后独立费	10537.69	2.4	252.90
1.2	住房公积金		10537.69	0.42	44.26
1.3	环境保护税		10537.69	0.1	10.54
2	税金	分部分项工程＋措施项目＋其他项目＋规费－(甲供材料费＋甲供主材费＋甲供设备费)/1.01－税后独立费	10845.39	9	976.09
		合　计			1283.79

发包人提供材料和工程设备一览表

工程名称：某市公共厕所电气照明工程　　　　　　　标段：　　　　　第1页　共1页

序号	材料(工程设备)名称、规格、型号	单位	数量	单价(元)	合价(元)	交货方式	送达地点	备注

承包人提供主要材料和工程设备一览表

(适用造价信息差额调整法)

工程名称：某市公共厕所电气照明工程　　　　　　　标段：　　　　　第1页　共2页

序号	材料编码	名称、规格、型号	单位	数量	风险系数(%)	基准单价(元)	投标单价(元)	发承包人确认单价(元)	备注
1	14010305@1	焊接钢管 DN15mm	m	55.723		5.40	5.40		
2	14010305@2	焊接钢管 DN20mm	m	6.18		7.00	7.00		
3	14010305@3	焊接钢管 DN40mm	m	4.9646		16.50	16.50		

承包人提供主要材料和工程设备一览表

（适用造价信息差额调整法）

工程名称：某市公共厕所电气照明工程 标段： 第2页 共2页

序号	材料编码	名称、规格、型号	单位	数量	风险系数（%）	基准单价（元）	投标单价（元）	发承包人确认单价（元）	备注
4	22470111@1	单管荧光灯 36W	套	1.01		35.00	35.00		
5	22470111@2	防水防尘灯 60W 节能灯	套	11.11		50.00	50.00		
6	23230131-2	单联扳式暗开关（单控）10A 250V	只	2.04		9.00	9.00		
7	23230131-3	双联扳式暗开关（单控）10A 250V	只	3.06		10.00	10.00		
8	23412504	安全型五孔插座 15A 250V	套	2.04		11.00	11.00		
9	25430311@1	绝缘导线 BV2.5mm^2	m	182.12		1.70	1.70		
10	25430311@2	绝缘导线 BV4mm^2	m	22.11		2.70	2.70		
11	26110101@1	灯头盒 86 型	只	12.24		2.20	2.20		
12	26110101@2	开关盒、插座盒、按钮盒、报警器盒 86 型	只	9.18		2.10	2.10		
13	55090108	照明配电箱 AL 400mm×300mm×140mm	台	1		500.00	500.00		
14	XZ911379	热镀锌扁钢 —25×4	m	1.701		3.60	3.60		
15	ZCBC0006	求助按钮 自带 24V 电源	个	1		50.00	50.00		
16	ZCBC0037	声光求助器	个	1		60.00	60.00		

2. "给水排水、采暖、燃气工程"投标报价编制示例【示例十】

（1）背景资料

安装工程投标报价和最高投标限价的编制依据基本一致，因此本示例中背景资料除连体式坐便器未计价材料价格（800.00 元/套）外，均参见第3章第4节3.4.2中示例八的背景资料。

（2）计算定额工程量

依据《江苏省安装工程计价定额》（2014 版）中的计算规则计算本工程定额工程量，

见第3章第4节3.4.2中表3-27所示。

（3）编制投标报价

根据上述背景资料，按《建设工程工程量清单计价规范》GB 50500—2013和《通用安装工程工程量计算规范》GB 50856—2013，用一般计税方法编制本工程投标报价。

安装工程投标报价和最高投标限价的计算程序基本一致，因此本示例计算过程参见第3章第4节3.4.2中示例八"（3）编制最高投标限价"中内容。

1）计算分部分项工程费

分部分项工程费＝26104.25元

2）计算措施项目费

措施项目费合计＝1177.87元

3）其他项目费

暂列金额＝3000.00元

其他项目费合计＝3000.00元

4）规费

规费合计＝884.23元

5）税金

税金＝2804.97元

6）投标报价

投标报价＝26104.25＋1177.87＋3000.00＋884.23＋2804.97＝33971.32元

（4）投标报价报表

　　　　　　某市公共厕所　　　　工程

投 标 总 价

　　　　　投 标 人：　　　　　××公司　　　　　

　　　　　　　　　　　（单位盖章）

　　　　　　　　××年 × 月 × 日

<u>　　　　某市公共厕所　　　　</u>工程

投 标 总 价

招　标　人：<u>　　　　　　　××公司　　　　　　　　</u>

工　程　名　称：<u>　　　　　某市公共厕所工程　　　　　</u>

投标总价　（小写）：<u>　　　　　34,967.29　　　　　</u>
　　　　　　（大写）：<u>　　叁万肆仟玖佰陆拾柒元贰角玖分　　</u>

投　标　人：<u>　　　　　　　　××公司　　　　　　　</u>
　　　　　　　　　　　　　（单位盖章）

法定代表人

或其授权人：<u>　　　　　　　　×××　　　　　　　　</u>
　　　　　　　　　　　　（签字或盖章）

编　制　人：<u>　　　　　　　×××　　　　　　　　　</u>
　　　　　　　（造价人员签字，盖专用章）
编制时间：<u>　　　　　　××年×月×日　　　　　　</u>

投标报价说明

项目名称：某市公共厕所工程　　　　　　　　　　　　　　　　　　　　　第1页　共1页

1. 工程概况

(1)本工程为某市汽车站对面公共厕所,地上一层,总建筑面积71.8m²,建筑高度4.35m。

(2)建筑耐火等级为地上二级。

(3)建筑结构形式为砖混,主体结构合理使用年限为50年。

2. 投标报价范围为招标的设计图纸范围内给排水工程。

3. 投标报价编制依据

(1)《建设工程工程量清单计价规范》GB 50500—2013 和《通用安装工程工程量计算规范》GB 50856—2013《省住房城乡建设厅关于〈建设工程工程量清单计价规范〉GB 50500—2013 及其 9 本工程量计算规范的贯彻意见》(苏建价〔2014〕448 号)。

(2)本工程设计文件。

(3)本工程招标文件、招标工程量清单、招标补充通知和答疑纪要等。

(4)施工现场情况、工程特点、施工组织设计和施工方案等。

(5)技术标准、规范和安全管理规定等。

(6)其他江苏省、某市相关文件或规定。

4. 计价依据

(1)《江苏省安装工程计价定额》(2014 版)和《江苏省建设工程费用定额》(2014 版)

(2)调价依据

1)人工单价:《江苏省住房城乡建设厅关于发布建设工程人工工资指导价的通知》(苏建函价〔2021〕62 号),江苏省某市人工工资指导价为:二类100 元/工日。

2)未计价材料价:根据市场情况和江苏省某市当期造价信息定价。

(3)取费依据

1)税率:根据《省住房城乡建设厅关于调整建设工程计价增值税税率的通知》(苏建函价〔2019〕178 号),一般计税方法税金税率为9%。

2)其他费率:

根据《省住房城乡建设厅关于建筑业实施营改增后江苏省建设工程计价依据调整的通知》(苏建价〔2016〕154 号),三类安装工程企业管理费费率40%,利润率14%,安全文明施工措施费基本费率1.5%,规费中的社会保险费率2.4%,公积金费率0.42%。

根据《省住房城乡建设厅关于调整建设工程按质论价等费用计取方法的公告》(江苏省〔2018〕第 24 号),安装工程规费中的扬尘污染防治增加费按一般计税方法费率为0.21%。

建设项目投标报价汇总表

工程名称：某市公共厕所工程

序号	名称	单项工程造价	其中:(元)		
			暂估价	安全文明施工费	规费
1	某市公共厕所安装工程	34967.29	3000.00	465.14	910.16
	合 计	34967.29	3000.00	465.14	910.16

单项工程投标报价汇总表

工程名称：某市公共厕所安装工程

序号	名称	金额(元)	其中(元)		
			暂估价	安全文明施工费	规费
1	某市公共厕所给水排水工程	34967.29	3000.00	465.14	910.16
	合计	34967.29	3000.00	465.14	910.16

单位工程投标报价汇总表

工程名称：某市公共厕所给水排水工程   标段：

序号	汇总内容	金额(元)	其中:暂估价(元)
1	分部分项工程	26925.66	
1.1	人工费	4861.54	
1.2	材料费	19400.35	
1.3	施工机具使用费	38.09	
1.4	企业管理费	1944.82	
1.5	利润	680.60	
2	措施项目	1244.26	
2.1	单价措施项目费	275.90	
2.2	总价措施项目费	968.36	
2.2.1	其中:安全文明施工措施费	465.14	
3	其他项目	3000.00	
3.1	其中:暂列金额	3000.00	
3.2	其中:专业工程暂估价		
3.3	其中:计日工		
3.4	其中:总承包服务费		
4	规费	910.16	
5	税金	2887.21	
	投标报价合计＝1+2+3+4+5-甲供材料费和甲供设备费/1.01	34967.29	0.00

分部分项工程和单价措施项目清单与计价表

工程名称：某市公共厕所给水排水工程　　　　　　　标段：　　　　　　　第1页　共3页

序号	项目编码	项目名称	项目特征描述	计量单位	工程量	金额(元)		
						综合单价	综合合价	其中：暂估价
		给水					4411.24	
1	031001007001	复合管	1. 安装部位：室内 2. 介质：给水 3. 材质、规格：钢塑复合管 *De* 50 4. 连接形式：丝接 5. 压力试验及吹、洗设计要求：水压试验、水冲洗、消毒	m	8.90	101.45	902.91	
2	031001007002	复合管	1. 安装部位：室内 2. 介质：给水 3. 材质、规格：钢塑复合管 *De* 40 4. 连接形式：丝接 5. 压力试验及吹、洗设计要求：水压试验、水冲洗、消毒	m	12.80	83.03	1062.78	
3	031001007003	复合管	1. 安装部位：室内 2. 介质：给水 3. 材质、规格：钢塑复合管 *De* 32 4. 连接形式：丝接 5. 压力试验及吹、洗设计要求：水压试验、水冲洗、消毒	m	25.54	75.62	1931.33	
.4	031001007004	复合管	1. 安装部位：室内 2. 介质：给水 3. 材质、规格：钢塑复合管 *De* 20 4. 连接形式：丝接 5. 压力试验及吹、洗设计要求：水压试验、水冲洗、消毒	m	3.35	54.06	181.10	
			本页小计				4078.12	

分部分项工程和单价措施项目清单与计价表

工程名称：某市公共厕所给水排水工程　　　　　　　标段：　　　　　　　第2页　共3页

序号	项目编码	项目名称	项目特征描述	计量单位	工程量	综合单价	综合合价	其中：暂估价
							金额(元)	
5	031002001001	管道支架	1. 材质:型钢 2. 管架形式:非保温管架	kg	2.50	15.73	39.33	
6	031002003001	套管	1. 名称、类型:穿基础刚性防水套管 2. 规格:DN65	个	1	68.14	68.14	
7	031003001001	螺纹阀门	1. 类型:截止阀 2. 材质:铜 3. 规格:DN40 4. 连接形式:丝接	个	1	225.65	225.65	
		排水					22514.42	
8	031001006001	塑料管	1. 安装部位:室内 2. 介质:排水 3. 材质、规格:De160 4. 连接形式:粘接	m	5.87	114.47	671.94	
9	031001006002	塑料管	1. 安装部位:室内 2. 介质:排水 3. 材质、规格:De110 4. 连接形式:粘接	m	43.48	76.02	3305.35	
10	031001006003	塑料管	1. 安装部位:室内 2. 介质:排水 3. 材质、规格:De75 4. 连接形式:粘接	m	29.81	51.75	1542.67	
11	031002003002	套管	1. 名称、类型:穿基础刚性防水套管 2. 规格:DN250	个	1	167.00	167.00	
12	031002003003	套管	1. 名称、类型:穿基础刚性防水套管 2. 规格:DN200	个	1	140.22	140.22	
13	031004003001	洗脸盆	1. 材质:陶瓷 2. 规格、类型:台式 3. 组装形式:冷水	组	6	753.16	4518.96	
14	031004003002	洗脸盆	1. 材质:陶瓷 2. 规格、类型:立式 3. 组装形式:冷水	组	1	604.24	604.24	
			本页小计				11283.50	

分部分项工程和单价措施项目清单与计价表

工程名称：某市公共厕所给水排水工程　　　　　　　　标段：　　　　　　　第3页　共3页

序号	项目编码	项目名称	项目特征描述	计量单位	工程量	金额（元）		
						综合单价	综合合价	其中：暂估价
15	031004006001	大便器	1. 材质：陶瓷 2. 规格、类型：连体坐式	组	1	1087.56	1087.56	
16	031004006002	大便器	1. 材质：陶瓷 2. 规格、类型：蹲式脚踏冲洗	组	9	604.69	5442.21	
17	031004007001	小便器	1. 材质：陶瓷 2. 规格、类型：红外感应立式	组	5	841.77	4208.85	
18	031004008001	其他成品卫生器具	1. 材质：陶瓷成品拖布池 2. 规格、类型：500mm×600mm	组	1	614.85	614.85	
19	031004014001	给、排水附（配）件	1. 高水封塑料地漏 2. 型号、规格：DN75	个	3	70.19	210.57	
		分部分项合计					26925.66	
		措施项目					275.90	
20	031301017001	脚手架搭拆		项	1	275.90	275.90	
		单价措施合计					275.90	
		本页小计					11839.94	

分部分项工程和单价措施项目清单综合单价分析表

工程名称：某市公共厕所给水排水工程 第1页 共2页

序号	项目编号 （定额编号）	项目名称	计量单位	工程数量	综合单价（元）	合价（元）	综合单价组成（元）			
							人工费	材料费	机械费	管理费和利润
1	031001007001	复合管	m	8.90	101.45	902.91	27.89	58.02	0.48	15.06
	10-174	室内给水排水镀锌钢塑复合管(螺纹连接)DN40	10m	0.89	1004.64	894.13	274.00	577.88	4.80	147.96
	10-371	管道消毒、冲洗 DN40	100m	0.089	98.62	8.78	49.00	23.16		26.46
2	031001007002	复合管	m	12.80	83.03	1062.78	23.49	46.46	0.39	12.69
	10-173	室内给水镀锌钢塑复合管(螺纹连接)DN32	10m	1.28	820.41	1050.12	230.00	462.27	3.94	124.20
	10-371	管道消毒、冲洗 DN32	100m	0.128	98.62	12.62	49.00	23.16		26.46
3	031001007003	复合管	m	25.54	75.62	1931.33	23.49	39.23	0.21	12.69
	10-172	室内给水镀锌钢塑复合管(螺纹连接)DN25	10m	2.554	746.31	1906.08	230.00	390.01	2.10	124.20
	10-371	管道消毒、冲洗 DN25	100m	0.2554	98.62	25.19	49.00	23.16		26.46
4	031001007004	复合管	m	3.35	54.06	181.10	19.59	23.76	0.13	10.58
	10-170	室内给水镀锌钢塑复合管(螺纹连接)DN15	10m	0.335	530.68	177.78	191.00	235.27	1.27	103.14
	10-371	管道消毒、冲洗 DN15	100m	0.0335	98.62	3.30	49.00	23.16		26.46
5	031002001001	管道支架	kg	2.50	15.73	39.33	5.69	4.57	2.39	3.08
	10-382	管道支架 制作	100kg	0.025	986.60	24.67	239.00	434.06	184.48	129.06
	10-383	管道支架 安装	100kg	0.025	585.55	14.64	330.00	22.36	54.99	178.20
6	031002003001	套管	个	1	68.14	68.14	32.70	15.99	1.79	17.66
	10-389	刚性防水套管制作、安装 DN65	10个	0.1	681.30	68.13	327.00	159.87	17.85	176.58
7	031003001001	螺纹阀门	个	1	225.65	225.65	24.00	188.69		12.96
	10-422	螺纹阀安装 DN40	个	1	225.65	225.65	24.00	188.69		12.96
8	031001006001	塑料管	m	5.87	114.47	671.94	31.10	66.45	0.13	16.79
	10-312	室内承插塑料排水管(零件粘接)DN160	10m	0.587	1144.71	671.94	311.00	664.48	1.29	167.94

分部分项工程和单价措施项目清单综合单价分析表

工程名称:某市公共厕所给水排水工程　　　　　　　　　　　　　　　　第 2 页　共 2 页

序号	项目编号 (定额编号)	项目名称	计量单位	工程数量	综合单价(元)	合价(元)	综合单价组成(元)			
							人工费	材料费	机械费	管理费和利润
9	031001006002	塑料管	m	43.48	76.02	3305.35	22.00	42.01	0.13	11.88
	10-311	室内承插塑料排水管(零件粘接)DN110	10m	4.348	760.13	3305.05	220.00	420.04	1.29	118.80
10	031001006003	塑料管	m	29.81	51.75	1542.67	19.80	21.13	0.13	10.69
	10-310	室内承插塑料排水管(零件粘接)DN75	10m	2.981	517.5	1542.67	198.00	211.29	1.29	106.92
11	031002003002	套管	个	1	167.00	167.00	55.70	78.72	2.50	30.08
	10-393	刚性防水套管制作、安装 DN250	10个	0.1	1669.97	167.00	557.00	787.21	24.98	300.78
12	031002003003	套管	个	1	140.22	140.22	51.90	57.79	2.50	28.03
	10-392	刚性防水套管制作、安装 DN200	10个	0.1	1402.11	140.21	519.00	577.87	24.98	280.26
13	031004003001	洗脸盆	组	6	753.16	4518.96	121.00	566.82		65.34
	10-679	台下式洗脸盆安装	10组	0.6	7531.59	4518.95	1210.00	5668.2		653.40
14	031004003002	洗脸盆	组	1	604.24	604.24	44.90	535.09		24.25
	10-671	洗脸盆 钢管组成 冷水	10组	0.1	6042.31	604.23	449.00	5350.90		242.46
15	031004006001	大便器	组	1	1087.56	1087.56	57.70	998.70		31.16
	10-705	坐式大便器 连体水箱坐便	10套	0.1	10875.55	1087.56	577.00	9986.97		311.58
16	031004006002	大便器	组	9	604.69	5442.21	46.40	533.23		25.06
	10-698	蹲式大便器 脚踏阀冲洗	10套	0.9	6046.89	5442.20	464.00	5332.30		250.56
17	031004007001	小便器	组	5	841.77	4208.85	70.00	733.97		37.80
	10-715	感应式明装式立式小便器	10组	0.5	8417.72	4208.86	700.00	7339.70		378.00
18	031004008001	其他成品卫生器具	组	1	614.85	614.85	36.80	558.18		19.87
	10-681	拖布池	10组	0.1	6148.48	614.85	368.00	5581.80		198.72
19	031004014001	给、排水附(配)件	个	3	70.19	210.57	35.40	15.67		19.12
	10-750	地漏 DN75	10个	0.3	701.87	210.56	354.00	156.71		191.16
20	031301017001	脚手架搭拆	项	1	275.90	275.90	60.77	182.31		32.82
	BM39	脚手架搭拆费(第十册　给水排水)	元	1	275.90	275.90	60.77	182.31		32.82

总价措施项目清单与计价表

工程名称：某市公共厕所给水排水工程　　　　　　　　标段：　　　　　　第1页　共1页

序号	项目编码	项目名称	基数说明	费率（%）	金额（元）	调整费率（%）	调整后金额（元）	备注
1	031302001001	安全文明施工费			465.14			
1.1		基本费	分部分项合计＋技术措施项目合计－分部分项设备费－技术措施项目设备费－税后独立费	1.5	408.02			
1.2		扬尘污染防治增加费		0.21	57.12			
2	031302002001	夜间施工		0.1	27.20			
3	031302005001	冬雨期施工		0.1	27.20			
4	031302006001	已完工程及设备保护		0.05	13.60			
5	031302008001	临时设施		1.6	435.22			
		合　计			968.36			

编制人（造价人员）：　　　　　　复核人（造价工程师）：

总价措施项目费分析表

工程名称：某市公共厕所给排水工程　　　　　　　　　　　　　　　　第1页　共1页

序号	项目编码（定额编号）	名称	计算基数（元）	费率（%）	金额（元）	其中：（元）			
						人工费	材料费	机械费	管理费和利润
1	031302001001	安全生产、文明施工费			465.14	0.00	465.14	0.00	0.00
1.1		基本费	27201.56	1.5	408.02	0.00		0.00	0.00
1.2		扬尘污染防治增加费	27201.56	0.21	57.12	0.00		0.00	0.00
2	031302002001	夜间施工	27201.56	0.1	27.20	0.00	27.20	0.00	0.00
3	031302005001	冬雨期施工	27201.56	0.1	27.20	0.00	27.20	0.00	0.00
4	031302006001	已完工程及设备保护	27201.56	0.05	13.60	0.00	13.60	0.00	0.00
5	031302008001	临时设施	27201.56	1.6	435.22	0.00	435.22	0.00	0.00

其他项目清单与计价汇总表

工程名称：某市公共厕所给水排水工程　　　　　　　　标段：　　　　　　第1页　共1页

序号	项目名称	金额（元）	结算金额（元）	备注
1	暂列金额	3000.00		
2	暂估价			
2.1	材料（工程设备）暂估价			
2.2	专业工程暂估价			
3	计日工			
4	总承包服务费			
	合　计	3000.00		

暂列金额明细表

工程名称：某市公共厕所给水排水工程　　　　　　　标段：　　　　　　　第1页　共1页

序号	项目名称	计量单位	暂定金额(元)	备注
1	工程量偏差和设计变更	项	3000.00	
	合　计		3000.00	

材料（工程设备）暂估单价及调整表

工程名称：某市公共厕所给水排水工程　　　　　　　标段：　　　　　　　第1页　共1页

序号	材料编码	材料(工程设备)名称、规格、型号	计量单位	数量		暂估(元)		确认(元)		差额±(元)		备注
				暂估	确认	单价	合价	单价	合价	单价	合价	
	合计											

专业工程暂估价及结算价表

工程名称：某市公共厕所给水排水工程　　　　　　　标段：　　　　　　　第1页　共1页

序号	工程名称	工程内容	暂估金额(元)	结算金额(元)	差额±(元)	备注
	合　计					

计日工表

工程名称：某市公共厕所给水排水工程　　　　　　　标段：　　　　　　　第1页　共1页

编号	项目名称	单位	暂定数量	实际数量	单价(元)	合价(元)	
						暂定	实际
1	人工						
	人工小计						
2	材料						
	材料小计						
3	施工机械						
	机械小计						
4	企业管理费和利润　按人工费20％						
	总计						

总承包服务费计价表

工程名称：某市公共厕所给水排水工程　　　　　标段：　　　　　第1页　共1页

序号	项目名称	项目价值(元)	服务内容	计算基础	费率(%)	金额(元)
		`				
合　　计						

规费、税金项目清单与计价表

工程名称：某市公共厕所给水排水工程　　　　　标段：　　　　　第1页　共1页

序号	项目名称	计算基础	计算基数	计算费率(%)	金额(元)
1	规费	社会保险费＋住房公积金＋环境保护税			910.16
1.1	社会保险费	分部分项工程＋措施项目＋其他项目－分部分项设备费－技术措施项目设备费－税后独立费	31169.92	2.4	748.08
1.2	住房公积金		31169.92	0.42	130.91
1.3	环境保护税		31169.92	0.1	31.17
2	税金	分部分项工程＋措施项目＋其他项目＋规费－(甲供材料费＋甲供主材费＋甲供设备费)/1.01－税后独立费	32080.08	9	2887.21
合　　计					3797.37

发包人提供材料和工程设备一览表

工程名称：某市公共厕所给水排水工程　　　　　标段：　　　　　第1页　共1页

序号	材料(工程设备)名称、规格、型号	单位	数量	单价(元)	合价(元)	交货方式	送达地点	备注

承包人提供主要材料和工程设备一览表
(适用造价信息差额调整法)

工程名称：某市公共厕所给水排水工程　　　　　标段：　　　　　第1页　共2页

序号	材料编码	名称、规格、型号	单位	数量	风险系数(%)	基准单价(元)	投标单价(元)	发承包人确认单价(元)	备注
1	14550901@1	钢塑复合管DN40	m	9.078		50.14	50.14		
2	14550901@2	钢塑复合管DN32	m	13.056		39.11	39.11		
3	14550901@3	钢塑复合管DN25	m	26.4588		32.58	32.58		
4	14550901@5	钢塑复合管DN15	m	3.417		17.80	17.80		
5	14310378	承插塑料排水管DN75	m	28.82259		10.92	10.92		

承包人提供主要材料和工程设备一览表

（适用造价信息差额调整法）

工程名称：某市公共厕所给水排水工程　　　　　　　　　　标段：　　　　　　　第2页　共2页

序号	材料编码	名称、规格、型号	单位	数量	风险系数(%)	基准单价（元）	投标单价（元）	发承包人确认单价（元）	备注
6	14310379	承插塑料排水管 DN110	m	33.13428		20.42	20.42		
7	14310380	承插塑料排水管 DN160	m	5.55889		38.21	38.21		
8	15230308	承插塑料排水管件 DN75	个	32.20468		7.50	7.50		
9	15230309	承插塑料排水管件 DN110	个	44.25682		18.60	18.60		
10	15230310	承插塑料排水管件 DN160	个	4.09726		38.76	38.76		
11	18090101@2	立式洗脸盆	套	1.01		270.00	270.00		
12	18090101@1	台下式洗脸盆	套	6.06		255.00	255.00		
13	18413513	脸盆水嘴 扳把式	套	7.07		150.00	150.00		
14	18410301	拖布池水嘴	个	1.01		95.00	95.00		
15	16310107	铜截止阀 J11W-16 DN40	个	1.01		174.00	174.00		
16	18130101	拖布池 陶瓷成品 500mm×600mm	只	1.01		420.00	420.00		
17	18170111	立式小便器	套	5.05		450.00	450.00		
18	18150322	连体坐便器	套	1.01		800.00	800.00		
19	18150101	蹲式陶瓷大便器	套	9.09		280.00	280.00		
20	18491107	蹲便器脚踏阀	套	9.09		220.00	220.00		
21	16413540	角阀 DN15	个	14.14		26.00	26.00		
22	18430306	UPVC 高水封地漏 DN75	个	3		12.00	12.00		
23	18430101	排水栓	套	6.06		30.00	30.00		
24	18411104	感应式冲水器	组	5		150.00	150.00		
25	14210102	金属软管	个	14.13		20.00	20.00		
26	18550572	冲水器配件	套	5		85.00	85.00		
27	18553515	连体进水阀配件	套	1.01		50.00	50.00		
28	18553508	连体排水口配件	套	1.01		40.00	40.00		
29	18470308	洗脸盆下水口（铜）	个	7.07		55.00	55.00		
30	01270101	型钢 角钢 ∟40×4	kg	2.65		3.50	3.50		
31	18551704	坐便器桶盖	个	1.01		45.00	45.00		

第6节　安装工程价款结算和合同价款的调整

3.6.1　安装工程合同价款调整和结算概述

3.6.1

1. 安装工程合同价款调整和结算的依据

（1）《建设工程工程量清单计价规范》GB 50500—2013 和《通用安装工程工程量计算规范》GB 50856—2013；

（2）安装工程施工合同；

（3）投标文件；

（4）招标文件及招标工程量清单；

（5）安装工程设计文件及相关资料；

（6）工程变更、工程现场签证、索赔等可以增减合同价款的资料；

（7）国家法律、法规和地方有关的标准、规范和定额；

（8）行业建设主管部门发布的工程造价信息；

（9）安装工程材料（设备）价格确认单；

（10）其他依据。

2. 安装工程合同价款调整和结算的流程

在工程施工阶段，由于项目实际情况的变化，发承包双方在施工合同中约定的合同价款可能会出现变动。为合理分配双方的合同价款变动风险，有效地控制工程造价，发承包双方应当在施工合同中明确约定合同价款的调整事项、调整方法及调整程序。安装工程合同价款调整和结算的程序，如图 3-4 所示。

（1）合同价款调整

1）法规变化类合同价款调整事项

因国家法律、法规、规章和政策发生变化影响合同价款的风险，发承包双方应在合同中约定由发包人承担。

2）工程变更类合同价款调整事项

① 工程变更

是由发包人或承包人提出，经发包人批准的对合同工程内容的改变。

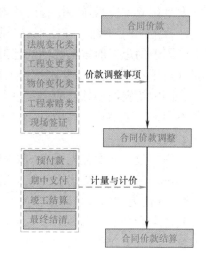

图 3-4　合同价款调整和结算流程图

② 项目特征不符

是设计图纸（含设计变更）与招标工程量清单中特征描述不符引起的工程造价增减变化。

③ 工程量清单缺项

承包人将新增项目实施方案提交发包人批准后，按照工程变更事件中有关规定调整合同价款。

④ 工程量偏差

应予计量的实际工程量与招标工程量清单中列出的工程量出现偏差，发承包双方应当依据合同约定调整综合单价。

⑤ 计日工

采用计日工计价的项目实施过程中，承包人按合同约定提交计日工报表和有关凭证送发包人复核；项目实施结束，承包人根据计日工现场签证报告提出应付价款。

3）物价变化类合同价款调整事项

① 物价波动

因物价波动，发承包双方根据合同约定调整合同价款，调整方法有两种：一是采用价格指数法，另一种是造价信息法。

② 暂估价

材料和设备暂估价，对于不属于依法必须招标的项目，由承包人采购，发包人确认后，取代暂估价，调整合同价款；对于属于依法必须招标的项目，由发承包双方以招标的方式选择供应商，以中标价格取代暂估价，调整合同价款。

专业工程暂估价，对于不属于依法必须招标的项目，按照工程变更事件的价款调整方法确定专业工程价款，以此取代专业工程暂估价，调整合同价款；对于属于依法必须招标的项目，以招标的方式选择专业分包人，以中标价取代专业工程暂估价，调整合同价款。

4）工程索赔类合同价款调整事项

① 不可抗力

发承包双方应当在专用合同条款中明确不可抗力的范围以及具体判断标准。

② 提前竣工（赶工补偿）与误期赔偿

合同中约定提前竣工奖励（赶工费用）的，承包人有权依据合同向发包人提出并得到奖励（费用），提前竣工奖励（赶工费用）列入竣工结算文件中，与结算款一并支付。

合同中约定误期补偿的，发包人有权依据合同向承包人索取并得到误期赔偿费，误期赔偿费列入竣工结算文件中，并应在结算款中扣除。

③ 索赔

多指承包人向发包人提出的索赔，承包人依据合同对由于非自身原因导致的经济损失或工期延误向发包人提出费用或工期补偿要求。

5）其他类合同价款调整事项

其他类合同价款调整事项主要指现场签证。承包人应按照现场签证内容计算价款，报送发包人确认后，作为增加合同价款，与进度款同期支付。

（2）合同价款结算

在合同履行过程中，预付款、期中支付、竣工结算等阶段价款计算均要求对工程进行准确的计量与计价，直至最终结清价款。

1）预付款

承包人与发包人签订合同后，承包人要提供预付款保函以保证按合同规定的目的使用预付款并及时偿还全部预付金额。

在开工前，发包人支付给承包人用于购买工程材料和组织施工机械和人员进场的预付款。

随工程逐步实施，预付款应以充抵工程价款的方式陆续扣回，抵扣方式应当由发承包双方在合同中明确约定。

2）期中支付

发承包双方按照合同约定的时间、程序和方法，办理期中价款结算，支付进度款。

3）竣工结算

发承包双方按照合同约定对完成的工程项目进行合同价款的计算、调整和确认。

4）最终结清

合同约定的缺陷责任期终止后，承包人按合同规定完成全部工作且质量合格的，发包人签发缺陷责任期终止证书；承包人向发包人提交最终结清申请单；经发包人核实后，向承包人签发最终支付证书；发包人在规定时间内向承包人支付最终结清款。

3.6.2　安装工程合同价款调整和结算应用示例

3.6.2

【示例十一】

1. 背景

某发包人和承包人签订某安装工程施工合同，合同价为 420 万，工期为 4 个月，有关工程价款和支付约定如下：

（1）工程预付款为安装工程合同价的 20%；

（2）工程预付款应从未施工工程所需的主要材料及设备费相当于工程预付款数额时起扣，每月以抵充工程款的方式陆续扣留，竣工前全部扣清，主要材料及设备费占工程款的比重为 60%；

（3）工程进度款逐月计算；

（4）工程质量保证金为安装工程合同价的 3%，竣工结算一次扣留；

（5）主要材料及设备费上调 12%，结算时一次调整；

（6）各月实际完成产值，如表 3-32 所示。

表 3-32

各月实际完成产值

月份	3	4	5	6	合计
完成产值（万元）	40	90	200	90	420

2. 问题

（1）工程价款结算的方式有哪几种？

（2）该工程的工程预付款、起扣点为多少？

（3）该工程 3 月至 5 月每月拨付工程款为多少？累计工程款为多少？

（4）6 月份办理竣工结算，该工程结算造价为多少？发包人应付工程结算款为多少？

（5）该工程在保修期内发生管道漏水，发包人多次催促乙方修理，承包人总是拖延，最后承包人另请施工单位维修，维修费为 0.5 万元，该项费用如何处理？

3. 答案

（1）工程价款结算的方式分为按月结算、按形象进度分段结算、竣工后一次结算和双方约定的其他结算方式。

（2）工程预付款：$420 \times 20\% = 84$（万元）

起扣点：$420 - 84/60\% = 280$（万元）

（3）各月拨付工程款为：

3 月：工程款 40 万元，累计工程款为 40 万元

4月：工程款 90 万元，累计工程款为：40＋90＝130（万元）

5月：工程款：200－（200＋130－280）×60％＝170（万元）

累计工程款为：130＋170＝300（万元）

（4）工程结算总造价：

420＋420×60％×12％＝450.24（万元）。

甲方应付工程结算价款为：

450.24－300－450.24×3％＝136.73（万元）

（5）0.5 万元维修费应从扣留的质量保证金中支付。

【示例十二】

1. 背景

某安装工程项目业主通过工程量清单招标方式确定某投标人为中标人，并与其签订了安装工程施工合同，工期为 3 个月，有关工程价款和支付约定如下：

（1）分项工程清单，含有甲分项工程，工程量为 1050m，综合单价为 20 元/m，其余分项工程费用为 200 万元。当某一分项工程实际工程量比清单工程量增加（减少）15％以上时，应进行调价，调价系数为 0.9（1.1）；

（2）措施项目费为 8 万元，不予调整；

（3）其他项目含有暂列金额 30 万元和专业工程暂估价 50 万元（另计总承包服务费 5％）；

（4）规费为费率 2.92％，其取费基数为分项工程费、措施项目费和其他项目费之和，税金的税率为 9％；

（5）工程预付款为 40 万，在后两个月平均扣除；

（6）工程进度款甲分项工程按每月已完工程量计算支付，其余分项工程和措施项目进度款在施工期内每月平均支付，其他项目费在发生当月按实支付，支付比例为承包商应得工程款的 90％；

（7）施工期间，由于设计变更，甲分项工程量调增为 1300m；

（8）施工期间，第 2 月发生现场签证费用 3 万元，第 3 月专业工程分包施工，实际费用 45 万元；

（9）竣工结算时，业主按实际工程总造价的 3％一次扣留工程质量保证金；

（10）各月实际完成工程量，如表 3-33 所示。

各月实际完成工程量　　　　　表 3-33

月份	1	2	3	合计
甲分项工程量（m）	200	500	600	1300

2. 问题

（1）该工程合同价为多少万元？

（2）每月业主向承包商支付工程进度款为多少万元？

（3）分项工程费用调整额为多少万元？

（4）实际工程总造价为多少万元？

（5）工程质量保证金为多少万元？

（6）竣工结算最终支付工程款多少万元？

3. 答案

（1）合同价＝（1050×20/10000＋200＋8＋30＋50×1.05）×（1＋2.92％）×（1＋9％）

　　　　　　＝292.6×1.0292×1.09

　　　　　　＝328.25（万元）

（2）每月业主向承包商支付工程进度款

第1月

业主应支付工程款＝［200×20/10000＋（200＋8）/3］×（1＋2.92％）×（1＋9％）×90％

　　　　　　　　＝69.73×1.0292×1.09×90％

　　　　　　　　＝70.41（万元）

第2月

业主应支付工程款＝［500×20/10000＋（200＋8）/3＋3］×（1＋2.92％）×

　　　　　　　　（1＋9％）×90％－40/2

　　　　　　　　＝73.33×1.0292×1.09×90％－40/2

　　　　　　　　＝54.04（万元）

第3月

甲分项工程实际完成工程量超过清单工程量的15％，超过15％的部分工程量1300－
1050×（1＋15％）＝92.5m，其综合单价调整为：20×0.9＝18元/m

业主应支付工程款＝［（600－92.5）×20/10000＋92.5×18/10000＋（200＋8）/
　　　　　　　　3＋45×（1＋5％）］×（1＋2.92％）×（1＋9％）×90％－40/2

　　　　　　　　＝117.76×1.0292×1.09×90％－40/2

　　　　　　　　＝98.90（万元）

（3）分项工程费用调整

甲分项工程费用增加＝（1050×15％×20＋92.5×18）/10000＝0.48（万元）

（4）实际工程总造价＝（1050×20/10000＋0.48＋200＋8＋3＋45×1.05）×（1＋2.92％）×

　　　　　　　　　　（1＋9％）

　　　　　　　　　　＝260.83×1.0292×1.09

　　　　　　　　　　＝292.61（万元）

（5）工程质量保证金＝292.61×5％×＝14.63万元。

（6）竣工结算最终支付工程款＝292.61－70.41－54.04－98.90－40＝29.26（万元）

第7节　安装工程竣工决算价款的编制

3.7.1　安装工程竣工决算的编制概述

1. 建设项目竣工决算的概念及作用

（1）建设项目竣工决算的概念

3.7.1

竣工决算是以实物数量和货币指标为计量单位，综合反映竣工项目从
筹建开始到项目竣工交付使用为止的全部建设费用、投资效果和财务情况
的总结性文件，是竣工验收报告的重要组成部分。竣工决算是正确核定新
增固定资产价值，考核分析投资效果，建立健全经济责任制的依据，是反映建设项目实际

造价和投资效果的文件。通过竣工决算，既能够正确反映建设工程的实际造价和投资结果；又可以通过竣工决算与概算、预算的对比分析，考核投资控制的工作成效，为工程建设提供重要的技术经济方面的基础资料，提高未来工程建设的投资效益。

（2）建设项目竣工决算的作用

1）建设项目竣工决算是综合全面地反映竣工项目建设成果及财务情况的总结性文件，它采用货币指标、实物数量、建设工期和各种技术经济指标综合、全面地反映建设项目自开始建设到竣工为止全部建设成果和财务状况。

2）建设项目竣工决算是办理交付使用资产的依据，也是竣工验收报告的重要组成部分。建设单位与使用单位在办理交付资产的验收交接手续时，通过竣工决算反映了交付使用资产的全部价值，包括固定资产、流动资产、无形资产和其他资产的价值。及时编制竣工决算可以正确核定固定资产价值并及时办理交付使用，可缩短工程建设周期，节约建设项目投资，准确考核和分析投资效果。

3）建设项目竣工决算是分析和检查设计概算的执行情况，考核建设项目管理水平和投资效果的依据。竣工决算反映了竣工项目计划、实际的建设规模、建设工期以及设计和实际的生产能力，反映了概算总投资和实际的建设成本，同时还反映了所达到的主要技术经济指标。通过对这些指标计划数、概算数与实际数进行对比分析，不仅可以全面掌握建设项目计划和概算执行情况，而且可以考核建设项目投资效果，为今后制订建设项目计划，降低建设成本，提高投资效果提供必要的参考资料。

2. 竣工决算的内容和编制

财政部 2016 年 6 月公布的《基本建设财务规则》及《基本建设项目竣工财务决算管理暂行办法》及 2018 年 1 月公布的《中央基本建设项目竣工财务决算审核批复操作规程》指出，财政部将按规定对行政事业单位基本建设，以及国有和国有控股企业使用财政资金的基本建设竣工财务决算的审批实行"先审核、后审批"的办法，即对需先审核后审批的项目，先委托财政投资评审机构或经财政部认可的有资质的中介机构对项目单位编制的竣工财务决算进行审核，再按规定批复项目竣工财务决算。

同时，项目建设单位应在项目竣工后三个月内完成竣工财务决算的编制工作，并报主管部门审核。主管部门收到竣工财务决算报告后，对于按规定由主管部门审批的项目，应及时审核批复，并报财政部备案；对于按规定报财政部审批的项目，一般应在收到决算报告后一个月内完成审核工作，并将经其审核后的决算报告报财政部审批。以前年度已竣工尚未编报竣工财务决算的基建项目，主管部门应督促项目建设单位抓紧编报。

另外，主管部门应对项目建设单位报送的项目竣工财务决算认真审核，严格把关。审核的重点内容：项目是否按规定程序和权限进行立项、可研和初步设计报批工作；项目建设超标准、超规模、超概算投资等问题审核；项目竣工财务决算金额的正确性审核；项目竣工财务决算资料的完整性审核；项目建设过程中存在主要问题的整改情况审核等。

（1）竣工决算的内容

建设项目竣工决算应包括从筹集到竣工投产全过程的全部实际费用，即包括建筑工程费、安装工程费、设备工器具购置费用及预备费等费用。按照财政部、国家发展和改革委员会和住房和城乡建设部的有关文件规定，竣工决算是由竣工财务决算说明书、竣工财务决算报表、工程竣工图和工程竣工造价对比分析四部分组成。其中竣工财务决算说明书和竣工财务决算报表两部分又称建设项目竣工财务决算，是竣工决算的核心内容。

1）竣工财务决算说明书

竣工财务决算说明书主要反映竣工工程建设成果和经验，是对竣工决算报表进行分析和补充说明的文件，是全面考核分析工程投资与造价的书面总结，是竣工决算报告的重要组成部分，其内容主要包括：

① 项目概况；

② 会计账务处理、财产物资清理及债权债务的清偿情况；

③ 项目建设资金计划及到位情况，财政资金支出预算、投资计划及到位情况；

④ 项目建设资金使用、项目结余资金分配情况；

⑤ 项目概（预）算执行情况及分析，竣工实际完成投资与概算差异及原因分析；

⑥ 尾工工程情况；

⑦ 历次审计、检查、审核、稽查意见及整改落实情况；

⑧ 主要技术经济指标的分析、计算情况；

⑨ 项目管理经验、主要问题和建议；

⑩ 预备费动用情况；

⑪ 项目建设管理制度执行情况、政府采购情况、合同履行情况；

⑫ 征地拆迁补偿情况、移民安置情况；

⑬ 需说明的其他事项。

2）竣工财务决算报表

根据财政部 2016 年 6 月公布的《基本建设财务规则》及《基本建设项目竣工财务决算管理暂行办法》，基本建设项目竣工决算报表包括：项目概况表、项目竣工财务决算表、交付使用资产总表、交付使用资产明细表等。

① 项目概况表（表 3-34）。该表综合反映建设项目的基本概况，内容包括该项目总投资、建设起止时间、新增生产能力、主要材料消耗、建设成本、完成主要工程量和主要技术经济指标，为全面考核和分析投资效果提供依据，可按下列要求填写。

建设项目名称、建设地址、主要设计单位和主要承包人，要按全称填列。

表中各项目的设计、概算、计划等指标，根据批准的设计文件和概算、计划等确定的数字填列。

表中所列新增生产能力、完成主要工程量、主要材料消耗的实际数据，根据建设单位统计资料和承包人提供的有关成本核算资料填列。

表中基建支出是指建设项目从开工起至竣工为止发生的全部基本建设支出，包括形成资产价值的交付使用资产，如固定资产、流动资产、无形资产、其他资产支出，还包括不形成资产价值按照规定应核销的非经营项目的待核销基建支出和转出投资。上述支出，应根据财政部门历年批准的"基建投资表"中的有关数据填列。按照财政部印发的《基本建设财务规则》，需要注意以下几点：

建筑安装工程投资支出、设备工器具投资支出、待摊投资支出和其他投资支出构成建设项目的建设成本。

项目概况表　　　　　　　　　　　　表 3-34

建设项目(单项工程)名称		建设地址				项目	概算批准金额	实际完成金额	备注
主要设计单位		主要施工企业				建筑安装工程			
占地面积(m²)	设计	实际	总投资(万元)	设计	实际	设备、工具、器具			
						待摊投资			
新增生产能力	能力(效益)名称			设计	实际	基建支出	其中:项目建设管理费			
						其他投资			
建设起止时间	设计		自 年 月 日 至 年 月 日			待核销基建支出			
	实际		自 年 月 日 至 年 月 日			转出投资			
概算批准部门及文号						合计			

	建设规模		设备(台、套、吨)		
完成主要工程量	设计	实际	设计		实际

	单项工程项目、内容	批准概算	预计未完部分投资额	已完成投资额	预计完成时间
尾工工程					
	小计				

　　待核销基建支出是指非经营性项目发生的江河清障、补助群众造林、水土保持、城市绿化、取消项目可行性研究费、项目报废等不能形成资产部分的投资。对于能够形成资产部分的投资，应计入交付使用资产价值。

　　转出投资是指非经营项目为项目配套的专用设施投资，包括专用道路、专用通信设施、送变电站、地下管道等，其产权不属于本单位的投资支出，对于产权归属本单位的，应计入交付使用资产价值。

　　表中"概算批准部门、文号"，按最后经批准的部门和文件号填列。

　　项目一般不得预留尾工工程，确需预留尾工工程的，尾工工程投资不得超过批准的项目概(预)算总投资的 5%。

　　② 项目竣工财务决算表（表 3-35）。竣工财务决算表是竣工财务决算报表的一种，项

目竣工财务决算表是用来反映建设项目的全部资金来源和资金占用情况，是考核和分析投资效果的依据。该表反映竣工的建设项目从开工到竣工为止全部资金来源和资金运用的情况。它是考核和分析投资效果，落实结余资金，并作为报告上级核销基本建设支出和基本建设拨款的依据。在编制该表前，应先编制出项目竣工年度财务决算，根据编制出的竣工年度财务决算和历年财务决算编制项目的竣工财务决算。此表采用平衡表形式，即资金来源合计等于资金支出合计。具体编制方法如下：

项目竣工财务决算表 表3-35

项目名称： 单位：

资金来源	金额	资金占用	金额
一、基建拨款		一、基本建设支出	
1. 中央财政资金		（一）交付使用资产	
其中：一般公共预算资金		1. 固定资产	
中央基建投资		2. 流动资产	
财政专项资金		3. 无形资产	
政府性基金		（二）在建工程	
国有资本经营预算安排的基建项目资金		1. 建筑安装工程投资	
2. 地方财政资金		2. 设备投资	
其中：一般公共预算资金		3. 待摊投资	
地方基建投资		4. 其他投资	
财政专项资金		（三）待核销基建支出	
政府性基金		（四）转出投资	
国有资本经营预算安排的基建项目资金		二、货币资金合计	
二、部门自筹资金（非负债性资金）		其中：银行存款	
三、项目资本		财政应返还额度	
1. 国家资本		其中：直接支付	
2. 法人资本		授权支付	
3. 个人资本		现金	
4. 外商资本		有价证券	
四、项目资本公积		三、预付及应收款合计	
五、基建借款		1. 预付备料款	
其中：企业债券资金		2. 预付工程款	
六、待冲基建支出		3. 预付设备款	
七、应付款合计		4. 应收票据	
1. 应付工程款		5. 其他应收款	
2. 应付设备款		四、固定资产合计	
3. 应付票据		固定资产原价	
4. 应付工资及福利费		减：累计折旧	
5. 其他应付款		固定资产净值	
八、未交款合计		固定资产清理	
1. 未交税金		待处理固定资产损失	
2. 未交结余财政资金			
3. 未交基建收入			
4. 其他未交款			
合　　　计		合　　　计	

补充资料：基建借款期末余额：

　　　　　基建结余资金：

备注：资金来源合计扣除财政资金拨款与国家资本、资本公积重叠部分。

资金来源包括基建拨款、项目资本金、项目资本公积金、基建借款、上级拨入投资借款、企业债券资金、待冲基建支出、应付款和未交款以及上级拨入资金和企业留成收入等。

项目资本金是指经营性项目投资者按国家有关项目资本金的规定，筹集并投入项目的非负债资金，在项目竣工后，相应转为生产经营企业的国家资本金、法人资本金、个人资本金和外商资本金。

项目资本公积金是指经营性项目对投资者实际缴付的出资额超过其资金的差额（包括发行股票的溢价净收入）、资产评估确认价值或者合同协议约定价值与原账面净值的差额、接收捐赠的财产、资本汇率折算差额，在项目建设期间作为资本公积金、项目建成交付使用并办理竣工决算后，转为生产经营企业的资本公积金。

基建收入是基建过程中形成的各项工程建设副产品变价净收入、负荷试车的试运行收入以及其他收入，在表中基建收入以实际销售收入扣除销售过程中所发生的费用和税后的实际纯收入填写。

表中"交付使用资产"、"预算拨款"、"自筹资金拨款"、"其他拨款"、"项目资本"、"基建投资借款"、"其他借款"等项目，是指自开工建设至竣工的累计数，上述有关指标应根据历年批复的年度基本建设财务决算和竣工年度的基本建设财务决算中资金平衡表相应项目的数字进行汇总填写。

表中其余项目费用办理竣工验收时的结余数，根据竣工年度财务决算中资金平衡表的有关项目期末数填写。

资金支出反映建设项目从开工准备到竣工全过程资金支出的情况，内容包括基建支出、应收生产单位投资借款、库存器材、货币资金、有价证券和预付及应收款以及拨付所属投资借款和库存固定资产等，资金支出总额应等于资金来源总额。

基建结余资金可以按下列公式计算：

基建结余资金＝基建拨款＋项目资本＋项目资本公积金＋基建投资借款＋企业债券基金＋待冲基建支出－基本建设支出－应收生产单位投资借款

③ 交付使用资产总表（表3-36）。该表反映建设项目建成后新增固定资产、流动资产、无形资产和其他资产价值的情况和价值，作为财产交接、检查投资计划完成情况和分析投资效果的依据。在编制"交付使用资产总表"的同时，还需编制"交付使用资产明细表"。

交付使用资产总表具体编制方法是：

表中各栏目数据根据"交付使用明细表"的固定资产、流动资产、无形资产、其他资产的各相应项目的汇总数分别填写，表中总计栏的总计数应与竣工财务决算表中的交付使用资产的金额一致。

表中第3栏、第4栏、第8、9、10栏的合计数，应分别与竣工财务决算表交付使用的固定资产、流动资产、无形资产、其他资产的数据相符。

④ 交付使用资产明细表（表3-37）。该表反映交付使用的固定资产、流动资产、无形资产和其他资产及其价值的明细情况，是办理资产交接和接收单位登记资产账目的依据，是使用单位建立资产明细账和登记新增资产价值的依据。大、中型和小型建设项目均需编制此表。编制时要做到齐全完整，数字准确，各栏目价值应与会计账目中相应科目的数据保持一致。

交付使用资产总表　　　　　　　　　　表 3-36

项目名称：　　　　　　　　　　　　　　　　　　　　　单位：

序号	单项工程名称	总计	固定资产				流动资产	无形资产
			合计	建筑物及构筑物	设备	其他		

交付单位：　　　　　　　负责人：　　　　　　　接收单位：　　　　　　　负责人：

盖章：　　　　　　　年 月 日　　　　　　　盖章：　　　　　　　年 月 日

交付使用资产明细表　　　　　　　　　　表 3-37

项目名称：　　　　　　　　　　　　　　　　　　　　　单位：

序号	单项工程名称	固定资产										流动资产		无形资产	
		建筑工程				设备　工具　器具　家具						名称	金额	名称	金额
		结构	面积	金额	其中：分摊待摊投资	名称	规格型号	数量	金额	其中：设备安装费	其中：分摊待摊投资				

交付单位：　　　　　　　负责人：　　　　　　　接收单位：　　　　　　　负责人：

盖章：　　　　　　　年 月 日　　　　　　　盖章：　　　　　　　年 月 日

建设项目交付使用资产明细表具体编制方法是：

表中"建筑工程"项目应按单项工程名称填列其结构、面积和价值。其中"结构"是指项目按钢结构、钢筋混凝土结构、混合结构等结构形式填写；面积则按各项目实际完成面积填列；价值按交付使用资产的实际价值填写。

表中"固定资产"部分要在逐项盘点后，根据盘点实际情况填写，工具、器具和家具等低值易耗品可分类填写。

表中"流动资产"、"无形资产"、"其他资产"项目应根据建设单位实际交付的名称和价值分别填列。

3）建设工程竣工图

建设工程竣工图是真实记录各种地上、地下建筑物、构筑物等情况的技术文件，是工程进行交工验收、维护、改建和扩建的依据，是国家的重要技术档案。全国各建设、设计、施工单位和各主管部门都要认真做好竣工图的编制工作。国家规定：各项新建、扩建、改建的基本建设工程，特别是基础、地下建筑、管线、结构、井巷、桥梁、隧道、港口、水坝以及设备安装等隐蔽部位，都要编制竣工图。为确保竣工图质量，必须在施工过程中（不能在竣工后）及时做好隐蔽工程检查记录，整理好设计变更文件。编制竣工图的形式和深度，应根据不同情况区别对待，其具体要求包括：

① 凡按图竣工没有变动的，由承包人（包括总包和分包承包人，下同）在原施工图上加盖"竣工图"标志后，即作为竣工图。

② 凡在施工过程中，虽有一般性设计变更，但能将原施工图加以修改补充作为竣工图的，可不重新绘制，由承包人负责在原施工图（必须是新蓝图）上注明修改的部分，并附以设计变更通知单和施工说明，加盖"竣工图"标志后，作为竣工图。

③ 凡结构形式改变、施工工艺改变、平面布置改变、项目改变以及有其他重大改变，不宜再在原施工图上修改、补充时，应重新绘制改变后的竣工图。由原设计原因造成的，由设计单位负责重新绘制；由施工原因造成的，由承包人负责重新绘图；由其他原因造成的，由建设单位自行绘制或委托设计单位绘制。承包人负责在新图上加盖"竣工图"标志，并附以有关记录和说明，作为竣工图。

④ 为了满足竣工验收和竣工决算需要，还应绘制反映竣工工程全部内容的工程设计平面示意图。

⑤ 重大的改建、扩建工程项目涉及原有的工程项目变更时，应将相关项目的竣工图资料统一整理归档，并在原图案卷内增补必要的说明。

4）工程造价对比分析

对控制工程造价所采取的措施、效果及其动态的变化需要认真地进行比较对比，总结经验教训。批准的概算是考核建设工程造价的依据。在分析时，可先对比整个项目的总概算，然后将建筑安装工程费、设备工器具费和其他工程费用逐一与竣工决算表中所提供的实际数据和相关资料及批准的概算、预算指标、实际的工程造价进行对比分析，以确定竣工项目总造价是节约还是超支，并在对比的基础上，总结先进经验，找出节约和超支的内容和原因，提出改进措施。在实际工作中，应主要分析以下内容：

① 主要实物工程量。对于实物工程量出入比较大的情况，必须查明原因。

② 主要材料消耗量。考核主要材料消耗量，要按照竣工决算表中所列明的三大材料实际超概算的消耗量，查明是在工程的哪个环节超出量最大，再进一步查明超耗的原因。

③ 考核建设单位管理费、措施费和间接费的取费标准。建设单位管理费、措施费和间接费的取费标准要按照国家和各地的有关规定，根据竣工决算报表中所列的建设单位管

理费与概预算所列的建设单位管理费数额进行比较，依据规定查明是否多列或少列费用项目，确定其节约超支的数额，并查明原因。

（2）竣工决算的编制

1）竣工决算的编制依据

① 经批准的可行性研究报告、投资估算书，初步设计或扩大初步设计，修正总概算及其批复文件。

② 经批准的施工图设计及其施工图预算书。

③ 设计交底或图纸会审会议纪要。

④ 设计变更记录、施工记录或施工签证单及其他施工发生的费用记录。

⑤ 招标控制价、承包合同、工程结算等有关资料。

⑥ 历年基建计划、历年财务决算及批复文件。

⑦ 设备、材料调价文件和调价记录。

⑧ 有关财务核算制度、办法和其他有关资料。

2）竣工决算的编制要求

为了严格执行建设项目竣工验收制度，正确核定新增固定资产价值，考核分析投资效果，建立健全经济责任制，所有新建、扩建和改建等建设项目竣工后，都应及时、完整、正确地编制好竣工决算。建设单位要做好以下工作：

① 按照规定组织竣工验收，保证竣工决算的及时性。对建设工程的全面考核，所有的建设项目（或单项工程）按照批准的设计文件所规定的内容建成后，具备了投产和使用条件的，都要及时组织验收。对于竣工验收中发现的问题，应及时查明原因，采取措施加以解决，以保证建设项目按时交付使用和及时编制竣工决算。

② 积累、整理竣工项目资料，保证竣工决算的完整性。积累、整理竣工项目资料是编制竣工决算的基础工作，它关系到竣工决算的完整性和质量的好坏。因此，在建设过程中，建设单位必须随时收集项目建设的各种资料，并在竣工验收前，对各种资料进行系统整理，分类立卷，为编制竣工决算提供完整的数据资料，为投产后加强固定资产管理提供依据。在工程竣工时，建设单位应将各种基础资料与竣工决算一起移交给生产单位或使用单位。

③ 清理、核对各项账目，保证竣工决算的正确性。工程竣工后，建设单位要认真核实各项交付使用资产的建设成本；做好各项账务、物资以及债权的清理结余工作，应偿还的及时偿还，该收回的应及时收回，对各种结余的材料、设备、施工机械工具等，要逐项清点核实，妥善保管，按照国家有关规定进行处理，不得任意侵占；对竣工后的结余资金，要按规定上交财政部门或上级主管部门。在完成上述工作，核实了各项数字的基础上，正确编制从年初起到竣工月份止的竣工年度财务决算，以便根据历年的财务决算和竣工年度财务决算进行整理汇总，编制建设项目决算。

按照规定基本建设项目完工可投入使用或者试运行合格后，应当在3个月内编报竣工财务决算，特殊情况确需延长的，中小型项目不得超过2个月，大型项目不得超过6个月，并上报主管部门，有关财务成本部分，还应送经办行审查签证。主管部门和财政部门对报送的竣工决算审批后，建设单位即可办理决算调整和结束有关工作。

3）竣工决算的编制步骤

① 收集、整理和分析有关依据资料。在编制竣工决算文件之前，应系统地整理所有的技术资料、工料结算的经济文件、施工图纸和各种变更与签证资料，并分析它们的准确性。完整、齐全的资料，是准确而迅速编制竣工决算的必要条件。

② 清理各项财务、债务和结余物资。在收集、整理和分析有关资料中，要特别注意建设工程从筹建到竣工投产或使用的全部费用的各项账务，债权和债务的清理，做到工程完毕账目清晰，既要核对账目，又要查点库存实物的数量，做到账与物相等，账与账相符，对结余的各种材料、工器具和设备，要逐项清点核实，妥善管理，并按规定及时处理，收回资金。对各种往来款项要及时进行全面清理，为编制竣工决算提供准确的数据和结果。

③ 核实工程变动情况。重新核实各单位工程、单项工程造价，将竣工资料与原设计图纸进行查对、核实，必要时可实地测量，确认实际变更情况；根据经审定的承包人竣工结算等原始资料，按照有关规定对原概、预算进行增减调整，重新核定工程造价。

④ 编制建设工程竣工决算说明。按照建设工程竣工决算说明的内容要求，根据编制依据材料填写在报表中的结果，编写文字说明。

⑤ 填写竣工决算报表。按照建设工程决算表格中的内容，根据编制依据中的有关资料进行统计或计算各个项目和数量，并将其结果填到相应表格的栏目内，完成所有报表的填写。

⑥ 做好工程造价对比分析。

⑦ 清理、装订好竣工图。

⑧ 上报主管部门审查存档。

将上述编写的文字说明和填写的表格经核对无误，装订成册，即为建设工程竣工决算文件。将其上报主管部门审查，并把其中财务成本部分送交开户银行签证。竣工决算在上报主管部门的同时，抄送有关设计单位。大中型建设项目的竣工决算还应抄送财政部、建设银行总行和省、市、自治区的财政局和建设银行分行各一份。建设工程竣工决算的文件，由建设单位负责组织人员编写，在竣工建设项目办理验收使用一个月之内完成。

3.7.2　安装工程合同价款调整和决算应用示例

【示例十三】

某一国有大中型建设项目 2016 年开工建设，2018 年底有关财务核算资料如下：

3.7.2

（1）已经完成部分单项工程，经验收合格后，已经交付使用的资产包括：

1）固定资产价值 98023 万元。

2）为生产准备的使用期限在一年以内的备品备件、工具、器具等流动资产价值 40000 万元，期限在一年以上，单位价值在 1500 元以上的工具 130 万元。

3）建造期间购置的专利权、非专利技术等无形资产 2000 万元，摊销期 5 年。

（2）基本建设支出的未完成项目包括：

1）建筑安装工程支出 18000 万元。

2）设备工器具投资 49000 万元。

3）建设单位管理费、勘察设计费等待摊投资 3100 万元。

4）通过出让方式购置的土地使用权形成的其他投资 220 万元。

（3）非经营项目发生待核销基建支出 130 万元。

（4）应收生产单位投资借款 2700 万元。

（5）购置需要安装的器材 80 万元，其中待处理器材 20 万元。

（6）货币资金 860 万元。

（7）预付工程款及应收有偿调出器材款 23 万元。

（8）建设单位自用的固定资产原值 79976 万元，累计折旧 12307 万元。

（9）反映在《资金平衡表》上的各类资金来源的期末余额是：

1）预算拨款 63000 万元。

2）自筹资金拨款 54000 万元。

3）其他拨款 390 万元。

4）建设单位向商业银行借入的借款 160000 万元。

5）建设单位当年完成交付生产单位使用的资产价值中，380 万元属于利用投资借款形成的待冲基建支出。

6）应付器材销售商 80 万元贷款和尚未支付的应付工程款 2019 万元。

7）未交税金 66 万元。

根据上述有关资料编制该项目竣工财务决算表（表 3-38）。

项目竣工财务决算表　　　　　　　　　表 3-38

项目名称：××建设项目　　　　　　　　　　　　　　单位：万元

资金来源	金额	资金占用	金额
一、基建拨款	117390	一、基本建设支出	208603
1. 中央财政资金		（一）交付使用资产	138153
其中：一般公共预算资金		1. 固定资产	
中央基建投资		2. 流动资产	
财政专项资金		3. 无形资产	
政府性基金		（二）在建工程	70320
国有资本经营预算安排的基建项目资金	63000	1. 建筑安装工程投资	
2. 地方财政资金		2. 设备投资	
其中：一般公共预算资金		3. 待摊投资	
地方基建投资		4. 其他投资	
财政专项资金		（三）待核销基建支出	130
政府性基金		（四）转出投资	80
国有资本经营预算安排的基建项目资金		其中：待处理器材损失	20
其他拨款	390	二、货币资金合计	860
二、部门自筹资金（非负债性资金）	54000		
三、项目资本		其中：银行存款	
1. 国家资本		财政应返还额度	
2. 法人资本		其中：直接支付	
3. 个人资本		授权支付	
4. 外商资本		现金	860

续表

资金来源	金额	资金占用	金额
四、项目资本公积		有价证券	
五、基建借款		三、预付及应收款合计	2723
其中:企业债券资金	160000	1. 预付备料款	
六、待冲基建支出	380	2. 预付工程款	23
七、应付款合计	2099	3. 预付设备款	
1. 应付工程款		4. 应收票据	
2. 应付设备款		5. 其他应收款	2700
3. 应付票据		四、固定资产合计	67669
4. 应付工资及福利费		固定资产原价	79976
5. 其他应付款		减:累计折旧	12307
八、未交款合计	66	固定资产净值	67669
1. 未交税金	66	固定资产清理	
2. 未交结余财政资金		待处理固定资产损失	
3. 未交基建收入			
4. 其他未交款			
合　　计	279935	合　　计	279935